Kohlhammer

Philipp Beyer/Stephanie Vöge/
Mario Franz/Jürgen Buil/Jörg Thöne

Gebäudebrand-
bekämpfung

Verlag W. Kohlhammer

Die Abbildungen stammen – sofern nicht anders angegeben – von der Autorin und den Autoren.
Umschlagbild: Christopher Benkert, FW Neunkirchen

1. Auflage 2026

Gesamtherstellung: W. Kohlhammer GmbH, Heßbrühlstr. 69, 70565 Stuttgart
produktsicherheit@kohlhammer.de

Print:
ISBN 978-3-17-041100-5

E-Book-Formate:
pdf: ISBN 978-3-17-041102-9
epub: ISBN 978-3-17-041103-6

Inhaltsverzeichnis

1 Vorwort

Aufgrund des gesellschaftlichen Wandels steigt die Nachfrage nach neuem und vor allem günstigem Wohnraum. So werden bis zum Jahr 2050 rund 70 % der gesamten Menschen in Städten leben. Ein Trend, der sich auch in Deutschland durchsetzt (Die Welt 2021). Ebenso erleben wir zurzeit einen Wandel bzw. ein Umdenken in der Baubranche. So gewinnen immer mehr Passivhäuser (Energiesparhäuser) und Fertighäuser an Bedeutung, die möglichst wenig Emissionen an die Umwelt abgeben. Hinzu kommt die immer noch steigende Nachfrage nach Plastik und Kunststoff. Laut dem Plastikatlas 2019 der Heinrich Böll Stiftung nahm der weltweite Kunststoff- und Plastikverbrauch in den vergangenen Jahren massiv zu. Die Tendenz ist trotz eines ökologischen Umdenkens eher steigend. Gerade in der Möbelindustrie steigt die Nachfrage nach modernen und günstigen Möbelstücken und diversen Einrichtungsgegenständen. Die meisten dieser in Massen produzierten Einrichtungsgegenstände enthalten dabei auch diverse Kunststoffe und Weichmacher. Hinzu kommt die Verwendung des Holzbaustoffs Pressspan, welchen man mit massiven Eichenmöbeln aus dem früheren Jahrhundert wohl kaum noch vergleichen kann (Umweltbundesamt 2015). Auch das Spielzeug in einem Kinderzimmer besteht immer weniger aus Holz, sondern zum größten Teil aus Plastik und Kunststoff. Was haben diese Veränderungen oder Trends mit Gebäudebränden zu tun?

Aktuelle Studien sowie die Brandverlaufskurve der DGUV (Deutsche Gemeinde Unfallversicherung) beweisen, dass Brände moderner Art häufiger ein extremes Brandverhalten aufweisen als noch vor 30 Jahren. Hinzu kommt, dass aufgrund der baulichen Substanz moderner Gebäude (hierzu zählen diverse Dämmschichten, Dreifachverglasung etc.) ventilationskontrollierte Brandphänomene (wie z. B. die Rauchexplosion) im Gebäude eher zunehmen. Genau hier möchten die Autorin und die Autoren ansetzen und Gebäudebrände in ihren verschiedenen Arten (vom Keller-, Wohnungs- bis hin zum Dachstuhlbrand) aus taktischer und technischer Sichtweise näher betrachten.

Dem Autor(inn)en-Team ist es dabei wichtig, den Lesenden neue Möglichkeiten aufzuzeigen, gerade im Bereich der Erkundungsphasen und vor allem in der zielführenden Brandbekämpfung. Hierzu zählen vor allem »Schwerpunktthemen« wie die Orientierung im und am Gebäude, Auswirkungen durch das Schaffen von willkürlichen Gebäudeöffnungen sowie taktische und technische Vorgehensweisen im Innen- und Außenangriff. Den Lesenden wird im Verlauf des Buches ein Werkzeugkasten an die Hand gegeben, um Bränden moderner Art sicherer und effizienter gegenüber stehen zu können. Wir möchten in diesem Buch ausdrücklich darauf hinweisen, dass wir im Rahmen der Brand- und Löschlehre gewisse Vorerfahrungen voraussetzen, wichtige Begriffe bzw. Phänomene aber erläutern. Auch möchten wir darauf hinweisen, dass sich das Thema »Gebäudebrandbekämpfung« ausschließlich auf die Gebäudeklassen 1 bis 4 bezieht und der Sonderbau hier nur ansatzweise Betrachtet wird. Das Autor(inn)en-Team wünscht viel Spaß beim Lesen und hofft, mit dem vorliegenden Buch neue Anreize und Möglichkeiten bei der Gebäudebrandbekämpfung aufzuzeigen, die es der Einsatzkraft der Zukunft ermöglicht, Gebäudebränden noch sicherer und effektiver gegenüberzustehen und diese vor allem zielführend bekämpfen zu können. Bedanken möchten wir uns im Voraus bei allen Kolleginnen und Kollegen, die uns bei diesem Buch unterstützt haben.

Februar 2026

Die Autorin und Autoren des Instituts der Feuerwehr NRW, der Feuerwehren Essen, Hannover, Kleve und Norderstedt.

2 Baukunde

2.1 Baustoffe

Baustoffe werden in brennbare und nichtbrennbare sowie in künstliche und natürliche Baustoffe unterteilt. Auf eine genauere Ein- bzw. Zuteilung mitsamt Erklärung wurde bewusst verzichtet. Hier verweisen wir für detaillierte Informationen auf das Fachbuch »Baukunde für die Einsatzpraxis« von W. Thönißen. Die nachfolgende Übersicht fasst die für dieses Buch prägnantesten Baustoffe kurz zusammen.

Literatur-Tipp:

Wiebke Thönißen, Baukunde für die Einsatzpraxis, 1. Auflage, Verlag W. Kohlhammer, Stuttgart, 2024.

Kunststoff

Kunststoffe findet man in Folien, Dämmmaterialien, Fensterrahmen, Elektroleitungen und in diversen Verkleidungen von Gebäuden. Kunststoffe bestehen aus Kohlenwasserstoffen und diversen chemischen Elementen. Man unterscheidet Thermoplaste (verformbar), Duroplaste (tropfen nichtbrennbar ab) wie PU/PUR (Polyurethanschäume sind im Bauwesen z. B. in Klebstoffen, Leitungen und in Dämmstoffen vorhanden) und Elastomere (elastisch). Kunststoffe können je nach ihrer chemischen Zusammensetzung massiven Rauch freisetzen. In modernen Gebäuden werden vermehrt Kunststoffe verbaut.

Polysterol

Wärmedämmverbundsysteme (WDVS) können aus Polysterol (PS) bestehen. Polysterol schmilzt und kann bei Temperaturen > 130 °C brennend abtropfen. Der Baustoff besteht aus Kohlenstoff und Wasserstoff und wirkt gut isolierend. Polysterol zählt zu den thermoplastischen Kunststoffen.

Holz

Ein Natürlicher und nachwachsender Rohstoff, brennbar. Die Zündtemperatur liegt i. d. R. zwischen 250 °C und ca. 340 °C, Ertüchtigung der Baustoffklasse durch Bekleidung oder Dämmung ist möglich. Die Abbrandrate von Holz beträgt im Verhältnis »Oberfläche zur Masse« ca. 0,5 bis 1,0 mm/min. Die »Beflammung« ist hierbei entscheidend. Auch kann die Abbrandrate von Holz aufgrund mehrerer Faktoren wie Dichte, Feuchtigkeit etc. Abweichen.

Literatur-Tipp:

Nähere Informationen zu den Baustoffklassen finden Sie in der gültigen DIN 4102-1 (A1/A2 und B1 bis B3) und in der DIN EN 13501-1 (A1/A2 und B bis F).

Gipskartonplatten

Im Trockenbau werden vermehrt Gipskartonplatten verbaut. Gipskartonplatten sind nichtbrennbar (Baustoffklasse A1 und A2). Gipskartonfeuerschutzplatten, Gipskartonfaserplatten, Gipsfaserplatten und Gipsvliesplatten eignen sich sehr gut für den Brandschutz.

Dachpappe

Teer- oder Dachpappe dient als Feuchtigkeitssperre und wird meistens im Dach- oder Erdgeschoss verbaut. Die Pappe ist in Bitumen getränkt und wird, sofern es sich um Bitumen-Schweißbahnen handelt, erhitzt verlegt. Im Brandfall führt dies zu einer massiven Verrauchung und Brandausbreitung.

Steine

Steine sind nichtbrennbar und kommen als natürlicher oder künstlicher Baustoff vor. Natürliche Steine, wie z. B. Basalt oder der Sandstein (inhomogenes Gefüge), können im Brandfall abplatzen oder ihre Festigkeit (ab 500 °C) verlieren. Künstliche gebrannte Steine mit einem homogenen Gefüge wie Ziegel weisen eine hohe Widerstandsfähigkeit im Brandfall auf. Gleiches gilt für ungebrannte Steine wie z. B. Porenbeton oder Betonsteine.

Glas

Glas ist ein nichtbrennbarer Baustoff, der bei erhöhten Temperaturen (ca. 600 °C, je nach Glasstärke) abplatzen oder schmelzen kann. Eine G-Verglasung (E nach DIN EN 13501-1) schützt gegen Flammen und Rauch aber lässt die Wärmestrahlung ungehindert hindurch. Die F-Verglasung (EI nach DIN EN 13501-1) schützt hingegen gegen alle drei Komponenten Rauch, Flamme und Wärmestrahlung.

In Gebäuden moderner Bauweise werden i. d. R. Glaselemente aus mehreren Schichten und Folien (Dreifachverglasung) verbaut. Spezielle Verglasungen mit hohen sicherheitstechnischen Anforderungen findet man auch in Sonderobjekten.

Beton

Beton ist nichtbrennbar, kann aber bei erhöhten Temperaturen abplatzen. Der Baustoff Beton kann gut Druckkräfte aufnehmen. Um bessere Zugkräfte erreichen zu können, werden zusätzlich Stahleinlagen (sog. Bewährungen oder Armierungen) mit dem Beton kombiniert bzw. verarbeitet (Stahlbeton).

Spannbeton (Stahleinlagen werden mit einer Zugkraft vorgespannt) ermöglicht lange und schmale (stützenfreie) Bauteile. Achtung: Nach oder während eines Brandes kann Einsturzgefahr bestehen!

Stahl

Stahl ist ein Material, welches sehr häufig im Bauwesen verwendet wird. Der Baustoff nimmt Zugkräfte gut auf und ist nichtbrennbar. Stahl besteht aus Eisen und Kohlenstoff und ist ein sehr guter Wärmeleiter. Zudem hat Stahl eine hohe Festigkeit und dehnt sich bei Wärme aus.

Faustwert für die Feuerwehr:

Längenausdehnung 1 mm/m
100 Kelvin = 1 mm Ausdehnung

2.2 Bauteile

Bauteile sind Bestandteile eines Bauwerks und lassen sich in tragende, aussteifende und raumabschließende Bauteile einordnen. Ein Bauteil kann sich aus mehreren Baustoffen zusammensetzen. Zu den Bauteilen zählen z. B. Decken, Wände, Schornsteine, Stützen, Träger, Verglasungen sowie Lüftungs- und Rohrleitungen. In diesem Kapitel gehen wir aus Platzgründen nur auf bestimmte und für dieses Fachbuch relevante Bauteile ein.

Hinweis:

Tragende Bauteile nehmen lot- und waagerechte Kräfte auf (Verkehrslasten und Eigengewicht) und leiten diese zum Boden hin ab.
Aussteifende Bauteile nehmen horizontale Kräfte auf (Windlast) und leiten diese zum Boden weiter.
Raumabschließende Bauteile trennen bestimmte Bereiche im Baukörper voneinander ab (z. B. eine Wand, Brandwand oder eine Tür).

Schornsteine

Schornsteine führen Rauch, Abgase und feuchte Luft über die Dächer in die Umluft ab. Schornsteine bestehen aus feuerbeständigen Bauteilen, hierzu zählt i. d. R. das Mauerwerk. Ein Schornstein kann ein- oder zweizügig sein. Ein einzügiger Schornstein kann die Abgase von nur einer Heizungsvariante abführen (z. B. Öl- oder Gasheizung), während ein zweizügiger Schornstein die Abgase zweier Heizsysteme ins Freie abführt (z. B. Gas-Heizung und Kaminofen). Schornsteine können senkrecht (gerade) oder schräg (bei Querschnittsminderung) durch ein Gebäude verlaufen. Ein Schornstein besteht aus vier wesentlichen Bestandteilen:

- Schornsteinsohle,
- Schornsteinmündung,
- obere und untere Reinigungstür (Revisionsöffnungen),
- Feuerstätten-Anschluss.

Treppen

Treppen im Gebäude verbinden Geschosse untereinander. Je nach Gebäudeklasse kann eine Treppe freiliegen oder von Wänden umfasst sein (Treppenraum). Treppen können aus brennbaren und nichtbrennbaren Stoffen bestehen. Eine Treppe kann über Podeste verlaufen, hierzu zählen der Treppenanfang, das Treppenende sowie sogenannte Zwischenpodeste, die als Treppenabsatz zwischen zwei Treppenläufen liegen. Der freie Raum zwischen dem Treppenlauf (besteht aus mind. drei ununterbrochenen Stufen zwischen zwei Ebenen) wird auch als Treppenauge bezeichnet.

Hinweis:

Der verrauchte Treppenbereich muss bei einer Menschenrettung immer kontrolliert werden. Laufen Sie niemals über eine Treppe an dem Feuer (z. B. Brandwohnung) vorbei! Sichern Sie Ihren Rückzugsweg und kontrollieren Sie, inwieweit z. B. eine Holztreppe noch benutzbar ist, oder ob diese im Zweifelsfall durch einen weiteren Atemschutztrupp gesichert werden muss.

Türen

Eine Tür verbindet verschiedene Räumlichkeiten untereinander oder ermöglicht den Zugang zu einer Nutzungseinheit oder zu einem Gebäude. Türen können dichtschließend sein und spezielle brandschutztechnische Anforderungen erfüllen. Für die Feuerwehr relevante Türen sind:

- Die Rauchschutztür nach DIN 18095 mit der Bezeichnung **RS** (RS-1 für einflügelig, RS-2 für zweiflügelig, die Leckrate ist unterschiedlich) oder nach DIN EN 13501 mit der Bezeichnung **C5 S200** (C für Closing, die Zahl 5 für Anzahl der Öffnungs-/Schließzyklen [> 200 000], S für Smoke [Begrenzung der Rauchdurchlässigkeit, 200 °C Umgebungstemperatur]).
- Die Brandschutztür nach DIN 4102-5 mit der Bezeichnung **T90-RS** (T für Feuerschutzabschluss [Türen, Tore] und einem Feuerwiderstand von 90 min, RS für Rauchschutztür) oder nach DIN EN 13501 mit der Bezeichnung **EI2 90-C5 S200** (E für Raumabschluss, I für Wärmedämmung, Ziffer 2 für 10 000 Prüfzyklen, 90 min Feuerwiderstand, C5 S200 [siehe oben]), ▶ Tabelle 2.

Fenster

Fenster dienen der Belichtung und Belüftung von Gebäuden. Bestimmte Fenster werden auch als Rettungsfenster für die Feuerwehr benutzt (System Rettungsweg).

Hinweis:

Rettungsfenster besitzen eine öffenbare Fläche von 0,90 m × 1,20 m, eine Brüstungshöhe von 1,20 m, max. 1 m Entfernung von der Traufkante.

Brandwände

Brandwände (nach DIN 4102-3) müssen als raumabschließende Bauteile zum Abschluss von Gebäuden (Gebäudeabschlusswand) oder zur Unterteilung von Gebäuden (innere Brandwand) ausreichend lang eine Brandausbreitung auf andere Gebäudeteile oder innere Brandabschnitte verhindern. Brandwände sind 0,30 m über die Bedachung zu führen oder in Höhe der Dachhaut mit einer 0,50 m auskragenden, feuerbeständigen Platte aus nichtbrennbaren Baustoffen abzuschließen. Darüber dürfen brennbare Teile des Dachs nicht hinweg geführt werden. Bei Gebäuden der Gebäudeklasse 1 bis 3 sind Brandwände mind. bis unter die Dachhaut zu führen. Innere Brandwände werden bei Gebäuden gefordert, die länger als 40 m sind. Beachten Sie, dass die Anforderungen von Brandwänden bei der Gebäudeklasse 1 bis 4 in ihrem Feuerwiderstand niedriger sein dürfen als eigentlich gefordert. Wir verweisen an dieser Stelle auf § 30 MBO »Anforderungen an Brandwände und Wände anstelle von Brandwänden (WABW)«.

Hinweis:

Eine Brandwand F90-A oder REI M 90 (R = Tragfähigkeit, E = Raumabschluss, I = Wärmedämmung, 90 = Feuerwiderstand in Minuten, M = mechanische Einwirkung auf Wände nach Stoß gemäß DIN EN 13501) hat eine Feuerwiderstandsfähigkeit von 90 min (F90) und besteht aus nichtbrennbaren Baustoffen (A). Sie darf nach einer Brandeinwirkung nicht einstürzen (M). Beachten Sie die Kennzeichnungen/Symbole einer Brandwand in rot oder lila in Ihrem Feuerwehrplan nach DIN 14095.

Bild 1: ***Brandwand (hier bei einem Mehrfamilienhaus)***

Taktische Hinweise zur Brandwand

- Öffnungen in Brandwänden sind immer zu kontrollieren und geschlossen zu halten.
- Hinter einer Brandwand kann man sich (Lageabhängig) gut entwickeln und aus einem geschützten Bereich ggf. die Brandbekämpfung oder Menschenrettung einleiten.
- Öffnungen (wie z. B. Türen) müssen gleichwertige Anforderungen wie die Brandwand erfüllen.
- Im Feuerwehrplan sind Brandabschnitte/Brandwände gekennzeichnet.

2.2.1 Nagelplattenbinder

Nagelplattenbinder aus dem Baustoff Stahl haben die Aufgabe, möglichst große Spannweiten hölzerner Dachkonstruktionen zu erreichen. Dachkonstruktionen dieser Art sind häufig bei Discountermärkten anzutreffen und bergen im Brandfall die Gefahr, relativ schnell einzustürzen. Auch wenn bestimmte Dachkonstruktionen mit Hilfe einer inneren Bekleidung (Trockenbau) im Feuerwiderstand ertüchtigt werden können, so weisen Konstruktionen mit Nagelplattenbindern diese Eigenschaften eher selten auf. Im Brandeinsatz gilt es daher mit absoluter Vorsicht vorzugehen und einen Innenangriff kritisch abzuwägen.

Hinweis:

Nagelplattenbinder sind gute Wärmeleiter und versagen im Brandfall aufgrund ihrer niedrigen Materialdicke. Hinweisschilder für die Feuerwehr mit der Anmerkung F0 (kein Feuerwiderstand) findet man sehr selten. Grundsätzlich sind Dächer ohne Feuerwiderstand im Tragwerk kritisch zu bewerten und genau zu beobachten.

2.2.2 Dachkonstruktionen

Dachkonstruktionen (z. B. Sparren-, Pfetten- oder Kehlbalkendach) können ihre Tragfähigkeit durch Abbrand ihrer statischen Teile und Verbindungen verlieren oder durch ein Versagen ihrer Aussteifungen einstürzen. Die meisten Dachkonstruktionen verfügen über keinen Feuerwiderstand im Tragwerk.

Hinweis:

Beachten Sie bei einem Dachstuhlbrand stets den Trümmerschatten und beobachten Sie kritische Stellen der Dachkonstruktion.

2.2.3 Zuordnung nach nationaler und europäischer Norm (DIN 4102-1 und DIN EN 13501-1)

Tabelle 1: *In Anlehnung an DIN 4102 und DIN EN 13501-1 sowie nach FeuerTRUTZ (2017)*

Nationale Klasse nach DIN 4102-1	Bauaufsichtliche Anforderungen	Europäische Klasse nach DIN EN 13501-1	Zusatz-anforderungen	Nationale Klasse nach DIN 4102-1
A1	nichtbrennbar	A1	X	X
A2	nichtbrennbar	A2-s1, d0	X	X
B1[1]	schwer entflammbar	B-s1, d0 oder C-s1, d0	X	X
		A2-s2, d0 oder A2 -s3, d0		X
		B-s2, d0 oder B-s3, d0	X	X
		C-s2, d0 oder C-s3, d0	X	X
		A2-s1, d1 oder A2-s1, d2	X	
		B-s1, d1 oder B-s1, d2		
		C-s1, d1 oder Cs1, d2		
		A2-s3, d2/B-s3, d2/C-s3, d2		
B2[1]	normal entflammbar	D-s1, d0 oder D-s2, d0		X
		D-s3, d0 oder E		X
		D-s1, d1 oder D-s2, d1		

1 Rauchentwicklung sowie brennendes Abtropfen/Abfallen im Verwendbarkeitsnachweis und in der Kennzeichnung.

Tabelle 1: ***In Anlehnung an DIN 4102 und DIN EN 13501-1 sowie nach FeuerTRUTZ (2017) – Fortsetzung***

Nationale Klasse nach DIN 4102-1	Bauaufsichtliche Anforderungen	Europäische Klasse nach DIN EN 13501-1	Zusatz-anforderungen	Nationale Klasse nach DIN 4102-1
		D-s3, d1 oder D-s1, d2		
		D-s2, d2 oder D-s3, d2		
		E-d2		
B3[2]	leicht entflammbar[2]	F[2]		

Tabelle 2: ***Gegenüberstellung DIN 4102-2 und DIN EN 13501-2***

	DIN 4102-2	DIN EN 13501-2
tragend	F	R
raumabschließend		E
isolierend		I
mechanische Beanspruchung		M
selbstschließend		C Indiz für Prüfsystem
Rauchschutz (smoke)		S + Angabe Umgebungs-temperatur a oder Heiß-rauch 200
Rauchschutztür	RS	S200C5
Feuerschutztür (z. B. T 30, T 90, ...)	T ...	EI2 ... SaC5
Feuerschutz- und Rauchschutztür	T ... RS	EI2 ... S200C5
dichtschließende Tür	(DS)	-
dicht- und selbstschließend	(DSS)	-

2 Leicht entflammbare Baustoffe dürfen verwendet werden, sofern diese in Verbindung mit anderen Baustoffen stehen und dann nicht mehr leichtentflammbar sind.

Tabelle 2: ***Gegenüberstellung DIN 4102-2 und DIN EN 13501-2 – Fortsetzung***

	DIN 4102-2	DIN EN 13501-2
Wand	W	Ela
Brandwand	F90-A	REI90M

2.3 Dachformen/Dacharten

Das Dach eines Gebäudes muss als abschließendes Bauelement neben einwirkenden Windkräften auch dem Gewicht von Schnee- und Wassermassen standhalten. Zudem muss es, sofern es sich um eine »harte Bedachung« handelt, gegen Wärmestrahlung oder Flugfeuer (Funkenflug), welches von außen auf die Dachhaut einwirken kann, schützen. In Deutschland gibt es die verschiedensten Dachformen, die prägnantesten haben wir auf ▶ Bild 2 dargestellt.

Hinweis zum Dachaufbau:
Moderne Dächer ähneln sich in ihrem Aufbau. Neben ihrer Tragekonstruktion gibt es eine Dampfsperre und diverse Dämmmaterialien. Ein Warmdach verfügt über keinen luftgefüllten Spalt. Die Dämmung liegt direkt an die Dachhaut an und muss die Energie in Form von Wärme aufnehmen und abhalten. Warmdächer werden in Niedrigenergie- und Passivhäusern verbaut. Kaltdächer findet man eher bei Flachdächern. Diese haben unter ihrer Dachhaut einen luftleeren Raum (Spalt), worüber die Feuchtigkeit abgeführt werden kann.

Faltdach

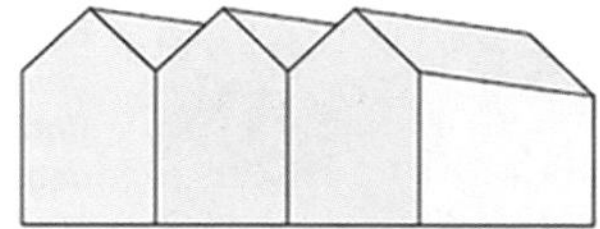

Satteldach

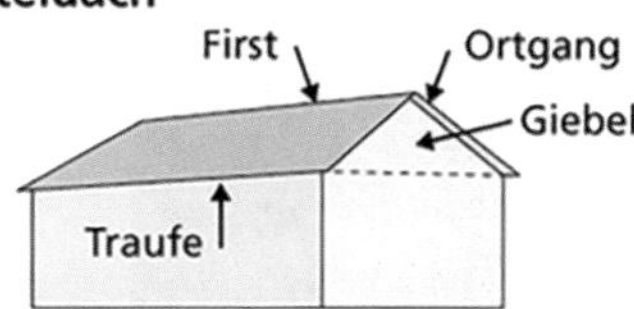

Walmdach

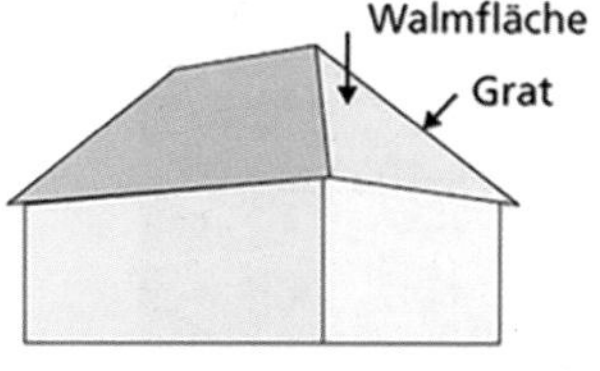

Zeltdach
Spezialform des Walmdaches

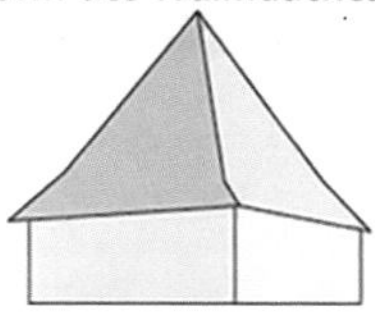

Flachdach

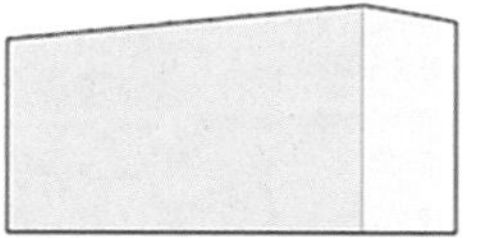

Pultdach
½ Satteldach

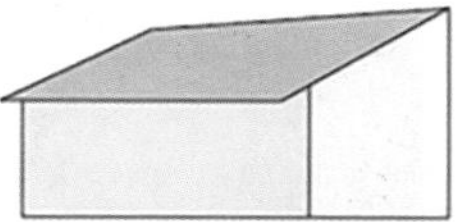

Krüppel- oder Schopfwalm
Verbindung von Walm- und Satteldach

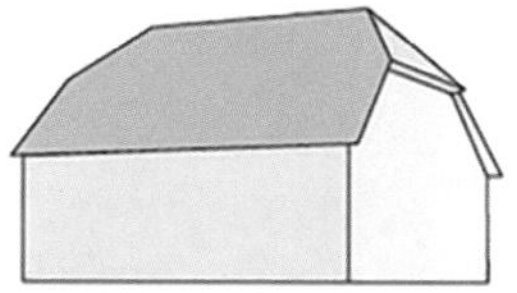

Mansarddach
Geknicktes Walmdach

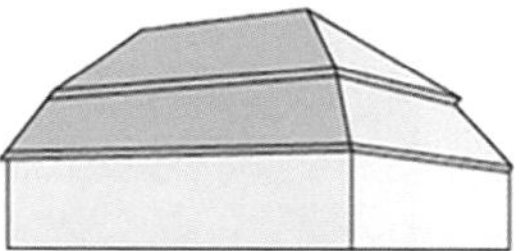

Bild 2: ***Dachformen***

Bild 3: ***Harte Bedachung (Warmdach) mit Tonziegeln, Konterlattung und der darunter liegenden Unterspannbahn***

Bild 4: ***Dampfsperre (Folie) mit der dahinterliegenden Zwischensparrendämmung (Steinwolle)***

2.3.1 Dachkonstruktionen

Warum sind Dachkonstruktionen für die Feuerwehr im Brandeinsatz relevant und warum sollte eine Einsatzkraft über gewisse Grundkenntnisse verfügen? Ein Dach verfügt über verschiedene Knotenpunkte. Diese Knotenpunkte sind entscheidend für die Stabilität einer Dachkonstruktion. Sofern diese nicht mehr vorhanden oder stark beschädigt sind, könnte es zum Totalversagen und damit zum Einsturz des Daches kommen. Hier gilt es also, mit absoluter Vorsicht vorzugehen – sofern dies überhaupt möglich und notwendig ist (Menschenrettung). Dachkonstruktionen von heute können durch ihre Dämmung sehr gut geschützt sein, sie können aber auch im Raum völlig freiliegen. In älteren, meist landwirtschaftlichen Betrieben, aber auch in modernisierten Altbauten kann man eine Dachkonstruktion auf Anhieb erkennen und zuordnen. Die gängigsten Dachkonstruktionen im modernen Wohnungsbau sind heute das Sparren-, Kehlbalken- und Pfettendach.

Sofern ein Sparrendach einstürzt, rutschen die Sparren nach außen weg. Beachten Sie stets den Trümmerschatten und beobachten Sie die Verbindungen und Auflager, sofern dies möglich ist. Konstruktionen aus Holz, egal ob es sich um einen Dachstuhl, einer Holzdecke oder Zwischendecke handelt, sind im Brandfall immer zu kontrollieren.

Bild 5: ***Sparrendach eines Neubaus mit geradem Schornstein***

Bild 6: ***Pfettendach mit freiliegender Stütze und Sparre (modernisierter Altbau)***

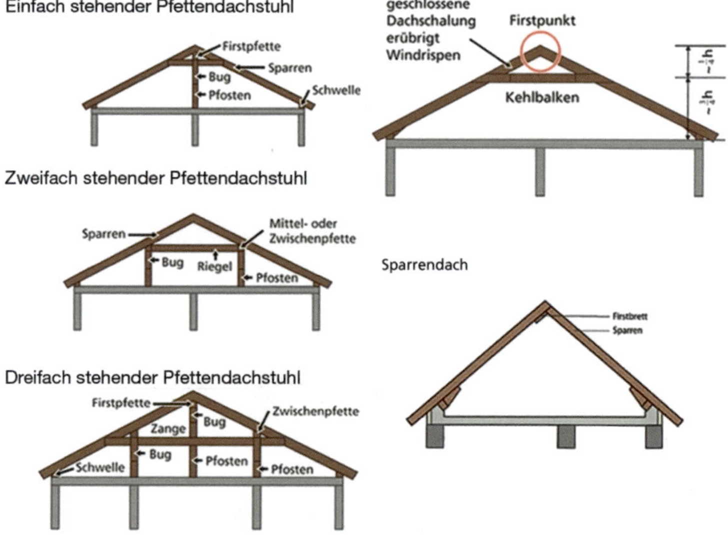

Bild 7: ***Übersicht verschiedener Dachkonstruktionen***

Tabelle 3: ***Kurzerklärung der Dachkonstruktionen in Anlehnung an »Baukunde für die Einsatzpraxis« (Thönißen 2020).***

Sparrendach	Knotenpunkt am First und am Fußpunkt. Lasten werden ausschließlich von den Sparren aufgenommen und zu den Traufen hin abgeleitet. Sonderform: Kehlbalkendach
Kehlbalkendach	Kehlbalken dient als Aussteifung der Sparren. Einsturz folgt beim Versagen bestimmter Knotenpunkte (z. B. Auflager, First etc.).
Pfettendach	Trageelement bildet die Pfette (= in Längsrichtung verlaufende Holzbalken, die unterhalb der Sparren aufliegen oder durch Stützen abgestützt werden.)

2.3.2 Dachbezeichnungen oder »Orientierung am Dach«

Im Einsatz, gerade bei einem Dachstuhl- oder Schornsteinbrand, ist die Orientierung am Gebäude bzw. am Dach sehr wichtig. Sofern alle Einsatzkräfte (vom Drehleitermaschinisten bis hin zum Einsatzleiter) die gleiche Sprache sprechen, können Missverständnisse und fehlerhafte Entscheidungen vermieden werden. Was ein First oder ein Ortgang ist (▶ Bild 8) und wo sich ggf. Schwachstellen am Dach ergeben können, erfahren Sie in diesem Abschnitt.

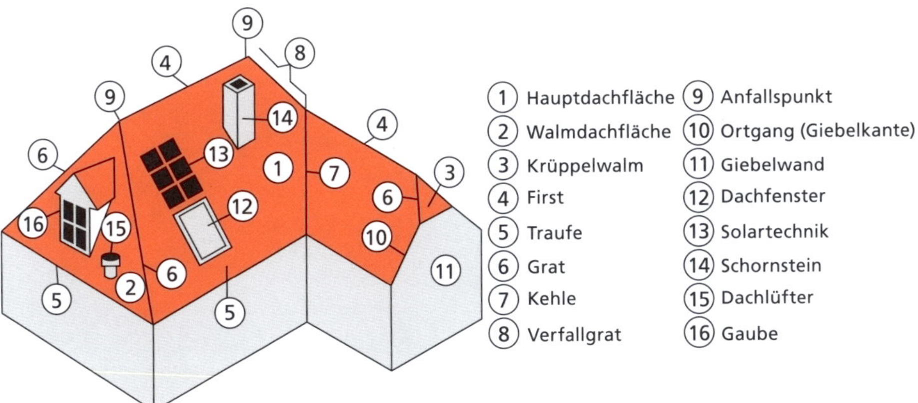

Bild 8: ***Orientierung am Dach***

Wie schnell eine Dachhaut aufbrennen kann, hängt von mehreren Faktoren ab. Sofern die Schwachstellen (also Knotenpunkte) der Dachkonstruktion freiliegen und verbrennen, muss immer mit einem Einsturz gerechnet werden. Bei einem Versagen der Sparren kann der First oder auch der Giebel mitgerissen werden. Kontrollieren und Erkunden Sie die Dachhaut und beachten Sie im Brandfall hierbei stets die Gefahr des Trümmerschattens. Wägen Sie ab, ob ein Innenangriff vertretbar ist oder nicht.

Hinweis:

Dachkonstruktionen in Verkaufsstätten unter 2 000 m² Verkaufsfläche können mit Nagelplattenbindern[3] (F0) verbunden sein. Sofern diese versagen, muss mit einem Totaleinsturz gerechnet werden. Nagelplattenbinder verbinden Knotenpunkte (Hölzer treffen aufeinander) und ermöglichen einen schnellen Dachaufbau mit langen Spannweiten.

2.3.3 Übersicht der Gaubenarten im Alt- und Neubau

Dachgauben, die man auch Dachkapfer (Österreich) oder Lukarne (Schweiz) nennt, haben die Aufgabe, den Innenraum eines Daches zu vergrößern und für bessere Belüftungs- und Belichtungsverhältnisse zu sorgen. Dachgauben haben unterschiedliche Formen und tragen daher verschiedene Bezeichnungen.

3 Verwendung in Deutschland seit 1960; Nagelplatten sind Holzverbindungsmittel aus Metall (12 bis 22 mm lange Nägel) und dienen als Verbindungsmittel im Dach- und Deckenbereich. Sie werden hauptsächlich in Lagerhallen, Discountern und landwirtschaftlichen Gebäuden aber auch in Mehrzweckhallen und Kindergärten verbaut.

Zwerchhaus

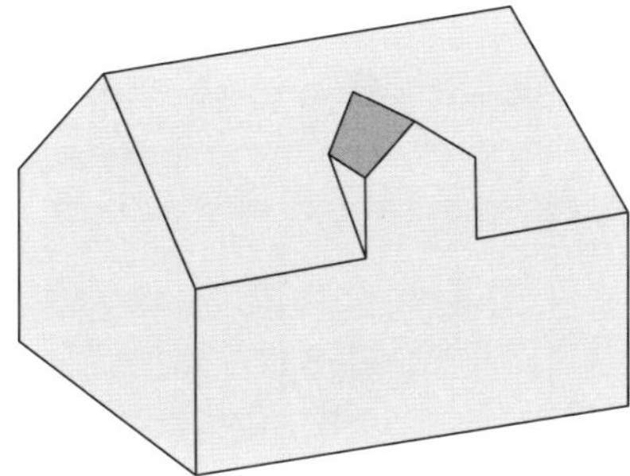

Zwerchhaus mit Kreuzdach

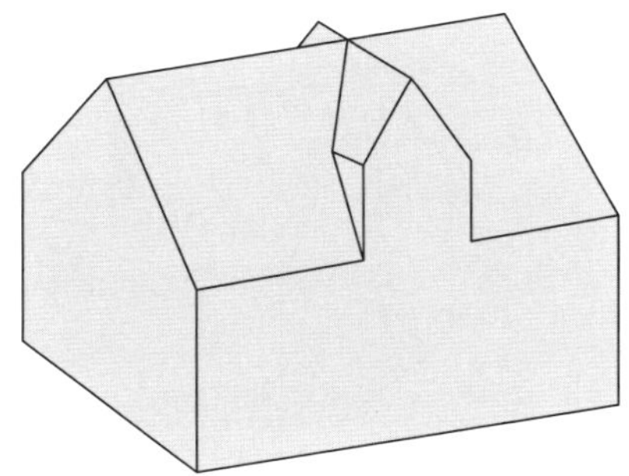

Giebelgaube

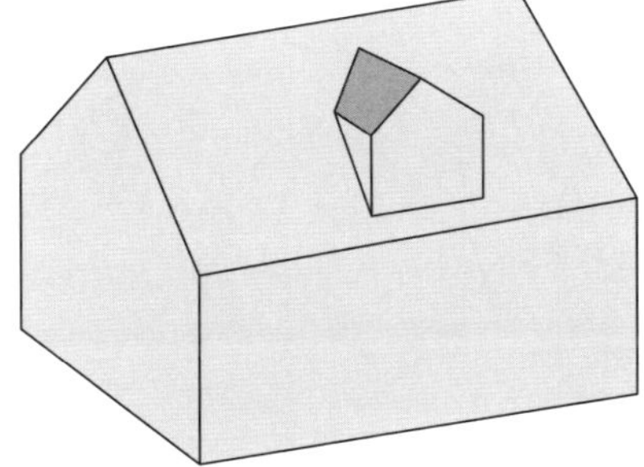

Walmdachgaube mit Firstgrad

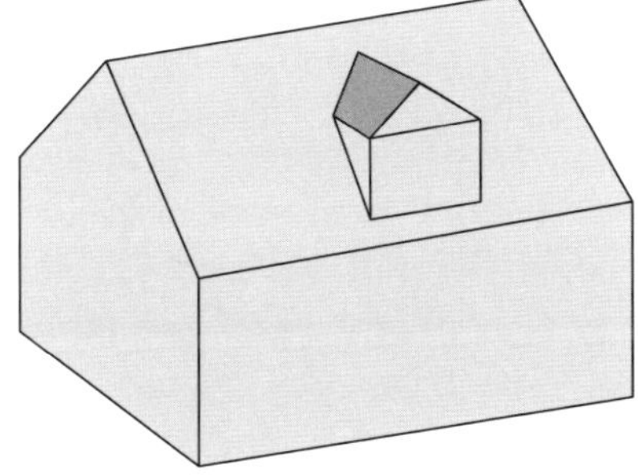

Walmdachgaube ohne Firstgrad

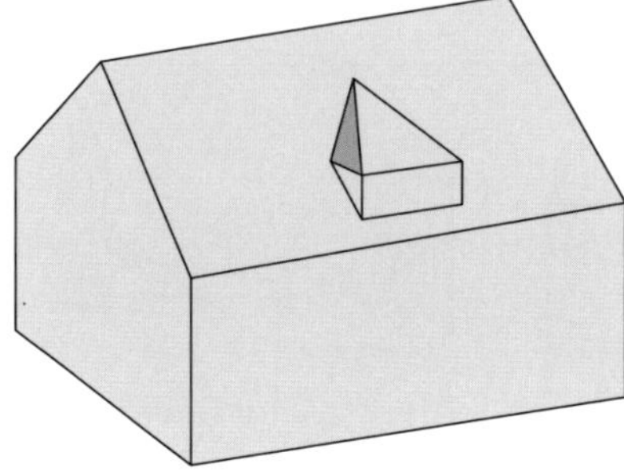

Spitzgaube

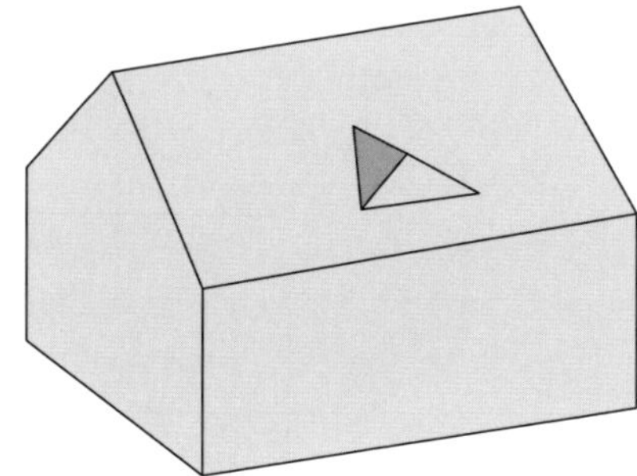

Flachdachgaube

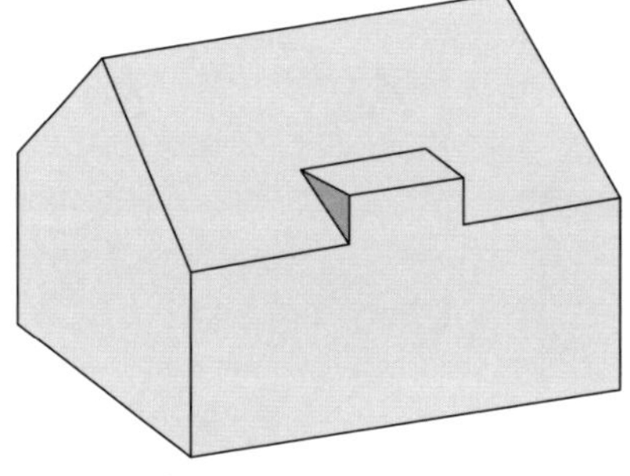

Trapezgaube

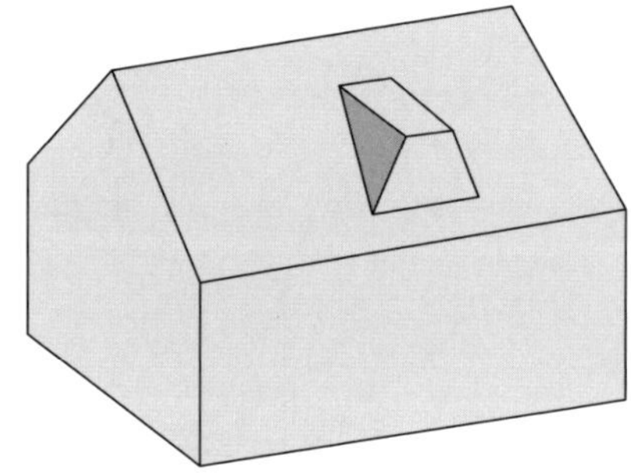

Schleppgaube

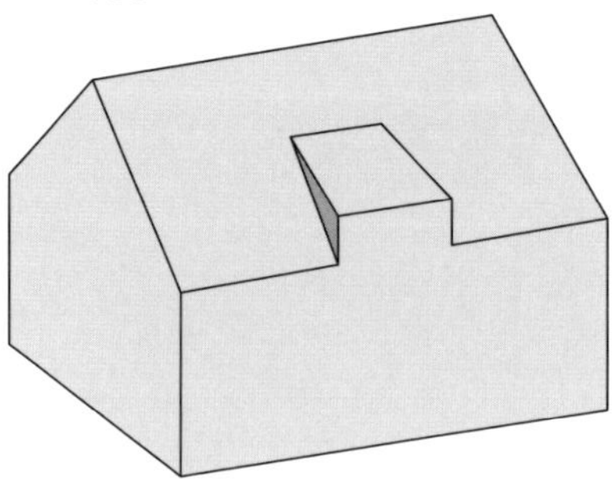

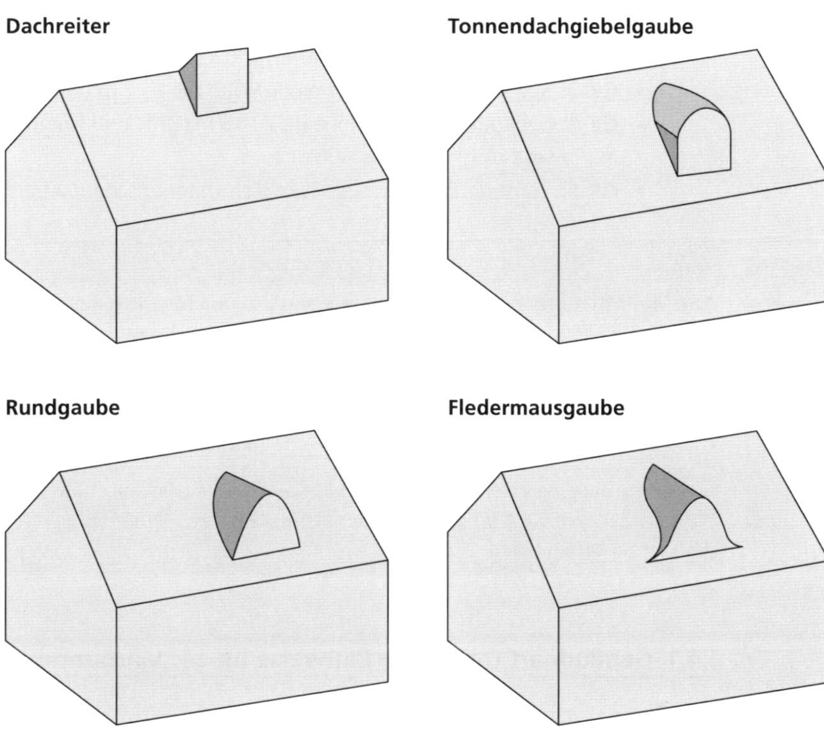

Bild 9: ***Gaubenarten***

2.4 Gebäudeklassen (GK) nach Musterbauordnung (MBO)

Gebäude werden entsprechend ihrer Höhe »Oberkante des Fußbodens im höchsten Raum in dem ein Aufenthaltsraum möglich ist (OKF)«, Größe und Anzahl der Nutzungseinheiten (NE), ober- und unterirdisch, freistehend und nicht freistehend nach der Musterbauordnung (MBO § 2 [3]) in fünf Gebäudeklassen unterteilt. Für die jeweiligen Gebäudeklassen gelten zudem unterschiedliche Anforderungen, hierzu zählen z. B. die Feuerwiderstandsklassen für bestimmte Bauteile.

- **GK 1:** Freistehende Gebäude mit einer Höhe bis zu 7 m (OKF) und nicht mehr als zwei Nutzungseinheiten von insgesamt nicht mehr als 400 m² und freistehende land- und forstwirtschaftlich genutzte Gebäude (LUF).

- **GK 2:** Gebäude mit einer Höhe bis zu 7 m (OKF) und nicht mehr als zwei Nutzungseinheiten von insgesamt nicht mehr als 400 m^2.
- **GK 3:** Sonstige Gebäude mit einer Höhe bis zu 7 m (OKF).
- **GK 4:** Gebäude mit einer Höhe bis zu 13 m (OKF) und Nutzungseinheiten mit jeweils nicht mehr als 400 m^2.
- **GK 5:** Sonstige Gebäude einschließlich unterirdischer Gebäude.

Info:

Die Musterbauordnung (MBO) ist eine Standard- und Mindestbauordnung, die von den zuständigen Ministern und Senatoren (ARGEBAU) ausgearbeitet wurde. Die MBO dient als Orientierungsquelle für die Bauordnungsgesetze der Länder.

Hinweis:

Kriterien, die eine Einstufung als »Sonderbau« erforderlich machen, werden ebenfalls in der MBO § 2 (4) genannt. Jedes Bundesland verfügt über seine eigenen Sonderbautatbestände.

2.4.1 Gebäudeart (moderne Bauweise im 21. Jahrhundert)

Im Jahr 2020 konnte in der Bundesrepublik Deutschland die Baubranche trotz Corona (Covid Pandemie von 2020 bis 2022) einen Rekordumsatz erzielen (Statistisches Bundesamt 2021). Verantwortlich hierfür waren die steigende Nachfrage nach günstigem Wohnraum und die günstigen Zinsen am Kapitalmarkt. Um ein Gebäude heute errichten zu können, muss man sich an viele gesetzliche Vorschriften halten. Vor einigen Jahrzehnten waren diese Anforderungen bei weitem nicht so hoch wie heute. Neben der Einhaltung vieler baurechtlicher Vorschriften spielt z. B. auch der Umweltaspekt bei der Errichtung neuer Gebäude eine große Rolle. Während im 19. Jahrhundert verstärkt Gebäude aus Beton und Stein gebaut wurden, wird in der Baubranche von heute wieder verstärkt der Rohstoff Holz verbaut und erfreut sich einer immer größeren Beliebtheit. Des Weiteren versucht man, moderne Gebäude so energieeffizient wie möglich zu errichten. In einigen Bundesländern, wie z. B. Baden-Württemberg, Nordrhein-Westfalen und Schleswig-Holstein, ist eine Installation von Photovoltaik-Anlagen (PV-Anlage) auf den Dächern neu errichteter Gebäude bereits gesetzlich vorgeschrieben. In den anderen Bundesländern prüft man derzeit, ob es auch hier zu einer gesetzlichen Verpflichtung kommen soll. Hinzu setzt man neben den üblichen Baustoffen, wie z. B. Beton, Stahl und Glas, gerade im

Bereich von Dämmmaterialien und Fenstern auf den Baustoff Kunststoff. In diesem Abschnitt stellen wir verschiedene Gebäudearten in der modernen und konventionellen Bauweise kurz vor. Auch werden Gefahrenpotenziale moderner Gebäude im Hinblick auf ein Brandereignis erläutert.

Moderne Gebäude (das Einfamilien-Fertighaus)

Fertighäuser sind schlüsselfertige Häuser, die man als Bungalows, Einfamilien-, und Mehrfamilienhäuser planen und errichten kann. Die Anbieter dieser Fertigungsunternehmen halten für ihre Kunden hierfür bereits vorgeplante Grundrisspläne vor. Zudem lässt sich das Eigenheim bereits im Voraus in einem von der Fertigungsfirma errichteten »Musterhaus-Park« bestaunen. Fertighäuser sind aufgrund ihrer nachhaltigen, schnellen und völlig flexiblen Errichtung derzeit sehr beliebt. Hinzu können aufgrund vorgefertigter und in Masse produzierter Bauteile Kosten eingespart werden. Meistens werden Fertighäuser mit der Holzrahmenkonstruktion gefertigt, welche dabei die tragende Basis bildet, an der später das Dach, Wände und Decken befestigt werden. Diese werden in Fabrikhallen vorgefertigt und am Zielort baukastensatzartig zusammengesetzt. Erweiterungen sind in den meisten Fällen problemlos möglich, zudem ermöglicht der Baustoff Holz (beispielsweise als Holzrahmenkonstruktion) gute Dämmeigenschaften und eine gute Energieeffizienz. Bei guter Pflege kann ein heutiges Fertighaus aus Holz langfristig gesehen mit einem Gebäude der Massivbauweise[4] durchaus mithalten, dennoch kann es bei einem Brandereignis zu einem großen Schaden kommen, der bis hin zum Teilabriss führen kann. Des Weiteren kann aufgrund des ausreichend vorhandenen Brennstoffes Holz bei einem Brand massive Hitze freigesetzt werden, die einen Innenangriff extrem beeinträchtigen oder sogar unmöglich machen kann. Ein Fertighaus in der Leicht- oder Massivbauweise verfügt i. d. R. über ein sehr hohes Energieeinsparungspotenzial und wird daher auch in den meistens Fällen als Niedrigenergiehaus bezeichnet.

4 Massivbauweise: Verwendung der Baustoffe Beton, Stein und Stahl. In der Leichtbauweise (Fertighaus) wird hingegen eher der Baustoff Holz verwendet.

Bild 10: ***Passivhaus, welches in Holzrahmenbauweise errichtet wurde; GK 1a***

2.4.2 Niedrigenergiehäuser

Neubauten oder auch Altbauten werden heutzutage aufgrund steigender Energiekosten und durch Vorgaben des Gebäudeenergiegesetzes (GEG) energiesparsam errichtet oder aufwändig saniert. Ein Niedrigenergiehaus steht allgemein für eine Sammelbezeichnung von Gebäuden, die einen gewissen Energiestandard erfüllen. Bei Neubauten erfolgt beispielsweise eine Einteilung in Passivhäuser, Nullenergiehäuser oder Plusenergiehäuser (je nach Höhe des Energiebedarfs). Kernstück eines energieeffizienten Wohnhauses ist die Wärmedämmung an den Außenwänden sowie im Dach- und im Türbereich. Auch spezielle Glaselemente (Dreifachverglasung) können dazu beitragen. Ziel ist es, dass das Gebäude einen möglichst geringen Wärmeverlust hat, was wiederum zu einem geringeren Energieverbrauch führt. Klimafreundliche Heizungsanlagen, die ohne fossile Brennstoffe betrieben werden, spielen hierbei eine ebenso große Rolle wie die hauseigene Energiegewinnung aus Solarstrom. In Abgängigkeit von dem vorliegenden Heizwärmebedarf (HWB) lässt sich ein Gebäude in ein Niedrigenergiehaus einordnen. Bei unserem europäischen Nachbar (Österreich) gilt ein Gebäude als Niedrigenergiehaus, sofern es nach dem Energieausweis A++ bis G einen HWB-Wert von < 50 (KwH/[m^2*a]) erfüllen kann (Kategorie B). Passivhäuser erfüllen mit ihren wasserunabhängigen Heizungsanlagen hierbei den höchsten Standard (HWB < 10) A++. Null- oder Plusenergiehäuser weisen in ihrer Jahresbilanz keine externe Zuführung von Energie auf, da diese Gebäude in der Lage sind, Energie zu speichern und auch zum Teil selbst zu produzieren, auch über den Energiebedarf hinaus (Plusenergiehaus). In Deutschland setzt sich der energetische Standard eines sogenannten »Effizienzhauses« aus zwei Kriterien zusammen: Der Höhe des Gesamtenergiebedarfs der Immobilie sowie der Qualität der Gebäudehülle (Wärmedämmung). Diese Kriterien werden i. d. R. als Primärenergiebedarf (»Wie viel Energie benötigt das Gebäude?«) und Transmissionswärmeverlust (»Wie viel Energie verliert das Gebäude?«) als Werte tabellarisch angegeben (Kreditanstalt für Wiederaufbau, KFW o. A.). Niedrigenergiehäuser können in der Leicht- oder in der Massivbauweise errichtet werden.

Bild 11: ***15 cm Dämmung eines Niedrigenergiehauses nach KFW 40 (KFW Kreditanstalt für Wiederaufbau, Gebäude mit 40 % Wärmeenergiebedarf und einem 60 % Wärmeenergie-Ersparnis im Vergleich zu einem herkömmlichen Gebäude)***

Bild 12: ***Altbau von 1968; beachten Sie die markierte Stelle (Dämmung) und die Dachtraufe – hier ist keine Dämmung vorhanden.***

Bild 13: ***Dieses moderne Wohnhaus (Niedrigenergiehaus) entspricht der GK 4.***

2.4.3 Geschossfertigbau

Geschossfertigbauten sind vorwiegend Gebäude, die aus dem Baustoff Holz gefertigt werden. In einigen Bundesländern (wie z. B. Baden-Württemberg) werden Holzbauten bereits gefördert und auch als Geschossfertigbau (Hochhausbau) genehmigt (Holzbau-Offensive BW). Hier setzt der Gesetzgeber aber eine hohe Feuerwiderstandsfähigkeit voraus, die z. B. durch eine Beplankung und eine bessere Materialstärke erreicht werden kann sowie durch Brandmelde- und Sprinkleranlagen. Auch in Nordrhein-Westfalen können inzwischen Gebäude der GK 4 und 5 aus Holz errichtet werden. Das Tragwerk der Beherbergungsgeschosse des »Moxy und Residence Inn Hotel« in der Stadt Essen verfügt beispielsweise über eine modulare Holzbauweise, bei der man im Werk vorgefertigte, bereits weitestgehend brandschutztechnisch verkleidete Konstruktionselemente für die Decken und Wände sowie komplette Nasszellen (sog. Wet-Boxes) zur Baustelle geliefert und dort etagenweise zusammengesetzt hat (Auszug aus dem Brandschutzkonzept Brendebach Ingenieure 2018). Baugleiche Objekte entstanden bereits am Flughafen Frankfurt am Main und am Airport Wien. Auch hier wurde der Baukörper zum größten Teil aus einer Holzkonstruktion errichtet, mit Ausnahme der ersten Etage und der notwendigen Treppenräume.

Wet-Box:

Vorgefertigtes, kastenförmiges Modul aus Brettsperrholz mit Versorgungsstrang, beinhaltet meist zwei Zimmer mit je einem WC/Bad.

▶ Bild 14 zeigt die einzelnen Konstruktionselemente (Wetboxen), die bei dem Bau des »Moxy Vienna Airport Hotels« in Wien verwendet wurden. Die einzelnen Elemente bestehen überwiegend aus Holz, nur die Erdgeschossebene sowie der 1. Rettungsweg des Gebäudes wurden aus Stahlbeton gefertigt.

Bild 14: ***Geschossfertigbau (Quelle: Vastint Hospitality B. V.)***

Bild 15: ***Geschossfertigbau (Moxy Hotel Frankfurt am Main). Gut zu erkennen ist der aus Stahlbeton gefertigte 1. Rettungsweg. Angrenzend daran werden die überwiegend aus Holz gefertigten Wetboxen verbaut. (Quelle: Vastint Hospitality B. V.)***

2.4.4 Konventionelle Gebäude

Gebäude konventioneller Art sind Gebäude unterschiedlicher Gebäudeklassen, die ausschließlich in der Massivbauweise errichtet wurden und über keine oder nur sehr geringe bauliche Maßnahmen zur Energieeinsparung verfügen. Hierunter fallen vor allem Altbauten bzw. Gebäude, die in den Nachkriegsjahren bis hin zur Jahrtausendwende errichtet wurden. Ältere Gebäude, sofern diese nicht modernisiert wurden, haben bezogen auf eine extreme Brandausbreitung (Rauchexplosion) ein niedrigeres Gefahrenpotenzial als Gebäude moderner Bauweise. Hintergrund hierfür ist, dass die Wärme (Energie) in einem hochgedämmten, modernen Gebäude, auch in diesem verbleibt. In einem ungedämmten oder schlecht isolierten Gebäude hingegen kann die Wärme (Energie) nach Außen entweichen.

Hinweis:

Hochgedämmte Gebäude geben kaum Wärme (Energie) nach außen hin ab. Der Vorteil ist, dass das Gebäude energiesparsamer beheizt werden kann. Bezogen auf ein Schadenfeuer bedeutet dies aber auch, dass der Brand in einem hochgedämmten Gebäude schneller verlaufen kann – die Gefahr einer extremen Brandausbreitung (Rauchexplosion) kann zunehmen.

Nähere Informationen, gerade zum Thema Energie, finden Sie in ▶Kapitel 3.1 »Energie«. Auch sollte ein besonderes Augenmerk auf die Sicherstellung des zweiten

Rettungsweges gelegt werden. Bei Altbauten kann beispielsweise der Einsatz einer dreiteiligen Schiebleiter von großer Bedeutung sein. Die Landesbauordnung Nordrhein-Westfalen sah z. B. bis 1984 vor, dass für Gebäude mit fünf Vollgeschossen (EG + 4) die Sicherstellung des zweiten Rettungsweges durch Vorhaltung einer tragbaren Leiter (dreiteilige Schiebleiter) ausreichend war. Somit wurden Aufstellflächen für Hubrettungsfahrzeuge für solche Gebäude nicht berücksichtigt und waren nach dem damals geltenden Baugenehmigungsverfahren nicht erforderlich. Auch verfügen Altbauten zum Teil über Decken und Böden aus Holz. Wohnungstüren einzelner Nutzungseinheiten können unterhalb der Zargen undicht sein (Ausbreitung von Rauch im Treppenraum beachten). Die Feuerwiderstandsfähigkeit von einigen Bauteilen kann andere Standards erfüllen als die von Gebäuden moderner Art. Die heute gültigen Landesbauordnungen können nicht eins-zu-eins bei diesen Gebäuden angewendet werden. Auch das in ▶ Kapitel 2.5 erklärte »Safe-Schema« gilt vorwiegend für moderne Gebäude des 21. Jahrhunderts.

Bild 16: ***Beispiel eines konventionellen Gebäudes der GK 3 (hier Wohnhaus mit vier Nutzungseinheiten)***

2.4.5 Hochhäuser

Hochhäuser gelten weltweit immer noch als Prestigeobjekte und finden vor allem in Großstädten eine große Akzeptanz. Große Unternehmen bauen noch heute ihre Firmenzentren in Form von modernen und architektonisch stilvollen Wolkenkratzern. Hierfür werden überwiegend Stahl, Beton und Glas als Baustoffe verwendet. Auch Wohnhäuser werden zunehmend und aufgrund von Platzmangel weltweit in die Höhe gebaut. In Deutschland erkennt man diesen Trend bisher nur in vereinzelten

Großstädten wie Frankfurt am Main, Berlin, Düsseldorf oder Hamburg. Dennoch findet man auch in anderen Städten der Bundesrepublik Gebäude, die weit über 22 m hinausragen. Die Anforderungen für solche Gebäude werden in der Muster-Hochhaus-Richtlinie (MHHR) und in den jeweiligen Sonderbauverordnungen der Länder geregelt. Ein Beispiel hierfür bildet das Wohnhochhaus »HQE« in der Stadt Essen (NRW) mit einer Höhe von 60 m, welches im Frühjahr 2022 fertiggestellt wurde (► Bild 17). Das Gebäude verfügt über vier Untergeschosse, wozu auch eine Tiefgarage gehört. Rechtsseitig grenzt ein größeres Bürogebäude an. In den rund 18 Etagen verteilen sich rund 65 Miet- und Eigentumswohnungen. Nach der Sonderbauverordnung (SBauVO) NRW verfügt das Wohnhochhaus über einen Sicherheitstreppenraum, sowie Löschwasserleitungen (nass) und einen Feuerwehraufzug. Bestimmte Bereiche des Gebäudes werden über die geforderten Anforderungen hinaus durch eine BMA überwacht. Des Weiteren sind alle tragenden und aussteifenden Bauteile feuerbeständig und bestehen aus nichtbrennbaren Baustoffen.

Zahlreiche Anforderungen der Sonderbauverordnung müssen bei dem Bau eines Hochhauses eingehalten werden. Um nicht den Rahmen dieses Fachbuches zu sprengen, verweisen wir daher für vertiefte Informationen zum baulichen Brandschutz auf die MHHR, oder auf das unten angefügte »Safe-Schema«. Gerade als Führungskraft ist es von Vorteil, bestimmte Gebäude baulich richtig einordnen zu

Bild 17: ***Die Abbildung zeigt das Wohnhochhaus »Huyssen Quartier Essen (HQE)«, welches 2022 fertiggestellt wurde. Das Objekt (Sonderbau) wird der GK 5 zugeordnet. Die BMA/Sprinkleranlage im Gebäude überwacht ausschließlich die Tiefgarage. Teile der Flucht- und Rettungswege, Aufzugschächte, spezielle Räume (Vorraum Feuerwehraufzug) sowie der angrenzende Bürokomplex (rechtes Gebäude) sind BMA überwacht.***

können, um beispielsweise im Brandfall zu wissen, welchen baulichen »Mindestschutz« das Gebäude überhaupt bietet.

2.5 SAFE-Schema

Mit Hilfe des »Safe-Schemas« können sich Führungs- und Einsatzkräfte die baulichen Mindestanforderungen an einem Gebäude vereinfacht herleiten. Das Schema orientiert sich hierbei an der Musterbauordnung und den Musterrichtlinien für Sonderbauten und kann daher bundesweit angewandt werden. Wichtig ist, dass das »Safe-Schema« ausschließlich für den Einsatzdienst bestimmt ist. Es erfordert keine vertieften Kenntnisse im vorbeugenden Brandschutz. Das Schema soll die Führungskraft im Einsatzdienst dabei unterstützen, grundlegende Mindestanforderungen bzw. bauliche Gegebenheiten, die ein Gebäude der GK 1 bis 5 inkl. Sonderbau erfüllen sollte, herzuleiten und diese im Brandeinsatz anzuwenden. Tiefgreifende Informationen zu einer Gebäudeklasse oder zu einem Sonderbau entnehmen Sie bitte der jeweils gültigen Landesbau- oder Sonderbauordnung Ihres Landes.

Hinweis:

Das »Safe-Schema« ist für Einsatzkräfte bestimmt. Das Schema stellt nur Mindestanforderungen nach der aktuellen Musterbauordnung (Stand vom 26/27.09.2024) dar, die i. d. R. Neubauten erfüllen müssen.

Im folgenden Kapitel soll das »Safe-Schema« erklärt werden. Um dies in der Praxis einfach und plausibel anwenden zu können, werden vorab grundlegende Informationen geklärt.

2.5.1 Einteilung per Ampelsystem

Bei dem »Safe-Schema« wird im ersten Anwendungs-Schritt ein Wohngebäude (GK 1 bis GK 5) oder Sonderbau einer bestimmten Farbe zugeordnet. Die Ampelfarben »rot, gelb, grün« und als Sonderfarbe »blau« sollen den Anwendenden vorab die Möglichkeit geben, das Gebäude entsprechend den Anforderungen im baulichen Brandschutz in geringwertig (rot), mittelmäßig (gelb) oder gut (grün) einzuteilen.

Rot	GK 1 bis GK 2
Gelb	GK 3
Grün	GK 4 bis GK 5
Blau	Sonderbauten (die entsprechende GK 1 bis 5 muss weiterhin berücksichtigt werden)

Bild 18: ***Farbliche Einteilung der Gebäudeklassen***

Die Anwendung des »Ampelschemas« hat den Vorteil, vor der eigentlichen Anwendung des »Safe-Schemas« das Gebäude gemäß seinen baulichen Anforderungen im Brandschutz grob beurteilen zu können.

Leitsatz zum Safe-Schema:

Je höher die Gebäudeklasse, desto höher sind die Anforderungen im baulichen Brandschutz. Der Sonderbau wird unter Berücksichtigung der GK immer getrennt betrachtet.

Hinweis:

Eine Nutzungseinheit (NE) ist eine in sich abgeschlossene Folge von Aufenthaltsräumen z. B. eine Wohnung, eine Praxis, Büros oder Gewerbeeinheiten, die einer Person oder einem gemeinschaftlichen Personenkreis zur Benutzung zur Verfügung stehen.

2.5.2 SAFE-Schema für GK 1 a u. 1 b sowie GK 2

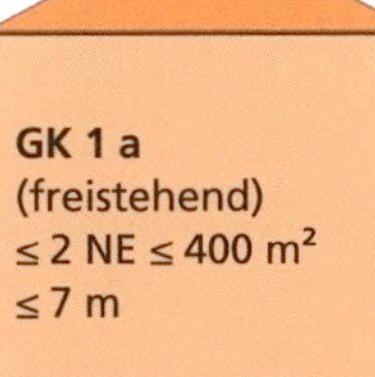

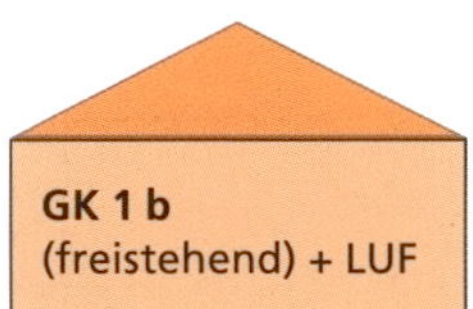

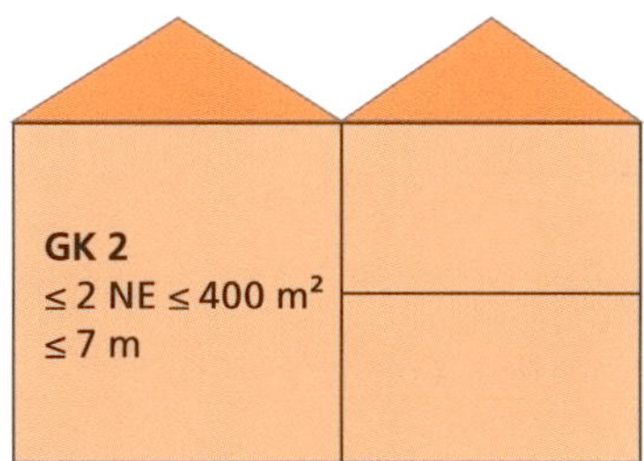

S	**System Rettungsweg** zwei voneinander unabhängige Rettungswege: 1. Rettungsweg baulich 2. Rettungsweg baulich oder über tragbare Leitern* max. 35 m Rettungsweglänge (1. RW) keine Anforderungen an Länge (2. RW)
A	**Anforderung an Treppenraum** GK 1 u. 2 keine
F	**Feuerwiderstand tragende Bauteile/Trennwände/Decken** GK 1: keine Anforderungen, außer Decken u. tragende Bauteile im Keller **F30,** GK 2: tragende Bauteile **F30** Trennwände zwischen NE keine Decken zwischen NE in **F30** Dachgeschoss: Decke u. tragende Bauteile in **F30** (gilt nur für Geschosse im DG wenn darüber noch Aufenthaltsräume möglich sind.) Keller: Decken und tragende Teile in **F30**
E	**Einsatzrelevante Infos für die Feuerwehr** Innere Brandwand nach 40 m in **F60** und nicht mechanisch standfest, Gebäudeabschlusswand mindestens **F30**
Hinweis:	Photovoltaik, Niedrigenergiebauweise vorhanden?

Bild 19: ***Rot für GK 1 und GK 2***

* Anm. zu tragbaren Leitern: hier muss ein Rettungswegfenster vorhanden sein – zu öffnende Fläche 0,90 m x 1,20 m/1,20 m Brüstungshöhe/max. 1,20 m von der Traufkante entfernt – gilt auch im System Rettungsweg für Gebäude, bei denen die Oberkante der Brüstung von zum Anleitern bestimmten Fenstern oder Stellen mehr als 8 m und nicht mehr als 22 m über der Geländeoberfläche liegt (Hubrettungsfahrzeuge).

2.5.3 SAFE-Schema für GK 3

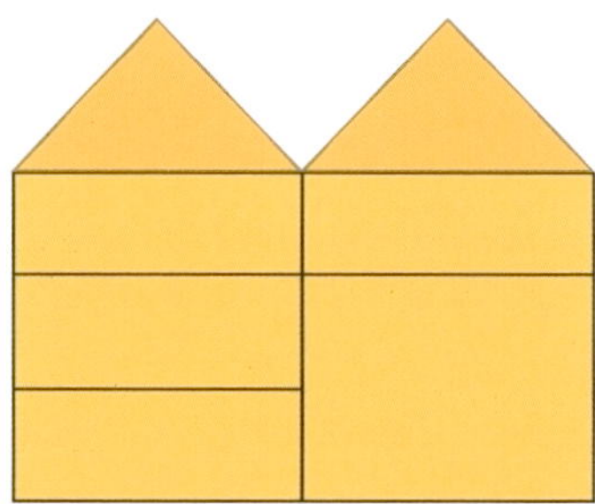

S	**System Rettungsweg** zwei voneinander unabhängige Rettungswege: 1. Rettungsweg baulich 2. Rettungsweg baulich oder über tragbare Leitern max. 35 m Rettungsweglänge (1. RW) keine Anforderungen an Länge (2. RW)
A	**Anforderung an Treppenraum** von Wänden umfasst in **F30** (Öffnung zur Rauchableitung „Fenster" muss vorhanden sein)
F	**Feuerwiderstand tragende Bauteile/Trennwände/Decken** tragende Teile **F30** Trennwände zwischen NE **F30** Decken zwischen Nutzungseinheiten **F30** Dachgeschoss: Decken und tragende Teile in F30 (gilt nur für Geschosse, wenn darüber Aufenthaltsräume möglich sind.) Decken und tragende Teile im Keller **F90**
E	**Einsatzrelevante Infos für die Feuerwehr** Innere Brandwand nach 40 m in **F60** und nicht mechanisch standfest, Gebäudeabschlusswand mindestens **F30** Brand- oder Rauchabschnitte, BMA, Löschanlage können vorhanden sein (z. B. ab GK 3 in Büro- oder Verwaltungsbereich)
Hinweis:	Photovoltaik, Niedrigenergiehaus, Öffnungen zur Rauchableitung vorhanden?

Bild 20: *Gelb für GK 3*

2.5.4 SAFE-Schema für GK 4 und 5

GK 5 ≥ 13 m
sonstige

S	**System Rettungsweg** zwei voneinander unabhängige Rettungswege: **GK 4 u 5**: 1. Rettungsweg baulich **GK 4**: 2. Rettungsweg baulich oder über Hubrettungsfahrzeug **GK 5**: 2. Rettungsweg baulich oder über Hubrettungsfahrzeug bis 22 Meter Gebäudehöhe (über 22 Meter: beachte Sonderbau Hochhaus) max. 35 m Rettungsweglänge (1. RW) keine Anforderungen an Länge (2. RW)
A	**Anforderung an Treppenraum** **GK 4** von Wänden umfasst in **F60** M + Öffnung zum Rauchabzug (M = unter zusätzlicher mechanischer Belastung/Widerstandsfähigkeit) **GK 5** von Wänden umfasst in **F90** (Brandwand-Qualität) + Öffnung zur Rauchableitung
F	**Feuerwiderstand tragende Bauteile/Trennwände/Decken** **GK 4** tragende Teile **F60** Trennwände zwischen NE F60 (**mindestens F30**) Decken zwischen NE **F60** Dachgeschoss: Decken und tragende Teile in **F60 M** (gilt nur für Geschosse, wenn darüber Aufenthaltsräume möglich sind.) Decken und tragende Teile im Keller **F90** **GK 5** tragende Teile **F90** Trennwände zwischen NE F90 (**mindestens F30**) Decken zwischen NE **F90** Dachgeschoss: Decken und tragende Teile in **F90** (gilt nur für Geschosse, wenn darüber Aufenthaltsräume möglich sind.) Decken und tragende Teile im Keller **F90** **Hinweis:** Photovoltaik, Niedrigenergiehaus, Öffnung zur Rauchableitung?

E	**Einsatzrelevante Infos für die Feuerwehr** **GK4** Innere Brandwand nach 40 m in **F60** und mechanisch standfest, Gebäudeabschlusswand mindestens **F90** und mechanisch standfest Hinweis: Photovoltaik, Niedrigenergiehaus, Öffnung zur Rauchableitung, Schwachstelle Fenster der NE (Brandüberschlag möglich)? **GK 5** Innere Brandwand nach 40 m in **F90** und mechanisch standfest, Gebäudeabschlusswand mindestens **F90** und mechanisch standfest Brand- oder Rauchabschnitte möglich,BMA, Löschanlage möglich, Flächen für die Feuerwehr vorhanden
Hinweis:	Photovoltaik, Sicherheitstreppenraum, Öffnung, Fensteröffnungen können Schwachstelle am Gebäude sein (Feuerüberschlag)

Bild 21: *Grün für GK 4 und GK 5*

2.5.5 SAFE-Schema Sonderbau

Sonderbauten

Sonderbauten sind Anlagen und Räume besonderer Art und Nutzung. Bei dem SAFE-Schema werden nur die o.g. Gebäudearten betrachtet. Krankenhäuser, Industrieanlagen, Kitas etc. werden im Safe-Schema nicht berücksichtigt.

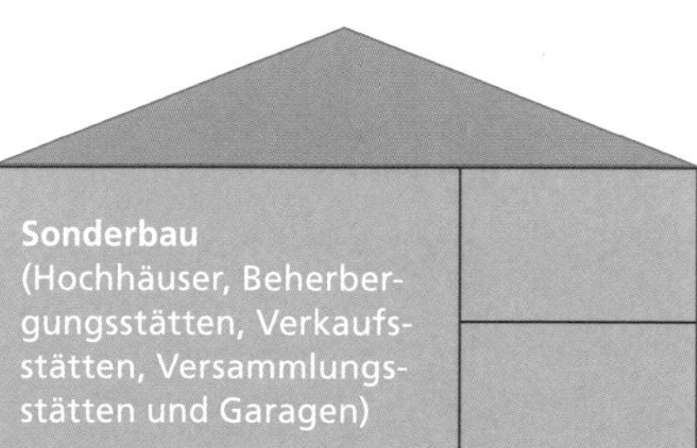

S	**System Rettungsweg** zwei voneinander unabhängige Rettungswege: 1. Rettungsweg baulich 2. Rettungsweg baulich oder unter Umständen über Rettungsgeräte der Feuerwehr (z. B. bei Beherbergungsstätte). Rettungsweglänge: siehe Besonderheiten **Besonderheiten:** **Hochhäuser** < 60 m Höhe 2 × baulich oder ein Sicherheitstreppenraum (> 60 m 2 × Sicherheitstreppenräume) **Beherbergungsstätten** Besonderheiten bei Beherbergungsstätten (Bettenkapazität < 30 Betten je Geschoss < 60 Gesamtbetten 1. RW baulich und 2. RW über Rettungsgeräte der Feuerwehr. > 60 Gastbetten oder > 30 Betten ab dem 1. Obergeschoss 2 × bauliche Rettungswege in max. 35 m.) **Verkaufsstätte** Rettungsweglänge 35 m (unter Umständen bis 140 m möglich) keine Anforderungen an Länge 2. RW **Versammlungsstätten** i. d. R. 30 m bei 5 Meter Deckenhöhe, je 2,50 m zusätzlicher Deckenhöhe ist eine Erweiterung um 5 m bis 60 m + (30 m notw. Flur oder Foyer) bis 90 m Rettungsweglänge möglich. **Garagen** Treppenraum und über Rampe 30 Meter Rettungsweglänge (50 m nur bei offener Groß- und Mittelgarage, nicht bei unterirdischer Garage)

A	**Anforderung an Treppenraum** Treppenräume i. d. R. in Bauart einer Brandwand
F	**Feuerwiderstand tragende Bauteile/Trennwände/Decken** Siehe nachfolgendes Bild zum „Safe-Schema Sonderbau"
E	**Einsatzrelevante Infos für die Feuerwehr** Ggf. innere Brandabschnitte, Gebäudeabschlusswände (Brandwand – Qualität) Brandmeldeanlagen und Löschanlagen können vorhanden sein, Flächen für die Feuerwehr sind gefordert, ggf. Feuerwehraufzug, Löschwasserrückhaltung möglich, Besonderheiten bei Energieversorgung, Gefahrstoffe, hohe Anzahl von nicht ortskundigen Personen sind ggf. zu beachten, Öffnung zum Rauchabzug.

Bild 22: ***Blau für Sonderbauten***

Sonderbau	Tragende Bauteile	Trennwände	Decken
Hochhaus	**F90 (F120 >** 60 Meter Höhe)	**F30** zwischen NE **F90** (z. B. Brandwände/Trennwände von Räumen mit erhöhter Brandgefahr, Wände von Fahrschächten etc.)	Raumabschließend mit der Feuerwiderstandsfähigkeit der tragenden Bauteile
Beherbergungsstätte	F90 (F30 nur bei Gebäude mit < 2 oberirdische Geschosse und bei oberstem Geschoss von Dachräumen mit Beherbergungsräumen.	**F30** zwischen Beherbergungsräumen. **F90** zwischen Räumen einer Beherbergungsstätte und sonstigen Räumen (Küche), sofern tragende Teile in **F30** gefordert sind, genügen Trennwände in **F30**	**F90** (gilt nicht für oberste Geschosse mit Dachräumen, wenn sich dort keine Beherbergungsräume befinden.) **F30** nur im speziellen Fall (siehe tragende Teile)
Verkaufsstätte	**F90** (**F30** bei ebenerdigen Verkaufsstätten ohne Sprinkler/ebenerdig mit Sprinkler **F0**	Trennwände zwischen einer Verkaufsstätte u. Räumen, die nicht zur Verkaufsstätte gehören sind feuerbeständig **F90** und dürfen keine Öffnung haben. Besonderheiten gibt es bei der Bildung von Brandabschnitten. Wir verweisen auf die aktuelle MVKVO	**F90** (**F30** bei Decken über Geschosse, deren Fußboden an keiner Stelle mehr als 1 m unter der Geländeoberfläche liegt, mit Sprinkler in erdgeschossigen Verkaufsstätten ohne Anforderungen an Feuerwiderstand (Decken müssen aus „nicht brennbaren Baustoffen" bestehen).
Versammlungsstätte	**F90** (in erdgeschossigen Versammlungsstätten mindestens **F30**, bei erdgeschossigen mit Sprinklerung ohne Anforderungen an Feuerwiderstand)	**F90** (bei erdgeschossigen Versammlungsstätten mindestens **F30**)	**F90** bei Decken von Werkstätten. Magazine und Lagerräume sowie Räume unter Tribünen und Podien Zusatz: gilt auch für dessen Trennwände
Garagen	Für Pfeiler und Stützen gelten dieselben Anforderungen wie für Trennwände (hier Wände) und Decken.	**F90** (liegen Einstellplätze nicht höher als 22 Meter über der Geländeoberfläche gilt für oberirdische Mittel- u. Großgaragen **F30** + nicht brennbare Baustoffe).	**F90** (außer bei eingeschossigen oberirdische Mittel- u. Großgaragen **F30** + nicht brennbare Baustoffe)

Bild 23: ***Ergänzung zum SAFE-Schema »Sonderbau« nach MHHR, MBeVO, MVKVO und MVSt***

2.6 Lüftungsanlagen

2.6.1 Lüftungsanlagen in modernen Einfamilienhäusern (Niedrigenergiehäuser)

Viele moderne Gebäude (wie z. B. Niedrigenergiehäuser) sind i. d. R. mit zentralen Lüftungsanlagen mit oder ohne Wärmerückgewinnung ausgestattet. Die zum Teil computergesteuerten Anlagen regulieren hierbei die voreingestellte Raumtemperatur und sorgen für einen regelmäßigen Luftaustausch. Bei einer Wärmerückgewinnung trifft die verbrauchte, aufgewärmte Abluft auf die Zuluft in einem Wärmetauscher. Hier wird die Zuluft (Frischluft) erwärmt und strömt ins Haus, während die Abluft (verbrauchte Luft) das Gebäude wieder verlässt. Ähnliche Systeme erwärmen die Zuluft über das Erdreich oder alternative Energiequellen. Im Brandfall kann und sollte eine Ausbreitungsgefahr durch Lüftungsanalgen nie ausgeschlossen werden, da der erzeugte Luftstrom ausreichend sein kann, um einen Brandherd mit dem notwendigen Luftsauerstoff zu versorgen.

Bild 24: ***Mehrere Zu- und Abluftöffnungen einer dezentralen Lüftungsanlage***

Hinweis:

Im Rahmen der Erkundung sollten »Lüftungsanlagen« nicht außer Acht gelassen werden. Schalten Sie die Lüftungsanlage im Brandfall ab oder kontrollieren Sie, ob ggf. eine selbstständige Abschaltung der Anlage erfolgt ist. Kontrollieren Sie alle Bereiche, die durch eine Lüftungsanlage versorgt werden (vgl. DIBt 2020).

Hinzu kommt, dass sich innerhalb einer Nutzungseinheit der Brandrauch, gerade durch Überstromöffnungen (Öffnungen, über die die verbrauchte Luft zu einem Abluftraum strömen kann) schneller ausbreiten kann. In Räumen wie Küche, Bad oder WC-Räumen sind i. d. R. Abluftöffnungen, in Wohn- Schlaf- und Kinderzimmern die Zuluft-Leitungen installiert. Zentrale Lüftungsanlagen im Gebäude eignen sich im Regelfall nicht zum Entrauchen von Objekten.

Hinweis:

Die Musterbauordnung (MBO) § 41 regelt die brandschutztechnischen Anforderungen für Lüftungsanlagen. Hierbei ist zu beachten, dass die genannten Anforderungen, speziell in den Absätzen 2 und 3, nicht für die GK 1 und 2 innerhalb von Wohnungen oder innerhalb derselben Nutzungseinheit mit nicht mehr als 400 m² in nicht mehr als zwei Geschossen gelten. Hier kann nicht ausgeschlossen werden, dass sich Brandrauch auch in andere Bereiche ausbreiten kann. Speziell sind Räume hinter zugezogenen Türen gemeint.

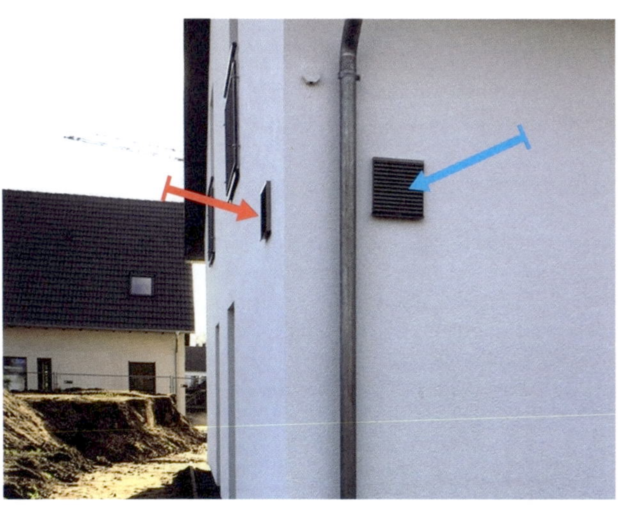

Bild 25: ***Zuluft (blau) und Abluftöffnung (rot) einer zentralen Lüftungsanlage***

2.6.2 Lüftungsanlagen in sonstigen Gebäuden

Lüftungsanlagen findet man nicht nur in Einfamilienhäusern (Niedrigenergiehäuser), sondern vor allem in modernen Mehrfamilienhäusern, Büro- und Gewerbegebäuden oder in diversen Sonderbauten (wie z. B. einer Versammlungs- oder Verkaufsstätte). Auch hier dienen diese Anlagen der Versorgung von Frischluft und dem Abtransport von Abluft. Viele Lüftungsanlagen werden mit Klima und/oder Beheizsystemen kombiniert. Auch über solche Anlagen kann eine Rauchausbreitung in andere Geschosse nicht zu 100 % ausgeschlossen werden. Ein Grund hierfür könnte das Versagen einer Brandschutzklappe durch einen inaktiven »Schmelzlot« oder eines »Bimetalls« sein. Sofern die Aktivierung des Lotes (z. B. durch eine niedrige Rauchtemperatur im Luftkanal) ausbleibt, könnte sich der Rauch ungehindert über das gesamte Lüftungssystem ausbreiten. Viele Lüftungsanlagen können daher zusätzlich über eine motorische Ansteuerung (Kanalrauchmelder) überwacht werden. Auch über eine Brandfallsteuerungsmatrix können Belüftungssysteme bei einer unabhängigen Raucherkennung (z. B. über einen aktiven Rauchwarnmelder) automatisch deaktiviert und somit ertüchtigt werden.

Hinweis:

Bimetall oder auch Thermobimetall genannt ist ein Metallstreifen. Dieser kann sich bei einer Temperaturbeanspruchung verformen und somit als Auslöseelement für Brandschutzklappen dienen.

Hinweis:

Kanalrauchmelder detektieren die Brandkenngröße Rauch und können Brandschutzklappen im betroffenen String motorisch ansteuern und schließen.

Hinweis:

Kontrollieren Sie alle Bereiche, wo eine zentrale/maschinelle Lüftungsanlage verbaut wurde. Prüfen Sie, ob eine Abschaltung erforderlich ist.
Beachten Sie, dass Brandschutzklappen in Lüftungsschächte, die z. B. durch einen Schmelzlot aktiviert wurden, vom Betreiber ersetzt werden müssen.
Dezentrale Lüftungsanlagen (▶ Bild 24) versorgen nur einzelne Räume mit Frischluft und führen dessen Abluft direkt über die Außenwand ab.

2.6.3 Rauch- und Wärmeabzugsanlagen (RWA)

Eine Rauch- und Wärmeabzugsanlage (RWA) ist ein Element des vorbeugenden Brandschutzes und hat die Aufgabe, den Brandrauch schnellstmöglich aus Gebäuden abzuführen. Während es nach Auffassung der ARGEBAU (Arbeitsgemeinschaft der Bauminister der Länder für Städtebau, Bau- und Wohnungswesen) bei der Installation einer RWA primär um den Gebäudeerhalt und um wirksame Löscharbeiten geht, stehen sekundär betrachtet möglichst ausreichend lange Sichtverhältnisse für zu flüchtende Personen im Vordergrund. Eine RWA löst meistens automatisch (durch automatische Melder) aus. Eine Energieautonomie ermöglicht auch bei einem Stromausfall die volle Funktionsfähigkeit. Auch externe Alarmgeber oder durch Handmelder (Gehäusefarbe der Handmelder muss nach der neuen DIN/TS 18232-9 tieforange [RAL 2011] sein) lässt sich eine RWA auslösen. Im Treppenraum sind die Auslöseelemente im Erdgeschoss und obersten Geschoss zu finden.

Tabelle 4: ***RWA als Oberbegriff (hier verschiedene Systeme, die eher im Sonderbau vorkommen)***

Bezeichnung des Bauteils		**Beschreibung**
MRA	Maschineller Rauchabzug	Der Rauch wird mit maschineller Unterstützung aus dem Gebäude geführt.
NRA	Natürlicher Rauchabzug	Über Deckenöffnungen wird der Rauch abgeleitet.
NRWG	Natürliches Rauch- und Wärmeabzugsgerät	Öffnungen sind manuell und automatisch (BMA) ansteuerbar. Öffnungen befinden sich im Deckenbereich.
RDA	Rauchschutzdruckanlage	Drückt den Rauch aus dem betroffenen Bereich. Verhindert den Raucheintritt z. B. im Sicherheitstreppenraum.

Tabelle 5: ***Öffnung zur Rauchableitung (eher in normalen Wohngebäuden zu finden)***

Bezeichnung des Bauteils		**Beschreibung**
Öffnung zur Rauchableitung	Fenster/Kuppe	Bauteil ohne besondere baurechtliche Anforderungen. Unqualifizierte Rauchableitung, die auf keinem Volumenstrom bemessen ist. Öffnung im obersten Geschoss.

Hinweis:

Ausreichende Zuluft ist ein wesentlicher Bestandteil für die Funktion einer NRA, NRGW und Öffnung zur Rauchableitung. Ein gerichteter Strömungspfad benötigt immer eine natürliche Zu- und Abluftöffnung. Sofern es keine ausreichende Zuluft gibt (z. B. durch eine nicht vorhandene Zuluftöffnung), wird die Funktion der NRA, NRGW und Öffnung zur Rauchableitung inaktiv. Verstärken Sie die Zuluft je nach Lage und Erkundung ggf. mit einem Druckbelüftungsgerät.

2.7 Wärmedämmverbundsysteme (WDVS)

Es kommt immer häufiger vor, dass Gebäude im Zuge einer Restaurierung oder Sanierung energieeffizienter gemacht werden. Hierzu ertüchtigt man Gebäudefassaden mit Wärmedämmverbundsystemen (WDVS). Bei dem WDVS kann es sich um verschiedene Dämm-Materialien handeln. Einige dieser Materialien werden nach ihrem Brandverhalten in der unten angefügten Tabelle kurz vorgestellt. Vor allem Dämmmaterial aus Polystyrolschaum (EPS) stellt die Feuerwehren in Deutschland immer noch vor große Probleme, da hier eine große Ausbreitungsgefahr bei der thermischen Zersetzung des Materials bestehen kann. Polystyrol ist noch heute das am häufigsten zum Einsatz kommende Dämmmaterial der WDVS. Nach dem nationalen Baustoffprüfverfahren gemäß DIN 4102-1 wird der Dämmstoff zwar als schwerentflammbar eingestuft, jedoch wurde nach dem europäischen Prüfverfahren, gemäß DIN EN 13501-1 nachgewiesen, dass die abfließende Schmelze in Kombination mit Klebstoffen, Bindemitteln und diversen Beschichtungen die Klassifizierung »schwerentflammbar« in den meisten Fällen nicht einhalten konnte. Bei einem brennenden WDVS spielen genau diese Faktoren eine entscheidende Rolle. Sofern die Dämmung hinter dem Putz beginnt, sich thermisch zu zersetzen, wird die flüssige Polysterol-Schmelze am tiefsten Punkt der Dämmauflage (z. B. am Fenstersturz) gesammelt. Sollte nun ein Versagen der Sturzunterkante eintreten (durch Aufreißen der Putzschicht), fördert die freiwerdende Schmelze die Ausbreitung des Brandes und Flammen gelangen ungehindert ins Innere des WDVS. Mit Hilfe von Brandriegeln, die auch als Sturzschutz bekannt sind, kann eine geschossübergreifende Brandausbreitung verhindert oder zumindest eingedämmt werden. Brandriegel müssen nichtbrennbar sein (Baustoffklasse A1 oder A2 nach DIN 4102-1 bzw. der Klasse A1 oder A2-S1, d0 nach DIN EN 13501-1) und bestehen meist aus Mineralwolle.

2.7.1 Brandriegel speziell für EPS-Fassaden

Die Anzahl der Brandriegel hängt i. d. R. von der Gebäudehöhe beziehungsweise von der Höhe der einzelnen Geschosse ab. Auch kann das Alter des Gebäudes eine entscheidende Rolle spielen. Vor 2016 waren Brandriegel lediglich oberhalb jedes zweiten Geschosses vorgeschrieben, alternativ war auch ein sogenannter Sturzschutz aus Mineralwolle über den Fenstern möglich. Heute befinden sich Brandriegel am Fassadensockel sowie auf Höhe der Decke zum 1. Geschoss. Zwischen dem zweiten und dritten Brandriegel (Decke 1. Geschoss und Decke 3. Geschoss) darf der Abstand nur max. 8 m betragen. Sofern dieser Wert überschritten wird, muss ein weiterer Brandriegel verbaut werden. ▶ Bild 26 veranschaulicht den Abstand der Brandriegel. Hierbei muss erwähnt werden, dass die neuen Regeln nur für EPS-WDVS mit Dämmstoffdicken von 300 mm gelten. Für Gebäude mit weniger als vier Geschossen muss nicht zwangsläufig ein Abschlussriegel verbaut werden, es sei denn, die Dachkonstruktion ist brennbar (FV WDVS 2016).

Hinweis:

An Gebäuden mit einer Höhe von mehr als 22 m sind WDVS aus EPS nicht erlaubt (Hochhausgrenze). Hier dürfen WDVS nur aus nichtbrennbaren Materialien verbaut werden.

Bei Gebäuden zwischen 8 und 22 m müssen WDVS die Anforderungen der Baustoffklasse B1 (schwer entflammbar) erfüllen. An Gebäuden bis 7 m Höhe sind WDVS aus Materialien der Baustoffklasse B2 (normal entflammbar) erlaubt. Ein Brandriegel besteht in den meisten Fällen aus Mineralwolle. Allgemein sind Brandriegel ab GK 4 gesetzlich vorgeschrieben (FV WDVS, vgl. MBO).

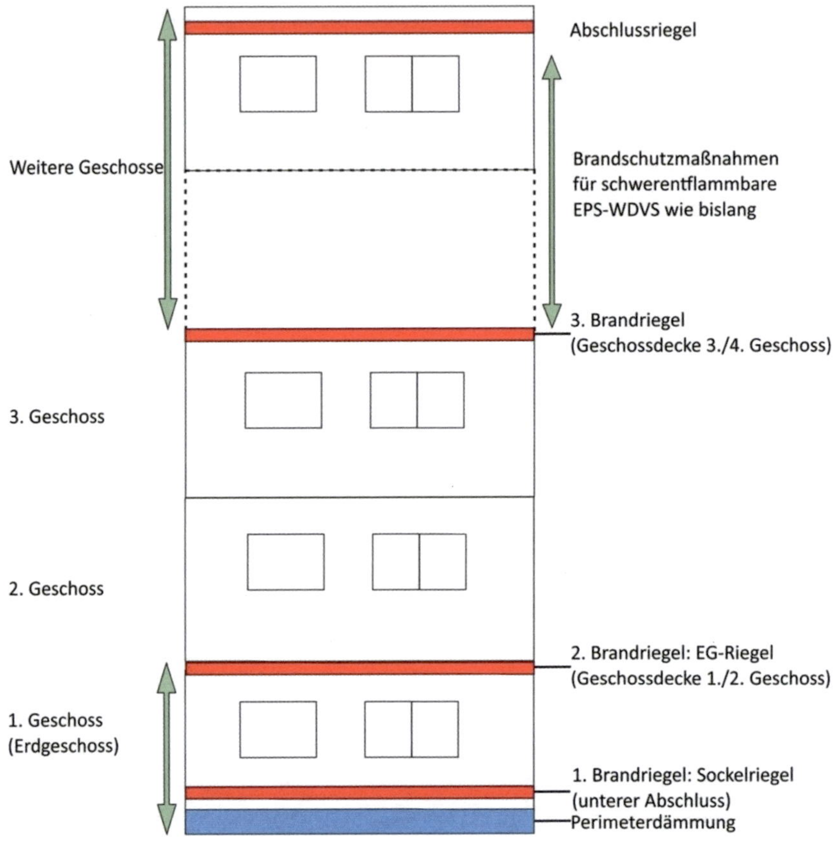

Bild 26: ***In Anlehnung an den Fachverband (FV) für WDVS: Anzahl der Brandriegel eines Gebäudes (EPS-Fassade) mit fünf Geschossen***

2.7.2 Ausbreitungsgefahr über die Fassade (WDVS)

Für den Einsatz ist es entscheidend zu wissen, dass Brandriegel eine Ausbreitung verhindern können, diese aber auch schnell an ihre Grenzen stoßen, sofern Materialien, insbesondere das WDVS oder aber der Brandriegel selbst, mangelhaft verbaut wurden. Zudem gibt es eine große Anzahl an Gebäuden und Altbeständen, die trotz vorhandenen EPS-WDVS nicht über die heute geforderte Anzahl an Brandriegeln verfügen, da die Gefahr und die damit verbundenen Schutzmaßnahmen vor 2016 noch nicht so präsent waren wie heute oder schlichtweg baurechtlich nicht erforderlich sind (vgl. Brandschutzregeln bei EPS-Fassaden/FV WDVS).

Bild 27: ***Brennendes WDVS an einem Einfamilienhaus – die Fassade musste in diesem Fall bis unterhalb der Traufe von den Einsatzkräften freigelegt werden, um weitere Glutnester auszuschließen; Brandriegel werden bei dieser Gebäudeklasse (hier GK 1) baurechtlich nicht gefordert. (Quelle: Pressestelle BF Essen)***

2.7.3 Weitere Ausbreitungsgefahren am Gebäude

Nicht immer ist für ein Fassadenbrand ein WDVS verantwortlich. Zahlreiche Verkleidungen an Balkonbrüstungen und ggf. Außenfassaden, die normal entflammbar sein können (Gebäude nach BauO NRW 2000) und keine besonderen Auflagen erfüllen mussten, können ebenfalls zu einer massiven Brandausbreitung am Gebäude beitragen. Der Brandeinsatz vom 21.02.2022 in der Stadt Essen (NRW) zeigt eindrucksvoll, wie verheerend sich ein Feuer über geschossübergreifende Balkone ausbreiten kann. Bei dem deutschlandweit wohl größten Wohngebäudebrand kamen ca. 150 Einsatzkräfte zum Einsatz. Mehrere Personen mussten gerettet werden bzw. konnten das brennende Gebäude aus eigener Kraft verlassen. Hierbei geriet ein viereinhalb-geschossiges, ca. 85 m langes Wohnhaus mit 35 Nutzungseinheiten binnen kürzester Zeit in Vollbrand. Zudem wütete das Sturmtief »Antonia« an diesem frühen Morgen und fachte die Ausbreitung des Schadenfeuers massiv an. Das WDVS des Gebäudes bestand aus Mineralwolle und konnte relativ schnell als mögliche Ursache für die rasante Brandausbreitung ausgeschlossen werden. Sämtliche Balkonverkleidungen aus Hart-Kunststoff, die als Sichtschutz dienten, sowie Unterböden aus WPC (Wood-Plastic-Composites) gerieten in der Brandnacht binnen kürzester Zeit in Vollbrand. Die ▶ Bilder 28 und 29 verdeutlichen, welche Energie bei diesem Gebäudebrand freigesetzt wurde. Zudem kann man deutlich erkennen, wie sich das Schadenfeuer geschossübergreifend auf das gesamte Wohngebäude ausgebreitet hat. Dass bei dieser Katastrophe nur drei Personen leicht verletzt wurden, kann als glücklicher Umstand angesehen werden. Außerdem haben zahlreiche Rauchwarnmelder in den Wohnungen die schlafenden Personen frühzeitig geweckt und konnten somit zu einer schnellen Selbstrettung und Rettung durch die Feuerwehr beitragen. Fakt ist, dass mit einer massiven Ausbreitungsgefahr am und im Gebäude zu rechnen ist – egal ob es sich um ein brennbares WDVS aus EPS, diverse Balkonverkleidungen oder Balkonmöbel handelt – und diese die Feuerwehr auch noch in ferner Zukunft vor erhebliche Herausforderungen stellen wird.

Literatur-Tipp:

Für nähere Informationen zum Brandeinsatz verweisen wir auf den Fachartikel »Essen: Großbrand in Wohnkomplex« von Carsten Cornelissen, Christoph Risse, Philipp Beyer, Markus Terwellen, in: BRANDSchutz/Deutsche Feuerwehr-Zeitung 12/2022, S. 1030 – 1037

Bild 28: ***Essen-Westviertel, Bargmannstraße, am 21.02.2022. Das Wohngebäude (errichtet nach der damals gültigen Landesbauordnung NRW 2000) befand sich binnen kürzester Zeit in Vollbrand. Für Balkonbrüstungen gab es nach der damals gültigen Bauordnung keine speziellen brandschutztechnischen Anforderungen. (Quelle: C. Risse)***

Bild 29: *Der Gebäudekomplex von oben – sehr gut erkennbar ist die eingeleitete Riegelstellung (linker und rechter Flügel) über handgeführte Strahlrohre, mehrere Werfer und einer Drehleiter. Ein Innenangriff musste aufgrund der extremen Temperaturen im Gebäude abgebrochen werden. Das Gebäude wurde kurz vor der Vollbrandphase durch die Einsatzkräfte der Feuerwehr Essen (BF/FF) geräumt. Lediglich drei Personen wurden bei diesem Schadenfeuer leicht verletzt. (Quelle: C. Risse)*

2.7.4 Übersicht verschiedener Dämmmaterialien

Tabelle 6: *Beispiele verschiedener Dämmmaterialien im WDVS/Gebäudedämmung*

Dämmstoffe/Materialien	Brandverhalten nach DIN 4102	Einsatzgebiet
Polystyrolschaum (EPS)	schwerentflammbar (B1) im System mit Brandriegel	Ein- und Mehrfamilienhäuser
Holzfaserdämmplatten	normalentflammbar (B2)	Massivbau/Ein- und Mehrfamilienhäuser
Stein oder Glaswolle	nichtbrennbar (A1)	Ein- und Mehrfamilienhäuser/Hochhäuser

Tabelle 7: ***Beispiele verschiedener Verkleidungen an Balkonen/Fassaden, kein WDVS***

Verkleidung an Balkonen	Brandverhalten nach DIN 4102	Einsatzgebiet
PVC (Polyvinylchlorid)	schwerentflammbar (B1)	Balkonbrüstungen
Polyethylen	normalentflammbar (B2)	Balkonbrüstungen
Holz	normalentflammbar (B2)	Balkonbrüstungen

Bild 30: ***Hier kann man die Kunststoffverkleidung (Pfeil) erkennen, die auch an den Balkonen auf der Rückseite verbaut wurde. Die Materialien wurden vom Hersteller in die Brandschutzklasse B2 (normalentflammbar) eingeordnet und waren nach der damals gültigen Landesbauordnung NRW (BauO NRW 2000) zulässig.***

Bild 31: ***Das Bild zeigt das WDVS aus Mineralwolle (Pfeil) hinter dem abgebrannten Putz (Gebäuderückseite).***

2.7.5 Einsatzgrundsätze »Gebäudebrand WDVS« (brennbar/nicht brennbar)

Gebäudebrand ohne brennbares WDVS:

Der Wärmestau oder die Wärmefreisetzung, die sich hinter oder ggf. vor einer nicht tragenden Fassadenbekleidung bilden kann, darf im Einsatz nicht außer Acht gelassen werden. Hier muss durch einen gezielten Außenangriff die Ausbreitungsgefahr verhindert werden. Lageabhängig müssen Teile der Fassade durch die Feuerwehr freigelegt werden. Auch Verkleidungen an Balkonen, Balkonmöbel und Dekomaterialien können zu einer Ausbreitungsgefahr am und im Gebäude führen.

Gebäudebrand mit brennbarem WDVS:
Bei einer brennbaren Dämmung aus Polystyrolschaum (EPS) muss mit einer akuten Gefahr der Ausbreitung gerechnet werden. Geschosse oberhalb der Brandstelle müssen lageabhängig geräumt und grundsätzlich immer kontrolliert werden. Achten Sie auf Verformungen oder Auswölbungen an der Putzschicht im Sturzbereich. Ein aggressiver Außenangriff mit ausreichend Löschwasser/ggf. auch mit Schaum ist sofort einzuleiten. Das Löschwasser sollte lageabhängig unterhalb oder auf der Dämmung aufgetragen werden.

2.8 Photovoltaikanlagen

In der Bundesrepublik Deutschland gibt es derzeit (Stand 2024) rund 3,4 Millionen Photovoltaikanlagen, die mit rund 11,9 % am in Deutschland produzierten Strom beteiligt sind. Die Tendenz dieser erneuerbaren Energie ist seit 2020 wieder steigend und wird durch einige Stromanbieter und das EEG (Erneuerbare-Energien-Gesetz) gefördert (BMWI BSW-Solar 2023). Zudem wird eine verpflichtende Installation für Neubauten bereits länderintern diskutiert und schrittweise in den nächsten Jahren umgesetzt. Photovoltaikanlagen können auf jedem Gebäude vorkommen und sind nicht nur auf Dächern, sondern auch an Balkonbrüstungen oder Fassaden anzutreffen. Speichermedien wie Lithiumionenbatterien, die neben den Solarstrings im Schadenfall eine erhebliche Gefahr für die Einsatzkräfte darstellen können, sind ebenfalls nicht zu unterschätzen.

2.8.1 Aufbau einer Solaranlage oder Photovoltaikanlage

Eine Photovoltaikanlage (PV-Anlage) besteht aus vier wesentlichen Bauteilen. Hierzu zählen Solarmodule mit ihren Solarzellen (diese sind als String meistens reihenförmig auf Dächern installiert), den Verbindungsleitungen im DC-Modus (»direct current« oder Gleichstrom), dem Wechselrichter, der Verbindungsleitung im AC-Modus (»alternating current« oder Wechselstrom) sowie ggf. einem Lithiumspeicher. Die DC-Freischaltung ist in Deutschland seit 2006 gesetzlich vorgeschrieben. Bei Altanlagen ist eine Nachrüstung noch nicht verpflichtend. PV-Anlagen können bis zu 1 000 Volt Gleichspannung produzieren.

2.8.2 Funktion Solarmodul (Solarzelle)

Eine Solarzelle besteht aus den Elementen Silicium, Phosphor und Bor. Zwischen den Elementen Phosphor und Bor findet, angeregt durch Silicium, ein so genannter Elektronenfluss statt (Phosphor gibt sein überschüssiges Elektron zum Bor-Atom ab). Durch diese Elektronenabgabe kommt es innerhalb einer Solarzelle zu einer Ladungsverschiebung (es entsteht ein Positiv- und ein Negativpol). Im Inneren einer Solarzelle kann nun durch diese Elektronenverschiebung eine Wechselwirkung zwischen dem einstrahlenden Sonnenlicht und dem dotierten Halbleiter der Zelle stattfinden. Das bedeutet, dass überschüssige Elektronen (der Phosphoratome) durch das Sonnenlicht wieder vom Bor-Atom gelöst und durch Metallkontakte auf beiden Seiten der Zelle ab- bzw. eingeführt werden, wodurch nun Strom fließen kann. Dieser Vorgang findet so lange statt, wie die Solarzelle mit Sonnenlicht oder ggf. künstlichem Licht angestrahlt wird.

Hinweis:

Auf eine detaillierte physikalische Beschreibung wurde bewusst verzichtet – wir verweisen hier auf entsprechende Fachliteratur.

2.8.3 String

Mehrere Solarmodule die miteinander verschaltet sind, (Reihenschaltung) werden »String« oder auch Strang genannt. Ein einziges Solarkabel läuft über die Solarmodule zum Wechselrichter. Bei einer Parallelschaltung verlaufen mehrere Kabel zum Wechselrichter. Die Gefahr eines Leistungsabfalls bei einer »Verschattung« fällt im Vergleich zur Reihenschaltung hier geringer aus. Strings transportieren immer Gleichstrom zum Wechselrichter. Das Gleichspannungskabel verlässt die Dachhaut hin zum Wechselrichter über ein Leerrohr unterhalb der Dachkonstruktion oder über einen nicht genutzten Schornstein.

Bild 32: ***Solarmodule in Reihenschaltung (Quelle: Firma Tekloth Solar GmbH)***

2.8.4 Wechselrichter

Bei netzgekoppelten PV-Anlagen wandelt der Wechselrichter den Gleichstrom (DC) in Wechselstrom (AC) um. In den meisten Gebäuden sind String-Wechselrichter weit verbreitet. Hier laufen mehrere Strings in einem Wechselrichter zusammen. Die Anzahl der Wechselrichter hängt i. d. R. von der Anlagengröße ab. Je mehr Wechselrichter verbaut sind, desto besser lassen sich Solarmodule anpassen. Das bedeutet, dass Verschattungsprobleme und Leistungsabfälle geringer ausfallen und die Anlage somit konstanter arbeitet. Wechselrichter befinden sich meistens im Hausanschlussraum, also im Keller oder Erdgeschoss. Bei Gebäuden ohne Keller sind Installationen auch im Dachbodenbereich möglich.

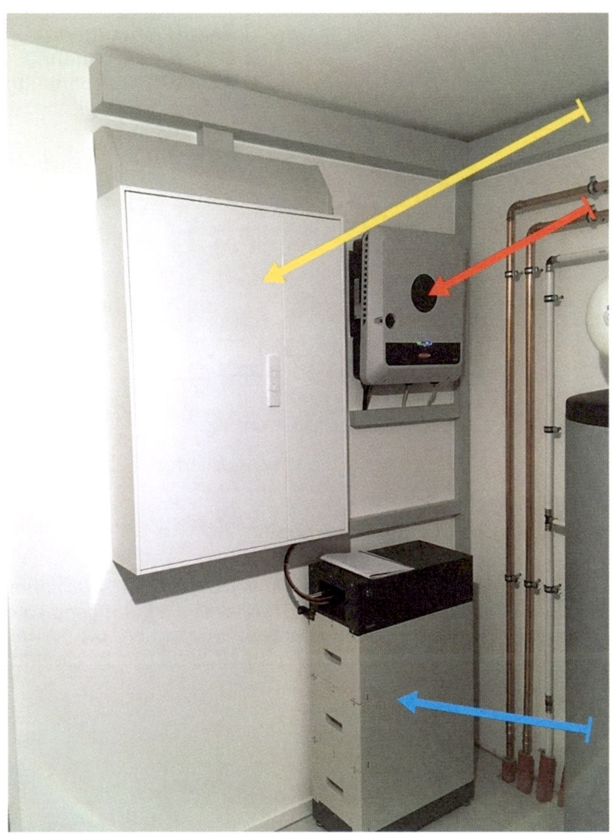

Bild 33: ***Das Bild zeigt den Sicherungskasten (gelb), Wechselrichter (rot) und Lithiumionenspeicher (blau) (Quelle: Firma Tekloth Solar GmbH)***

DC-Freischalter

Der DC-Freischalter ist meistens direkt vor dem Wechselrichter installiert. Einige Anlagen können diese Freischaltstelle auch im Dachbereich verbaut haben. DC-Freischalter werden hauptsächlich für Montagezwecke verbaut.

AC-Freischalter

AC-Freischaltungen sind i. d. R. im Hauptsicherungskasten vorzufinden. Feuerwehr-Notaus-Schalter (i. d. R. Druckknopfmelder) haben dieselbe Funktion wie eine DC-Freischaltstelle.

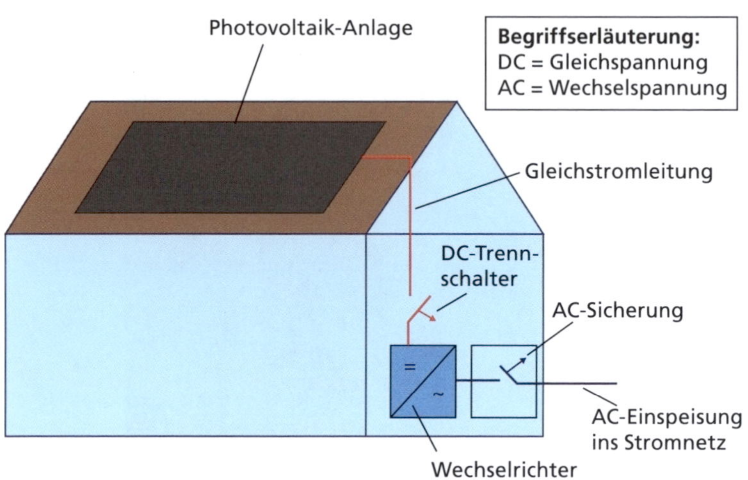

Aufbau einer Photovoltaikanlage
Vereinfachte Darstellung auf einem Wohnhaus

Bild 34: ***Die einfache Skizze verdeutlicht, wo eine DC- und AC-Freischaltung i. d. R. aufzufinden ist. Beachten Sie stets, dass die Betätigung einer solchen Freischaltung keinen sicheren Einsatz garantiert! Die PV-Anlage kann trotz der Betätigung eines DC-Freischalters bis zum Wechselrichter unter Spannung stehen.***

Achtung:

Eine Photovoltaikanlage lässt sich nicht durch die Feuerwehr spannungsfrei schalten. Die Gefahr des elektrischen Stroms besteht im Bereich der PV-Module weiterhin, auch wenn die DC-Freischaltung betätigt wurde. Sicherheitsabstände gemäß DIN VDE 0132 sind daher immer zu beachten. Eine Betätigung eines solchen Freischaltelements wird grundsätzlich immer empfohlen, auch wenn die Gefahr der Elektrizität nicht effektiv eingedämmt werden kann. Betätigen Sie die Freischaltelemente auch beim überfluteten Keller (sofern gefahrlos möglich).

2.8.5 Einsatzgrundsätze für Solaranlagen

- Erkunden Sie sich, ob und wo sich eine PV-Anlage auf dem Dach/am Gebäude befindet.

- Halten Sie stets Sicherheitsabstände zur Traufkante ein, eine Gefahr durch herabfallende PV-Module kann bei einem Brandereignis, gerade bei offenen Dachstuhlbränden, nicht ausgeschlossen werden.
- Betätigen Sie die DC und AC-Freischalter (halten Sie sich nicht unnötig mit langem Suchen auf).
- Löschen Sie mit Wasser unter Einhaltung aller Sicherheitsabstände gemäß DIN VDE 0132.
- Betreten Sie keine PV-Module und führen Sie in unmittelbarer Nähe niemals Dacharbeiten durch.
- Befragen Sie den Hauseigentümer, wo ggf. die Gleichstromleitung die Dachhaut verlässt.
- Weisen Sie Ihre Einsatzkräfte immer auf eine vorhandene PV-Anlage im Brandfall hin.
- Rufen Sie einen Fachmann (PV-Installateur/Fachbetrieb) zur Einsatzstelle.
- Berühren oder bewegen Sie PV-Module nur nach vorheriger Absprache mit einem Fachmann für PV-Anlagen.
- Die Sicherheit Ihrer Einsatzkräfte hat immer höchste Priorität.
- Erfragen Sie, ob ein Lithiumionenspeicher existiert und wo sich dieser im Gebäude befindet.

Tabelle 8: ***In Anlehnung an die vom IdF NRW erstellte Tabelle nach DIN VDE 0132, Sicherheitsabstände beim Führen eines Strahlrohrs an elektrischen Anlagen. Für C-Hohlstrahlrohre können i. d. R. die gleichen Abstände gewählt werden – beachten Sie die Herstellerangaben.***

CM-Strahlrohr nach DIN 14365	**Niederspannung (N) Wechselspannung ≤ 1 000 V Gleichspannung < 1 500 V**	**Hochspannung (H) Wechselspannung > 1 000 V Gleichspannung > 1 500 V**
Sprühstrahl	1 m	5 m
Vollstrahl	5 m	10 m
Kurzzeichen	N-1-5	H-5-10

2.9 Photothermie/Solarthermie

Solarthermie-Anlagen findet man verstärkt auf den Dächern von Einfamilienhäusern. Diese Anlagen dienen ausschließlich der Warmwassererzeugung. Hierbei wird über sogenannte Kollektoren eine Wärmeträgerflüssigkeit energetisch (durch den Einfall von Sonnenlicht) aufgeladen. Diese wiederrum gibt ihre Wärmeenergie über einen

Wärmetauscher an den Warmwasserspeicher ab. Die Trägerflüssigkeit in den Kollektoren zirkuliert dabei mit Hilfe einer Umwälzpumpe. Kombiniert werden diese Systeme mit der Heizungsanlage (Gasheizung oder ggf. sonstige). Zu beachten ist, dass die Trägerflüssigkeiten je nach Anlagetyp sehr hohe Temperaturen aufweisen können. Die Gefahr des elektrischen Stroms besteht bei reinen Solarthermie-Anlagen nicht.

Bild 35: ***Das Bild rechts zeigt eine Solarthermieanlage mit röhrenartigen Kollektoren, direkt darunter befindet sich eine Photovoltaikanlage. Im Bild links befindet sich ebenfalls eine Solarthermieanlage, allerdings mit Flachkollektoren. Zu erkennen sind die größeren Rohrleitungen der Trägerflüssigkeit am rechten Kollektor.***

Hinweis:

Die Kombination aus Photovoltaikzellen und Solarthermie-Kollektoren in einem Modul nennt man Photothermie-Anlage. Einzelne Solarthermie-Anlagen lassen sich i. d. R. durch ihre meist größeren Rohrleitungen leicht von einer reinen Solarzelle unterscheiden.

2.9.1 Einsatzgrundsätze für Solarthermie-Anlagen

- Erkunden Sie lageabhängig, ob sich eine Solarthermie-Anlage auf dem Dach befindet und wo genau der Installationspunkt ist.
- Halten Sie im Brandfall einen ausreichenden Sicherheitsabstand ein.
- Beachten Sie den Trümmerschatten.
- Warnen Sie Ihre Einsatzkräfte, die sich bei einer möglichen Brandbekämpfung dem Installationsstandort nähern müssen.

- Beachten Sie, dass auch beide Anlagen-Typen (Photovoltaik und Solarthermie) in Kombination auftreten können.
- Schalten Sie das Gebäude im Brandeinsatz (Dachstuhlbrand) spannungsfrei.

Beachten Sie bei einer Photothermie-Anlage zusätzlich die entsprechenden Einsatzgrundsätze der Photovoltaik-Anlage (▶ Kapitel 2.8.5).

2.10 Lithiumionenspeicher

Sofern der private Anlagenbetreiber einer Solaranlage seinen Strom nicht komplett verbrauchen kann, stehen ihm zwei Möglichkeiten zur Verfügung: Entweder speist er den Überschuss ins öffentliche Stromnetz ein oder er nutzt einen Pufferspeicher. Dieser kann im Fall einer nur sehr geringen Stromgewinnung (z. B. im Winter) dann für die Hausversorgung abgerufen werden. I. d. R. verfügen die Pufferspeicher in Wohngebäuden über eine Speicherkapazität für einen Tag zwischen 5 KWh und 10 KWh. Die Energie wird hierbei in sogenannten sekundären Batterien gespeichert. »Sekundäre Lithium-Zellen« sind im Vergleich zu primären Zellen (meist kleinere Gerätebatterien) wieder aufladbar und dienen daher als optimales Speichermedium in Wohngebäuden. Bei einzelnen Speichersystemen können diese Kapazitäten weitaus höher ausfallen. Lithiumionenspeicher können in zwei Systemen in einem Gebäude eingebunden werden. Im AC-System wird der Gleichstrom zunächst in Wechselstrom umgewandelt und dem Verbraucher/Stromnetz zur Verfügung gestellt. Sofern ein Solarspeicher eingebunden ist, muss der Strom für den Ladevorgang wieder in Gleichstrom umgewandelt werden. Beim DC-System wird hingegen der Gleichstrom direkt zum Speichermedium geleitet und von dort aus über den Wechselrichter wieder dem Hausnetz als Wechselstrom zur Verfügung gestellt.

2.10.1 Aufbau der Lithiumzellen

Lithiumionenzellen bestehen aus Anode, Kathode, Elektrolyt (besteht zum Teil aus Leitsalz), Separator und dem so genannten Lithiumhexafluorophospat (LiPF6). Alle Bestandteile sind potenziell brennbar, wobei die Reaktivität abhängig vom Ladezustand ist. Einzelne Zellen werden zu Zellmodulen zusammengefasst und sind mit einem Batteriemanagementsystem (BMS) ausgestattet. Das BMS kontrolliert Lade- und Entladevorgänge und überwacht die Zellzustände. Die Zellmodule werden zu Moduleinheiten bzw. Batterien zusammengestellt. Wechselrichter können sich im

Inneren eines Solarspeichermoduls befinden oder werden extern hinzugeschaltet (vfdb Merkblatt MB 10-17 2020).

Hinweis:

Li-Ionen-Speicher arbeiten im Niederspannungsbereich bis max. 1 000 Volt (AC) bzw. 1 500 Volt (DC). Die elektrische Energiedichte beträgt ca. 0,58 kWh/l, der Heizwert liegt ca. bei dem 10- bis 15-Fachen.

2.10.2 Besondere Gefahren von Speichermedien

Lithiumionenspeicher können durch mechanische Beschädigungen, Überladung oder Einwirkung von Hitze beschädigt werden. Zwar sind heutige Speicheranlagen sehr sicher, dennoch können Defekte niemals gänzlich ausgeschlossen werden. Sofern also die chemische Zusammensetzung einer Li-Batterie verändert wird, kann es zu einer massiven Energiefreisetzung kommen. Hauptverantwortlich ist hierbei das Kathodenmaterial, welches sehr empfindlich auf Veränderungen reagieren kann. Bei einer mechanischen Beschädigung können beispielsweise Temperaturen von bis zu 1 200 °C an der Oberfläche der Speicherzelle auftreten und ihren Inhalt (Elektrolyte, Zellbestandteile) unter Überdruck in Form von weißem Nebel nach außen freisetzen. Zudem sind i. d. R. 130 °C ausreichend, um eine Zersetzung der Nachbarzellen in Gang zu setzen. Eine Kettenreaktion (»Thermal Runaway« bzw. »Thermisches Durchgehen«) und damit die komplette Zerstörung ganzer Moduleinheiten ist somit unumgänglich. Der freigesetzte Nebel kann sich entzünden und bildet dabei eine Stichflamme. Die freigesetzten Elektrolyte enthalten LiPF6, welches an der Luftfeuchtigkeit oder in Verbindung mit Wasser zu Flusssäure (HF) und Phosphorsäure (H3PO4) reagiert. Der direkte Hautkontakt sowie die ungeschützte Einatmung dieser Stoffe ist unbedingt zu vermeiden und birgt große gesundheitliche Gefahren (vfdb Merkblatt MB 10-17 2020).

2.10.3 Einsatzgrundsätze für Lithiumionenbatterien

- Fragen Sie den Eigentümer/Betreiber, ob und wo sich Lithiumionenbatterien (Solarstromspeicher) im Objekt befinden.
- Halten Sie stets Sicherheitsabstände gemäß DIN VDE 0132 ein.

- Benutzen Sie Löschwasser und kühlen Sie die betroffene Moduleinheit je nach Temperaturfeststellung in regelmäßigen Abständen.
- Löschen Sie brennende Moduleinheiten vollständig ab.
- CO_2 als Löschmittel ist nur teilweise wirksam.
- Tragen Sie Ihre vollständige Schutzausrüstung und Umluftunabhängigen Atemschutz.
- Kontrollieren Sie mit Hilfe einer Wärmebildkamera die Temperatur.
- Schlagen Sie je nach Lage vor Ort giftige Dämpfe mit Sprühstrahl nieder.
- Entlüften/Belüften Sie den betroffenen Bereich nach außen.
- Führen Sie nach Lage HF-Messungen (Fluorwasserstoffmessungen) durch.
- Betätigen Sie AC/DC Freischalter.
- Kontaktieren Sie den Anlagenbetreiber bzw. eine Fachfirma für Lithiumionenspeicher.
- Nehmen Sie ausgelaufene Substanzen (Elektrolyte) mit Chemikalienbindemittel auf.
- Führen Sie Ex-Messungen durch.
- Entfernen Sie ggf. Lithiumionenspeicher-Batterien nur nach Rücksprache mit einem Fachberater bzw. einer Person mit ausreichender Qualifikation.
- Veranlassen Sie lageabhängig »Brandnachschauen« (Rückzündungsgefahr besteht).
- Lassen Sie ggf. das gesamte Gebäude Spannungsfrei schalten.
- Beachten Sie, dass der Transport beschädigter Lithiumionenspeicher nach der ADR Sondervorschrift 661 zu erfolgen hat. Die Feuerwehr ist hierfür nicht zuständig, sondern nur ein Fachbetrieb.
- Informieren Sie verantwortliche Stellen (Behörden), sofern Schwermetalle der Batterien in die Kanalisation gelangen.
- Beachten Sie, dass eine Lithiumionenbatterie auch im überschwemmten Bereich (z. B. überfluteter Keller) giftige Substanzen freisetzen kann.
- Erweitern Sie nach Bedarf ggf. Ihre Schutzausrüstung (gemäß FwDV 500).

Hinweis:

Größere Speicheranlagen müssen ggf. bis zu 24 Stunden gekühlt werden.
Die Wärmebildkamera kann nicht eindeutig die Wärmefreisetzung einer LI-Zelle feststellen. Kontaktieren Sie immer einen Fachberater/eine Fachfirma.
Sofern Ihre Feuerwehr über eine Brandschutzdienststelle verfügt, sollten gerade bei Sonderbauten Lithium-Ionenbatterien (Akkus) in Feuerwehrplänen dargestellt bzw. gefordert werden.

2.10.4 Übersicht aller Gefahren gemäß Gefahrenmatrix FwDV 100 für Solaranlagen und Lithium-Solarspeicheranlagen.

Tabelle 9: ***Gefahren bei Solar- und Lithium-Solarspeicheranlagen***

	A	A	A	A	C	E	E	E	E
	Atemgifte	Ausbreitung	Atomare Gefahren	Angst	Chem. Gefahren	Elektrizität	Einsturz	Erkrankung/ Verletzung	Explosion
Menschen	X	X		X	X	X	X	X	X
Sachwerte		X			X				
Umwelt		X			X				
Tiere	X	X		X	X	X	X	X	X

Die Gefahren für Menschen und Tiere bestehen auch für Einsatzkräfte, entsprechende Schutzmaßnahmen sind daher im Vorfeld zu treffen. Beachten Sie hierbei die entsprechenden Einsatzgrundsätze.

Merkregel für Lithiumspeicher in der Erstphase für Einsatzkräfte im Innenangriff unter Einhaltung der erforderlichen Sicherheitsabstände nach DIN VDE 0132:

NKL = Niederschlagen – Kühlen – Lüften

2.11 Heizungssysteme

Wenn man sich aktuelle Statistiken oder Umfragen anschaut, kommt man zu dem Ergebnis, dass die meisten Gebäude in Deutschland mit Erdgas heizen. Der Bundesverband der Energie und Wasserwirtschaft (BDEW) beleuchtete das Heizverhalten der Deutschen und brachte in einer Studie vom 12. November 2019 folgende Zahlen heraus. Rund 48,2 % der rund 40,6 Millionen Wohnungen in Deutschland nutzten Erdgas als Energieträger, auf Platz zwei mit rund 25,6 % kam der Energieträger Heizöl, die Fernwärme mit 13,9 % nahm den Platz drei ein, dicht gefolgt von Holz, Pellets und Kohle mit 7,5 %. Abgeschlagen dahinter landeten sonstige Heizsysteme mit 4,8 %, hierzu zählten Wärmeluftpumpen und Nachtspeicheröfen. Im Feuerwehreinsatz ist es grundsätzlich immer relevant, nach dem Heizsystem zu fragen bzw. zu erkunden, gerade bei Erdgas. Hier gilt es je nach Einsatzlage, den Haupthahn abzuschieben oder diese Maßnahme durch die Stadtwerke (Energieversorger für Gas und Wasser) zu veranlassen. Inwieweit andere Heizsysteme abgeschaltet werden müssen, ist von der Lage im Einsatz abhängig. Grundsätzlich gilt es aber immer, genau zu beurteilen, inwieweit die Energieversorgung sich negativ auf die Einsatzstelle und damit auch auf die Einsatzkräfte auswirken kann. Für die noch immer weit verbreiteten Heizsysteme Gas und Gastherme haben wir eine kurze Tabelle erstellt, die die wichtigsten Punkte zusammenfasst.

Tabelle 10: ***Energieform, Maßnahmen und Ansprechpartner***

Energie	Abschalten, Abschiebern	Ansprechpartner	Messen
Erdgas	Gelber Haupthahn (gelbe Plakette an Hauswand)	Stadtwerke, Versorger Gas- und Wasser	Ex-Warner
Gastherme	Gastherme ausschalten	Schornsteinfeger	Ex-Warner/ CO-Warner
Sonstige	Stromlos schalten, abschalten	Ggf. Fachbetrieb	

Hinweis:

Sofern erhöhte Messwerte bei einer Gasheizung oder Gastherme festgestellt werden, räumen Sie das Objekt und belüften Sie dieses (Fenster öffnen). Halten Sie einen möglichst großen Sicherheitsabstand zum Schutz ihrer Einsatzkräfte ein. Vermeiden Sie Zündquellen (EX-Gefahr beachten). Stellen Sie den Brandschutz sicher und schützen Sie Ihre Kräfte (Atemschutz). Schiebern/Schalten Sie das Heizsystem ab (▶ Tabelle 10).

2.12 SmartHome

2.12.1 Gebäude der Zukunft

Gebäude werden in der Zukunft nicht nur energieeffizienter sein, sondern sich auch technisch weiterentwickeln. Manche Gebäude verfügen schon heute über kleine

Hightech-Anlagen, die zum Teil vollautomatisch programmierbar oder extern per Handy-App steuerbar sind. Funktionen wie z. B. das SmartHome (Oberbegriff für technische Verfahren und Systeme in Wohnräumen und -häusern) finden in der Gesellschaft eine immer größere Akzeptanz. Laut der Statista GmbH wird der Absatzmarkt für SmartHome-Produkte bis zum Jahr 2028 rasant steigen, was zur Folge haben wird, dass Wohnhäuser immer technisierter werden (Statista 2024). Doch welchen Einfluss hat dieser technische Fortschritt auf die Feuerwehr bzw. auf die Rettungskräfte? Die Universität Paderborn hat in enger Zusammenarbeit mit dem Verband der Feuerwehren (VdF NRW), dem Institut der Feuerwehr Nordrhein-Westfalen (IdF NRW), dem Bundesamt für Bevölkerungsschutz (BBK) sowie den Verbundpartnern Vomatec, Symcon und der »SmartHome Initiative Deutschland und Paderborn« eine Studie namens »IRIS« (Intelligente Rettung im SmartHome) durchgeführt und sich genau mit dieser Fragestellung beschäftigt. Des Weiteren wurden Lösungen erarbeitet und eine Software entwickelt, die es im Rahmen dieser Forschungsarbeit möglich machten, reale Einsatzübungen durchzuführen und den Einsatzkräften Möglichkeiten darbot, sich die SmartHome-Technik im Einsatzfall optimal zunutze zu machen. In dem nachfolgenden Kapitel stellen wir Ausschnitte aus diesem Forschungsbericht vor und verweisen für detailliertere Informationen auf den Schlussbericht »IRIS« von Prof. Dr.-Ing Rainer Koch, Torben Sauerland, Andreas Schulz, Richard Lüke, Pascal Bökemeyer und Philipp Jung. Sämtliche Angaben in diesem Kapitel sind an den Forschungsbericht »IRIS« angelehnt.

2.12.2 Grundlegendes zur Forschungsarbeit »IRIS«

Automatisierte Prozesse, wie z. B. Funktionen im Gebäude (hierzu zählen die Licht-, Heizungsanlagen-, Rollläden- oder z. B. die Kamerasteuerung) können heute schon per Handy-App bedient werden und sind keine Seltenheit mehr. Die Forschungsarbeit IRIS (»Intelligente Rettung im Smart Home«) hat sich genau mit diesen Techniken befasst und Anwendungsmöglichkeiten sowohl für den Besitzer als auch für die Feuerwehr herausgearbeitet und erprobt. Bewiesen werden konnte unter anderem, dass die intelligente Rettung mit der bereits heute verbauten Technologie im SmartHome schon möglich ist, auch wenn bestimmte Prozesse oder gesetzliche Grundlagen noch fehlen bzw. diese noch lückenhaft sind. Fakt ist aber, dass gerade in der Erkundungsphase oder im Rahmen der einsatztaktischen Maßnahmen, zukünftige Einsatzkräfte mit Hilfe dieser Technik eine schnellere Menschenrettung oder Brandbekämpfung einleiten könnten. Im Rahmen der Forschungsarbeit wurden verschiedene Teilkonzepte wie Technik, Methodik und die Anwendung erforscht. Ein besonderes Augenmerk legte man hierbei auf die bereits vorhandene Technik (Low Level) im SmartHome-Bereich (▶ Tabelle 11) und auf die zukünftigen Technologien (High Level). Schnittstellen zwischen einer Leitstelle und der SmartHome-Technologie wurden im Hinblick auf Datenübertragung, Anbindung, Prozessanforderungen und Visualisierung betrachtet sowie die Konzeption und Realisierung der Einsatzunterstützung erarbeitet und durch realistische Einsatzübungen erprobt bzw. simuliert. Ein wichtiges Ergebnis dieser Forschungsarbeit bildete hierbei der adaptierte Einsatzverlauf, der sich in verschiedene Phasen gliedert und in dem unteren Teil kurz vorgestellt wird.

Tabelle 11: ***IRIS-Studie, Betrachtung der SmartHome-Technik in Anlehnung an die Forschungsarbeit mit bereits genutzter Technologie (Low-Level) und zukünftiger, noch nicht weit verbreiteter Technologie (High-Level).***

Low-Level Technik	High-Level Technik
▪ Beleuchtung ▪ Bewegungsmelder ▪ Haustürentriegelung ▪ Logik/Software ▪ Rauchwarnmelder ▪ Rollläden ▪ Smartphone ▪ Sprachsysteme ▪ Vernetzung	▪ Belüftungstechnik ▪ CO/Gasmelder ▪ Digitale Rettungskarte ▪ Fenster- u. Türkontakte ▪ Fenstersteuerung ▪ Gasabschieber ▪ Herdwächter ▪ Kameras ▪ Panik-Knopf ▪ Personenerkennung (Radar/Kamera) ▪ Stromabschaltung ▪ Türsteuerung ▪ Sonstige

2.12.3 Einsatzablauf der Zukunft

Oder: Der adaptierte Einsatzverlauf bei Gebäuden mit SmartHome-Technologie.

Phase 1: Detektion (Erkennen eines Brandereignisses)

In einem Gebäude mit SmartHome-Technik im High-Level Niveau können bei einem Brandereignis in der Entstehungsphase relevante Daten erfasst und an die Feuerwehr automatisch weitergeleitet werden (siehe »Phase 3: Alarmierung«).

Im Rahmen der Forschungsarbeit hat man ein Gebäude mit verschiedenen technischen Sensoren im High-Level ausgestattet. Bei der realen Einsatzübung konnten Rauch-, Temperatur- und Bewegungsmelder das Schadenfeuer in der Entstehungsphase frühzeitig erkennen und relevante Daten (Temperatur, aktive Rauchmelder etc.) an die Leitstelle weiterleiten.

Phase 2: Reaktion des Hauses

Moderne Systeme im High-Level werden es zukünftig möglich machen, dass bestimmte Reaktionen, die das Schadensereignis eindämmen können, automatisch vom SmartHome-Gebäude eingeleitet werden. Hierzu zählen z. B. das Schließen bestimmter Fenster oder Türen zum Brandraum, um die Sauerstoffzufuhr zum Brandherd zu unterbinden. Auch die Deaktivierung bestimmter Energie-Anlagen (Heizung-, Strom-, Solaranalgen) kann automatisch bei einer bestätigten Detektion ausgelöst werden.

Beispiel aus der IRIS-Einsatzübung:

Ein aktiver Heimrauchmelder und ein Sensor für eine Temperaturüberwachung schlagen Alarm. Die Daten werden an die Leitstelle der Feuerwehr weitergeleitet. Hausbewohner können zusätzlich per Handy-App gewarnt werden. Türen zum Brandraum werden nach Möglichkeit automatisch geschlossen. Die Fensterrollläden zum Brandraum fahren hoch, um der Feuerwehr optimale Zugangsmöglichkeiten zu bieten. Bewegungsmelder und aktuelle Sensoren (z. B. letzte manuelle Bedienung eines Lichtschalters) werten aktuelle Daten aus und leiten diese über eine Schnittstelle zur Leitstelle. Alle bis dahin durchgeführten Reaktionen wurden komplett automatisch (durch die SmartHome-Technik) eingeleitet.

Phase 3: Alarmierung

Sobald die Phasen der Detektion und Reaktion des Gebäudes abgeschlossen sind, erfolgt die automatische Alarmierung der Feuerwehr durch das SmartHome. Gerade der Punkt der Alarmierung macht die Forschungsarbeit IRIS so interessant, da relevante Datensätze des Gebäudes, also Adressdaten, Gebäudeumrisse, Kontaktaufnahme zur hilfsbedürftigen Person (Vergleichbar mit einem eCall-System), ggf. Temperatur und Schadstoffmessung, direkt an die zuständige Notrufleitstelle übermittelt werden. Diese Alarmierungsphase wurde real durchgespielt und konnte dem Forschungsteam zeigen, dass die Technik nicht nur verfügbar, sondern bereits vollumfänglich anwendbar ist. Die unten genannten Datensätze konnten im Rahmen der Erprobung direkt an die Leitstelle (Test-Leitstelle) übermittelt werden und mussten nicht mehr von einem Disponenten erfragt werden.

- Zeitstempel
- Adresse

- Alarmtyp (z. B. Brand, Gasaustritt)
- Vermutete Person
- Informationen zum Gebäude
- Bewohneranzahl (gemeldete Personen)
- Zusatzinformationen

Phase 4: Anfahrt

Alle relevanten Daten werden über die Leitstellensoftware verarbeitet und für den Disponenten und den Einsatzleiter hier per Tablet visualisiert.

> **Beispiel aus der IRIS-Einsatzübung:**
> In der Studie wurde eine Demo-Software entwickelt, die es ermöglich hat, genau diese Phase praktisch zu testen. Dem Einsatzleiter wurde hierfür ein Tablet zur Visualisierung zur Verfügung gestellt. Mit Hilfe des Tablets konnte der Einsatzleiter Gebäudeumrisse, letzte Aufenthaltsorte von Personen, Wärme- und Rauchfeststellung lokalisieren und seine Taktik und technische Umsetzung entsprechend anpassen. Relevante Informationen können also schon während der Anfahrt zum Einsatzort zur Verfügung stehen und eine frühzeitige Lagefeststellung (Erkundung) möglich machen.

Phase 5: Lageerkundung

Die visuellen Daten auf dem Tablet kann sich der Einsatzleiter nun zu Nutze machen und in seine Lageerkundung optimal einfließen lassen. Hierbei werden nicht nur Gebäudeumrisse angezeigt, sondern auch Umrandungen, die auf eine Rauchausbreitung oder auf mögliche vermisste Personen (letzter Aufenthaltstort) hinweisen.

> **Beispiel aus der IRIS-Einsatzübung:**
> Der Einsatzleiter möchte sich einen genauen Überblick über die Rauch- bzw. Brandausbreitung im Gebäude verschaffen. Mit Hilfe seines Tablets lassen sich verrauchte Bereiche, aktive Melder und ggf. Aufenthaltsorte von anwesenden Personen visualisieren.

Phase 6: Einsatzbewältigung

Die SmartHome-Technik ermöglicht, dass der Einsatzleiter per Tablet bestimmte Funktionen automatisch ansteuern kann. Die Einsatzbewältigung wird somit nicht nur schneller, sondern auch zielführender umgesetzt.

Beispiel aus der IRIS-Einsatzübung:

Der Einsatzleiter entscheidet sich, das Schadenfeuer über einen Nachbarraum (z. B. über das Wohnzimmer) zu bekämpfen, um eine Rauchausbreitung z. B. über die Wohnungseingangstür in den Treppenraum auszuschließen. Er öffnet dafür per Tablet ein außenliegendes Fenster, welches einen optimalen Zugang garantiert. Der Trupp gelangt nun in die Nutzungseinheit und leitet umgehend seine Maßnahmen (Menschenrettung, Brandbekämpfung) ein.

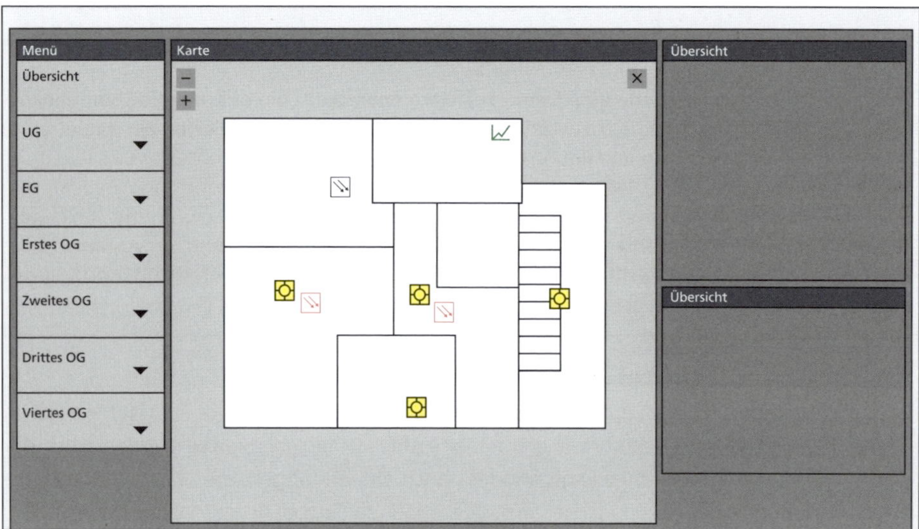

Bild 36: ***Lageerkundung – Ausschnitt eines Einsatz-Tablets in Anlehnung an die Einsatzübung (IRIS-Studie). Die Schaltflächen können per Touchscreen vom Einsatzleiter angewählt werden. Bestimmte Funktionen (z. B. Fenster) können somit direkt von der Feuerwehr angesteuert werden, da die SmartHome-Technologie für die Feuerwehr im Einsatzfall direkt freigeschaltet wird.***

2.12.4 Use-Case

Im oben beschriebenen Einsatzverlauf kann man den Sinn und den Vorteil einer ausgeprägten SmartHome-Technologie für die Einsatzkräfte erkennen. Auch verbaute Bluetooth-Beacons (Lokalisierung in geschlossenen Räumen per Bluetooth-Technik) konnten in dem Versuchsmodell der Iris-Studie getestet werden. Hierbei wurden kontinuierlich Signale an das Handy einer sich in der Wohnung befindlichen Person gesendet, die die Daten per WIFI/LTE an die SmartHome-Steuerung weiterleiteten. Eine Positionierung der Person in der betroffenen Nutzungseinheit/im Gebäude konnte somit festgestellt und die zielführende Rettung schneller und effektiver eingeleitet werden. Die Suche nach vermissten Personen kann zukünftig somit dort erfolgen, wo die Wahrscheinlichkeit ihrer möglichen Anwesenheit (letzter detektierter Standort) am größten ist. Dies spart Zeit und kann zudem die Einleitung einer taktischen Belüftung fördern. Des Weiteren ist der Einsatzleiter nicht mehr unbedingt auf die Anwesenheit bestimmter Personen angewiesen (Ansprechpartner, Nachbarn), da dieser dank der IRIS-Technologie bereits selbst in Erfahrung bringen kann, ob und wo sich Personen im Wohnhaus (betroffene Nutzungseinheit) ggf. befinden und ob Zugangsmöglichkeiten und Schadenkenngrößen (Rauch, Temperatur, Flammen) vorhanden sind.

Beispiel aus der IRIS-Einsatzübung:

Der Einsatzleiter wird per Tablet auf eine vermisste Person im Eltern-Schlafzimmer hingewiesen. Ausgewertet wurde per Bluetooth das letzte Signal des Mobiltelefons und das Aktivitätsprotokoll des SmartHome. Der Einsatzleiter lässt daraufhin die Menschenrettung im Schlafzimmer beginnen und setzt dort den Einsatzschwerpunkt. Unterstützt wird der Trupp durch die aktive Belüftung mittels Hochleistungslüfter.

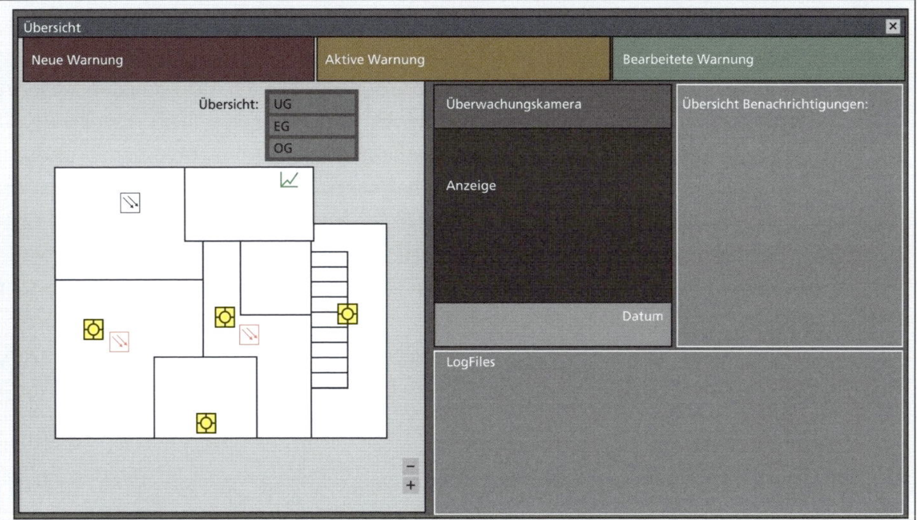

Bild 37: ***Beispiel der Ansicht auf dem Tablet, welches dem Einsatzleiter während der IRIS-Studie (reale Einsatzübung) zur Verfügung stand.***

2.12.5 Schlusswort zur intelligenten Rettung

Die Forschungsarbeit »IRIS« zeigt, dass eine technisierte Welt, gerade im Wohnbereich, für die Einsatzkräfte des 21. Jahrhunderts viele Vorteile aber auch Nachteile haben kann. Grundsatzfragen wie Datenschutz, Kostenbewältigung, Verlässlichkeit sowie Ausbildung und Verbreitung solch einer modernen Technik/Software bieten sicherlich ausreichend Diskussionsstoff. Fakt ist aber, dass der technische Fortschritt bei der Feuerwehr oder allgemein bei den Behörden und Organisationen mit Sicherheitsaufgaben (BOS) keinen Halt machen darf, da jedes Menschenleben hierfür zu wertvoll ist. Ethische Aspekte wurden zu diesem Thema bewusst nicht hinterfragt, da die Feuerwehr der Zukunft alles Erdenkliche tun wird, um Menschenleben zu retten, egal ob mit oder ohne SmartHome-Technik. Die heute rasante Verbreitung von Drohnen im Privatleben, aber auch im Einsatz bei der Feuerwehr zeigen, dass es nur eine Frage der Zeit ist, wann solch eine Technologie bei der Feuerwehr Einzug findet und die intelligente Rettung im SmartHome allgegenwärtig sein wird.

Fakt ist aber auch, dass trotz modernster Technik, wie im Forschungsbericht IRIS beschrieben, der Blick auf das Wesentliche nicht verloren gehen darf. Spezielle Erkundungsphasen muss und sollte der Einsatzleiter nach wie vor selbstständig, also ohne technische Unterstützung durchlaufen. Hierzu zählen vor allem der Blick auf das Gebäude und den umliegenden Bereich, die Beobachtung von Rauch (Strömungspfad), der Kontakt zu Personen in der Gefahrenzone, schlussendlich die eigene Wahrnehmung. Sich bei der Erkundung in Gänze auf die SmartHome-Technik zu verlassen, wäre der falsche Weg und könnte den Einsatzleiter dazu verleiten, eine Art »Tunnelblick« zu entwickeln. Der Fokus des Einsatzleiters darf sich nicht allein nur auf Tablets, sondern nach wie vor auf alle wesentlichen Komponenten der Erkundung (Frontalsicht, Personenbefragung, Vorgehen im Eingangsbereich, Gesamtübersicht) richten. Viele Fragen bleiben sicherlich noch offen bzw. müssen in der Praxis flächendeckend getestet werden. Dennoch sollten zukünftige Technologien, gerade die Weiterentwicklung im SmartHome-Bereich, von der Feuerwehr nicht außer Acht gelassen werden. Hochtechnisierte Systeme, die die Einsatzbewältigung vereinfachen, Menschenleben retten und vor allem unsere Einsatzkräfte besser schützen, stellen einen Mehrwert dar und sollten auch in der Feuerwehrwelt in naher Zukunft Einzug finden.

3 Grundlagen Raumbrand

Was passiert bei einem Feuer in einem Raum? Wie verläuft ein Brand in einem geschlossenen Raum, wie in einem Raum mit Öffnungen? Und welche Faktoren bestimmen den Verlauf und die Dynamik des Brandes? Um eine Brandbekämpfung erfolgreich durchführen zu können, ist es wichtig, die Abläufe zu verstehen. Als Raum betrachten wir hier ein von Wänden, Boden und Decke umschlossenes Volumen. I. d. R. verfügen die Wände, der Boden oder die Decke über Öffnungen, die entweder verschließbar (Fenster und Türen) oder permanent offen (Deckendurchbruch für Treppe) sind. Als »Raum« wollen wir hier auch Nutzungseinheiten betrachten. Der Begriff der Nutzungseinheit entstammt dem Baurecht und definiert einen in sich abgeschlossenen und einem bestimmten Nutzungszweck zugeordneten Bereich. Die Nutzungseinheit kann auch über mehrere Geschosse reichen, die intern miteinander verbunden sind. Das können z. B. Wohnungen, Büros, Praxen oder Gewerberäume wie Ladenlokale etc. sein.

Betrachten wir der Einfachheit halber einen rechteckigen Raum ohne Deckenöffnungen mit einer Fensteröffnung und einer Türöffnung, die beide geschlossen sind. Im Raum befindet sich eine bestimmte Menge eines brennbaren Materials (z. B. Möbel) und eine bestimmte Menge Luft (▶ Bild 38). Die Luftmenge ergibt sich aus dem Raumvolumen (Fenster und Tür sind geschlossen), genau genommen abzüglich des Volumens des brennbaren Materials. Was passiert jetzt, wenn wir das brennbare Material im Raum »anzünden«?

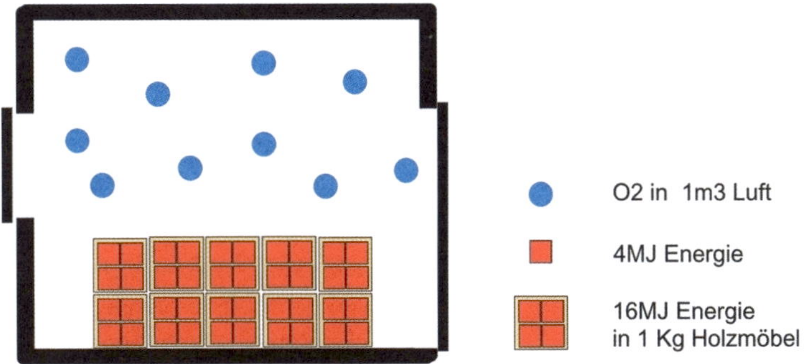

Bild 38: ***Brennbares Material (10 kg Holzmöbel) und Luft in einem Raum ohne Öffnungen***

Wir setzen eine chemische Reaktion (Verbrennung) in Gang. Es handelt sich um eine exotherme Oxidationsreaktion. Hierbei reagiert der brennbare Stoff mit dem in der Luft vorhandenen Sauerstoff unter Abgabe von Energie. Diese Energie wird in Form von Wärme (und Licht) freigesetzt. Also haben wir die folgenden Parameter bei einem Feuer in einem Raum zu betrachten: den brennbaren Stoff, die Luft (genauer gesagt der darin enthaltene Sauerstoff) und die in Form von Wärme freigesetzte Energie.

3.1 Energie

Energie ist eine grundlegende physikalische Größe, die in allen Bereichen der Physik, der Technik, der Biologie und der Chemie eine zentrale Rolle spielt. Ihre Maßeinheit ist das Joule. Es gibt verschiedene Energieformen: potenzielle, kinetische, elektrische, chemische und thermische Energie (Wärmeenergie), die ineinander umgewandelt werden können.

Für uns interessant ist die Umwandlung von chemischer Energie des Brennstoffes in thermische Energie (Verbrennung). Wärme ist eine komplizierte physikalische Größe, deren Wesen sich erst im Laufe vieler Jahrzehnte klären konnte. Sie gibt an, wie viel thermische Energie von einem Körper auf einen anderen übertragen wird. Wird bei einem Brand in einem Raum Energie in Form von Wärme frei, steigt die Temperatur des Raums. Hierbei wird Wärme auf Decken, Wände, Luft und Gegenstände im Raum übertragen.

Wird Wärme von einem Körper aufgenommen, steigt dessen Temperatur. Es kann auch sein, dass sich sein Aggregatzustand ändert. Eine Temperaturerhöhung kann auch zu einer Volumenzunahme des Körpers führen (Ausdehnung Stahlträger im Brandfall). Insbesondere Gase vergrößern bei Temperaturzunahme ihr Volumen, was in abgeschlossenen Gefäßen (Räumen) zu einer Druckerhöhung führt.

3.2 Brennbarer Stoff

Betrachten wir als nächstes den brennbaren Stoff. Welche Menge des brennbaren Stoffes wird verbrennen? Wie schnell wird der Stoff verbrennen? Wie viel Energie wird dabei freigesetzt? Bei Bränden in Räumen (Wohnungen, Büros, Praxen, Gewerberäume) haben wir es i. d. R. mit brennbaren Stoffen der Brandklassen A und B zu tun (Definitionen nach der europäischen Norm EN 2).

In der Brandklasse A sind es die festen brennbaren Stoffe, die unter Flammen- und Glutbildung verbrennen. Feste Stoffe wie Kohlenstoff in Form von Holzkohle oder

Koks reagieren bei Wärmeeinwirkung mit Sauerstoff unter Bildung von Glut. Da keine gasförmigen Brennstoffe beteiligt sind, bildet sich keine Flamme. Brennbare feste Stoffe wie Holz spalten bei Wärmeeinwirkung gasförmige brennbare Stoffe ab (Pyrolyse). Die Gase verbrennen mit Flamme, die übrig bleibenden festen Bestandteile (Kohlenstoff) verbrennen mit Glut. In der Brandklasse B befinden sich die flüssigen Stoffe, die wir normalerweise nicht in signifikanten Mengen bei einem Wohnungsbrand vorfinden, und die flüssig werdenden Stoffe, zu denen viele Kunststoffe gehören. Die Stoffe der Brandklasse B verbrennen nur unter Flammenbildung.

Gerade die Kunststoffe spielen bei heutigen Bränden eine große Rolle. Ein kleiner Teil der Kunststoffe (vorwiegend Duroplaste), die normalerweise keine Glutbildung zeigen, finden wir in der Brandklasse A. Den größten Teil der Kunststoffe (hauptsächlich Thermoplaste), die ebenfalls nur unter Flammenbildung verbrennen, finden wir hingegen in der Brandklasse B. Flüssig werdende Feststoffe (viele Kunststoffe) schmelzen zunächst bei Einwirkung von Wärme. Bei weiterer Temperaturerhöhung werden aus der Schmelze brennbare Gase freigesetzt, die mit Flamme verbrennen. Die teilweise vorgeschriebene Flammschutzausrüstung von Kunststoffen stellt ein weiteres Problem dar, da durch verzögertes Brennen vermehrt gefährliche Pyrolyseprodukte freigesetzt werden können.

Ein weiteres Problem von Kunststoffen stellt der deutlich höhere Energiegehalt dar: Kunststoffe können bei gleicher Menge mehr als doppelt so viel Energie enthalten wie Holz. Da Kunststoffe nur mit Flamme verbrennen, kann diese Energie wiederum schneller freigesetzt werden. Schaumstoff hat je nach Zusammensetzung einen Heizwert von bis zu 47 MJ/kg. Holz hingegen (auch hier je nach Holzart) einen Heizwert von 18 MJ/kg. Wie schnell der jeweilige brennbare Stoff abbrennt, hängt von verschiedenen Faktoren (wie z. B. der Oberfläche) ab. Ein massiver Holzklotz wird wesentlich langsamer abbrennen als die gleiche Menge Holzwolle. I. d. R. kann man aber davon ausgehen, dass die Abbrandgeschwindigkeit von Kunststoffen erheblich höher ist als von Holz (4 bis 6 mal größer).

Weitere Faktoren, die die Abbrandgeschwindigkeit beeinflussen, sind die geometrische Anordnung der Möbel im Raum, die Wärmedämmung und die vorhandenen Raumöffnungen. Die Raumöffnungen sind die entscheidenden Faktoren für die Rauch- und Wärmeabfuhr und die Sauerstoffzufuhr.

3.3 Sauerstoff

Die Verbrennung (also die Oxidationsreaktion) ist eine chemische Reaktion, bei der Sauerstoff mit einem brennbaren Stoff reagiert. In der normalen Umgebungsluft sind

21 Vol. % Sauerstoff enthalten. Die für die Verbrennungsreaktion erforderliche Mindestkonzentration an Sauerstoff ist übrigens vom Stoff und von der Temperatur abhängig. Häufig werden Werte um 15 % Sauerstoffkonzentration in der Luft angegeben; unterhalb davon findet keine Verbrennung statt. Dieser Wert stammt aus dem Löschanlagenbau und bezieht sich i. d. R. auf Normalbedingungen, das heißt 21 °C Raumtemperatur. Tatsächlich kann bei höheren Temperaturen (z. B. 500 °C bei einem Zimmerbrand) die Verbrennungsreaktion auch mit deutlich weniger Sauerstoff (bis in den unteren einstelligen Bereich) ablaufen. Vergessen darf man auch nicht, dass Stoffe häufig chemisch gebundenen Sauerstoff enthalten, der bei der pyrolytischen Zersetzung freigesetzt werden kann. Holz beispielsweise besteht je nach Art aus bis zu 42 % Sauerstoff.

Betrachten wir wieder unseren rechteckigen Raum mit geschlossenem Fenster und geschlossener Tür. Die für die Verbrennungsreaktion zur Verfügung stehende Menge an Sauerstoff wird also durch das freie Raumvolumen (ohne Möbel etc.) bestimmt. Sobald der Sauerstoff aufgebraucht ist (genauer gesagt: sobald die Konzentration des Sauerstoffs unter die für die Verbrennungsreaktion erforderliche Mindestkonzentration gefallen ist), wird die Verbrennung stoppen. Bei geschlossenen Raumöffnungen ist der vorhandene Sauerstoff somit der limitierende Faktor.

Thorntons Regel

Die von dem englischen Wissenschaftler W. M. Thornton 1917 veröffentlichte Regel besagt, dass die beim Verbrauch einer bestimmten Sauerstoffmenge freigesetzte Wärmemenge für die meisten Brennstoffe relativ konstant ist, unabhängig davon, um welchen brennbaren Stoff es sich handelt. (Die im Folgenden verwendeten Werte sind grob gerundet und keine wissenschaftlich exakten Angaben. Die angenommenen Heizwerte und Energiemengen gelten nur unter optimalen Bedingungen und bei vollständiger Verbrennung – im realen Brandfall ist das natürlich nicht realistisch, diese angesetzten Werte dienen daher nur der Veranschaulichung.)

Nach Thornton führt 1 kg Sauerstoff, das bei der Verbrennung gewöhnlicher organischer Materialien verbraucht wird, zu einer Freisetzung von 13,1 MJ Energie. Die pro verbrauchtem kg Sauerstoff in Form von Wärme freigesetzte Energie ist bei Holz, Kunststoffen und vielen anderen Stoffen ungefähr gleich. In 1 m^3 Luft sind 300 g Sauerstoff enthalten. So viel? Ja, 1 m^3 Luft wiegt ungefähr 1,3 kg unter Normalbedingungen. Davon sind 21 Vol. % Sauerstoff, was umgerechnet ca. 300 g ergibt. Das bedeutet, dass der in 1 m^3 Luft enthaltene Sauerstoff ca. 4 MJ Energie freisetzen kann.

3.4 Raumbrand bei geschlossenen Öffnungen

In unserem Raum (▶ Bild 38) befinden sich z. B. 10 kg Holzmöbel. Diese könnten bei einem angenommenen Heizwert von 16 MJ/kg insgesamt also 160 MJ an Energie freisetzen. Die Verbrennungsrate setzen wir mit 1 kg/min an; nach 10 min wäre also die gesamte Menge an Möbeln verbrannt. Wenn wir festlegen, dass 40 MJ zu einer Temperaturerhöhung unseres Beispielraums von 100 °C führen, dann wäre der Raum nach 10 min Branddauer 400 °C heiß (davon ausgehend, dass wir aus Gründen der Einfachheit bei 0 °C Raumtemperatur anfangen und keine Wärme abgeführt wird).

Nehmen wir nun an, dass dieser Raum (▶ Bild 38) 10 m^3 Luft beinhaltet. 10 m^3 Luft können 40 MJ Energie freisetzen. Somit kann unser Feuer im Raum nur 40 MJ Energie in Form von Wärme freigeben. Von unseren 10 kg Holz wären also nur 2,5 kg verbrannt und 7,5 kg noch unverbrannt (▶ Bild 39). Da wir eine Verbrennungsrate von 1 kg/min zugrunde legen, beträgt die Branddauer 2,5 min und die Temperatur liegt bei 100 °C.

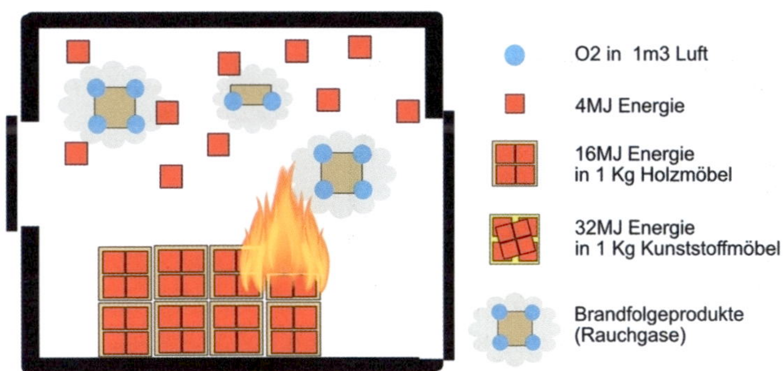

Bild 39: ***Holzmöbel (davon 2,5 kg verbrannt), Luft, Rauchgase und Energie in einem Raum ohne Öffnungen***

Die bei der Verbrennungsreaktion freigesetzte Energiemenge wird ausschließlich vom zur Verfügung stehenden Sauerstoff bestimmt. Steht also mehr brennbarer Stoff zur Verfügung als mit dem verfügbaren Sauerstoff reagieren kann, erlischt das Feuer. Würde man in den gleichen Raum die doppelte Menge an Holzmöbeln stellen (▶ Bild 40), wäre das Ergebnis trotzdem das gleiche. Auch jetzt stehen nur 10 m^3 Luft zur Verfügung und es können nach Thorntons Regel somit auch nur 2,5 kg verbrennen. Die Brandraumtemperatur wäre hier theoretisch aber geringer, da die größere Masse an Möbeln auch mehr Energie aufnehmen würde.

Bild 40: ***Doppelte Menge Holzmöbel (davon 2,5 kg verbrannt), Luft, Rauchgase und Energie in einem Raum ohne Öffnungen***

Wenn der gleiche Raum anstelle von 10 kg Holz- nun 10 kg Kunststoffmöbel enthält (▶ Bild 41), würde dies bei einem angenommenen Heizwert von 32 MJ/kg eine insgesamt freigesetzte Energie von 320 MJ bedeuten. Bei Kunststoffmöbeln würde also doppelt so viel Energie zur Verfügung stehen wie bei Holzmöbeln. Die Verbrennungsrate setzen wir mit 3 kg/min an, nach ca. 3,3 min wären also die gesamten Möbel verbrannt.

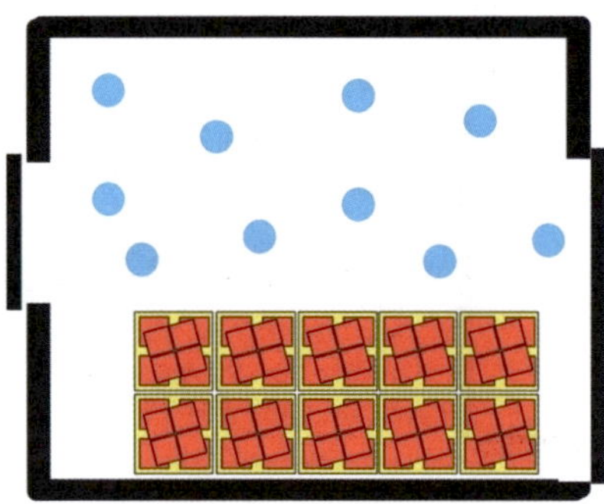

Bild 41: ***Brennbares Material (10 kg Kunststoffmöbel) und Luft in einem Raum ohne Öffnungen***

Da aber auch hier nur 10 m^3 Luft zur Verfügung stehen, können nur 40 MJ Energie freigesetzt werden. Es verbrennen also nur 1,25 kg der Kunststoffmöbel, 8,75 kg würden übrigbleiben (▶ Bild 42). Die bei Kunststoffmöbeln deutlich schnellere Verbrennungsrate von 3 kg/min führt allerdings dazu, dass unser Feuer nur 25 Sekunden brennt. Die Brandraumtemperatur liegt aber auch hier bei 100 °C.

Bild 42: ***Kunststoffmöbel (davon 1,25 kg verbrannt), Luft, Rauchgase und Energie in einem Raum ohne Öffnungen***

Praxis-Tipp:

In der Praxis bedeutet dies, dass bei geschlossenen Raumöffnungen und gleicher Wohnungsgröße, eine zugestellte (sozusagen »vollgestopfte«) Wohnung nicht mehr Energie beim Brand freisetzt, als eine »normal möblierte«.

Je nach Material kann aber die Branddauer sehr unterschiedlich sein. Wurde die Energie von 40 MJ bei den Holzmöbeln nach einer Branddauer von 2,5 min freigesetzt, entsteht bei den Kunststoffmöbeln die gleiche Energiemenge schon nach 25 Sekunden. Die Brandraumtemperatur liegt auch hier bei 100 °C.

Praxis-Tipp:

Würden wir nach 25 Sekunden Branddauer die Temperatur messen, wäre der Raum mit den Holzmöbeln nur ca. 17 °C warm (davon ausgehend, dass wir der Einfachheit halber bei 0 °C Raumtemperatur anfangen und keine Wärme abgeführt wird), der Raum mit den Kunststoffmöbeln aber schon 100 °C heiß – also fast sechs Mal heißer als der Raum mit den Holzmöbeln.

3.5 Raumbrand bei einer Öffnung

Bleiben wir bei unserem Raum, der 10 m³ Luft beinhaltet und die Brandlast von 10 kg Holzmöbeln. Das heißt, dass bei einem angenommenen Heizwert von 16 MJ/kg, wieder 160 MJ an Energie freigesetzt werden können. In unserem vorherigen Beispiel (▶ Bild 42) konnten davon aufgrund der limitierten Sauerstoffmenge nur 25 %

freigesetzt werden. Bei geöffneter Tür steht nun aber theoretisch unbegrenzt Luft und somit Sauerstoff zur Verfügung (▶ Bild 43).

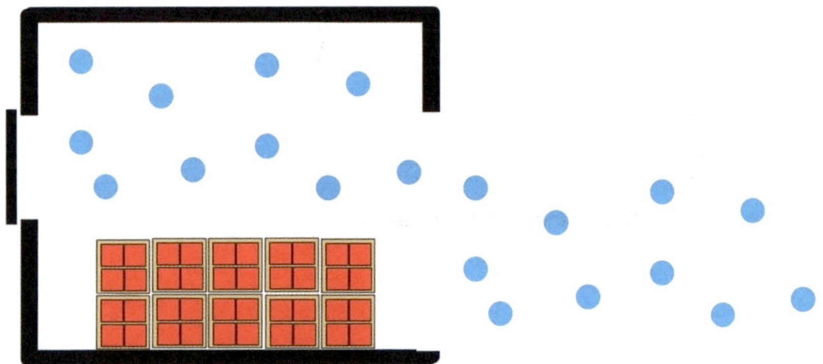

Bild 43: ***Brennbares Material (10 kg Holzmöbel) in einem Raum und Luft (unbegrenzt) bei geöffneter Tür***

Das bedeutet, dass die gesamte Menge an zur Verfügung stehender Energie auch freigesetzt werden kann. Wie schnell diese Energie durch die Verbrennungsreaktion freigesetzt wird, hängt neben der Verbrennungsrate unter anderem davon ab, wie viel Luft pro Zeiteinheit durch die Raumöffnungen in den Raum gelangen kann. Gelangt beliebig viel Luft durch unsere geöffnete Tür in den Raum, würde das Feuer bei einer Verbrennungsrate von 1 kg/min 10 min lang brennen.

Da durch die Raumöffnungen auch die Rauchgase entweichen müssen, ist die jeweilige Raumöffnung entweder Zuluft-, Abluft- oder sowohl Zu- als auch Abluftöffnung. Hierbei entstehen Ventilations- oder Strömungspfade. Nehmen wir an, durch die geöffnete Tür können pro Minute 10 m^3 Luft in den Raum gelangen. Das würde bedeuten, dass nachdem die bereits im Raum vorhandenen 10 m^3 Luft verbraucht (und dabei 2,5 kg Holzmöbel verbrannt) wurden jetzt pro Minute ein weiteres kg Holz verbrennen wird. Also würde das Feuer noch 7,5 min weiterbrennen. Pro Minute würde jetzt also die Energie von 40 MJ in Form von Wärme freigesetzt. Dies würde einem konstanten Abbrand entsprechen, was bedeutet, dass pro Zeiteinheit exakt die gleiche Menge an brennbarem Stoff abbrennen würde. Im realen Brandfall ist der Abbrand natürlich nicht (oder wenn überhaupt nur in der Vollbrandphase) konstant.

Schauen wir uns den Zustand des Raums z. B. nach 4 min Brenndauer an (▶ Bild 44). Bei einer Verbrennungsrate von 1 kg/min und einer Luftzufuhr von

10 m³/min durch die Türöffnung, wurden in der Zeit 4 kg Holzmöbel verbrannt. Hierbei sind 64 MJ Energie freigesetzt worden. Warum nicht mehr? Bei einem Sauerstoffangebot von 10 m³/min hätten schließlich 160 MJ (1 m³ Luft = 4 MJ, 10 m³ Luft = 40 MJ) an Energie freigesetzt werden können. Hierzu hätte aber die gesamte Menge an Holzmöbeln verbrennen müssen. In diesem Fall wird die max. Energiefreisetzungsrate aber durch die max. Verbrennungsrate von 1 kg/min begrenzt. Das heißt, dass in diesem Fall die Energiefreisetzung nicht vom Sauerstoff (der ausreichend zur Verfügung steht) bestimmt wird, sondern von der Verbrennungsrate des Stoffes. Einen solchen Brandverlauf nennt man auch »brennstoffgesteuert«.

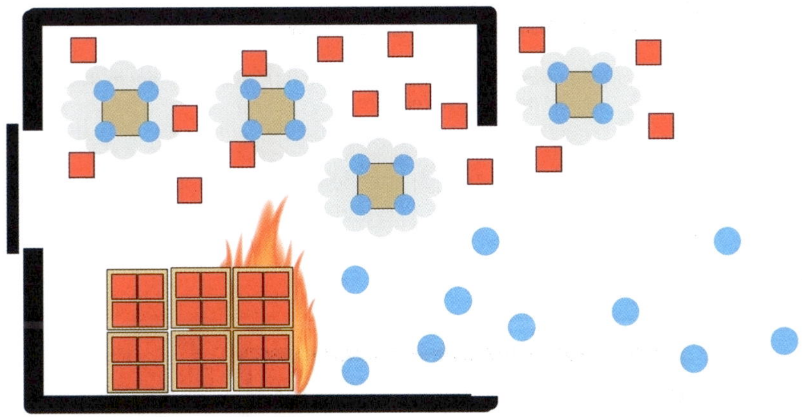

Bild 44: ***Raum mit Holzmöbeln (davon 4 kg verbrannt) bei geöffneter Tür, Luft, Rauchgase und Energie nach 4 min Brenndauer bei einer möglichen Abbrandrate von 1 kg/min***

Betrachten wir das gleiche Szenario bei unserem Raumbrand mit den Kunststoffmöbeln, aber mit einer Türöffnung (▶ Bild 45), durch die pro Minute 10 m³ Luft in den Raum gelangen können. Nachdem die bereits im Raum vorhandenen 10 m³ Luft verbraucht und dabei 1,25 kg Kunststoffmöbel verbrannt sind, können jetzt pro Minute drei weitere kg Kunststoffmöbel verbrennen. Also würde das Feuer noch zwei Minuten weiterbrennen und dabei pro Minute die Energie von rund 96 MJ in Form von Wärme freisetzen – dies tut es aber nicht, da in diesem Beispiel hierzu nicht genug Sauerstoff zur Verfügung steht. Warum?

Schauen wir uns auch hier den Zustand des Raumes nach 4 min Brenndauer an (▶ Bild 46). Bei einer Verbrennungsrate von 3 kg/min und einer durch die Türöffnung begrenzten Luftzufuhr von 10 m³/min wurden in der Zeit 5 kg Kunststoffmöbel

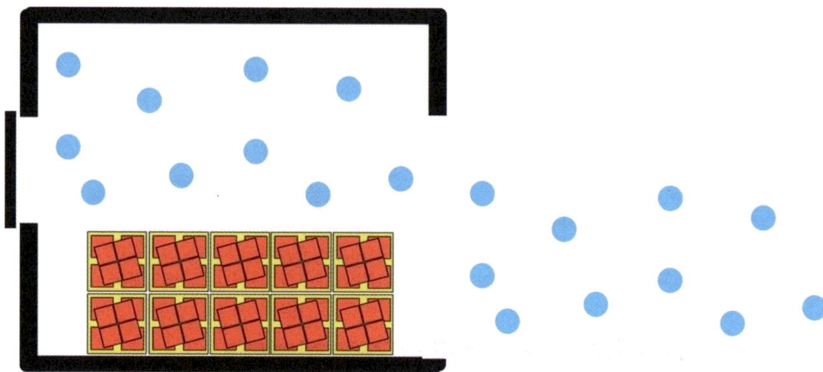

Bild 45: ***Brennbares Material (10 kg Kunststoffmöbel) in einem Raum und Luft (unbegrenzt) bei geöffneter Türe***

verbrannt. Hierbei sind 160 MJ Energie freigesetzt worden. Warum nicht mehr? Bei einer Verbrennungsrate von 3 kg/min hätte doch die gesamte Menge von 10 kg Kunststoffmöbel bereits nach ca. 3,5 min verbrannt sein müssen…?

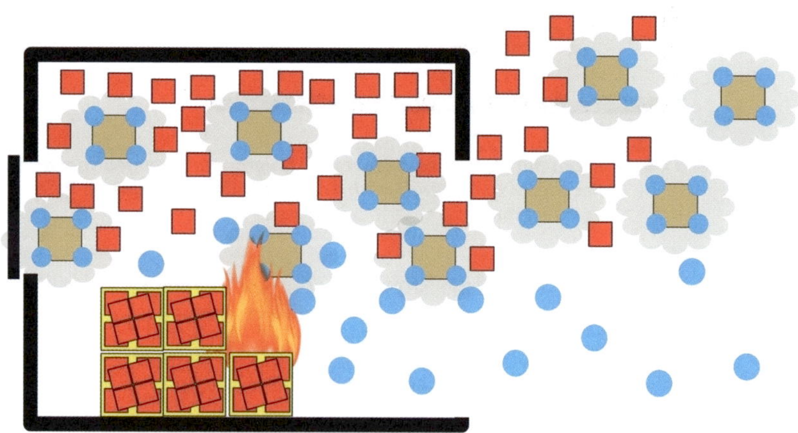

Bild 46: ***Raum mit Kunststoffmöbel (davon 5 kg verbrannt) bei geöffneter Tür, Luft, Rauchgase und Energie nach 4 Minuten Brenndauer bei einer möglichen Abbrandrate von 3 kg/min***

In diesem Fall wird die max. Energiefreisetzungsrate nicht durch die max. Verbrennungsrate begrenzt, sondern von der zur Verfügung stehenden Luftmenge von nur 10 m^3/min. Bei 4 min Brenndauer stehen insgesamt nur 40 m^3 Luft zur Verfügung. Ein kg Kunststoffmöbel benötigt zur Verbrennung 8 m^3 Luft. Das heißt, dass somit nur für 5 kg der vorhandenen Kunststoffmöbel ausreichend Sauerstoff für die Verbrennung zur Verfügung standen.

Der Gesamtluftbedarf liegt also bei 80 m^3. Damit alle Kunststoffmöbel in 4 min verbrennen können, müsste die Luftzufuhr bei ca. 27 m^3/min liegen. Das heißt, dass in diesem Fall die Energiefreisetzung nicht vom Brennstoff bestimmt wird (der ausreichend zur Verfügung steht bzw. eine ausreichend hohe Verbrennungsrate hat), sondern von der pro Zeiteinheit zur Verfügung stehenden Luftmenge. Einen solchen Brandverlauf nennt man auch »ventilationsgesteuert«.

Praxis-Tipp:

In der Praxis bedeutet dies, dass bei gleich großen Raumöffnungen und somit gleichen Ventilationsbedingungen in der Vollbrandphase, unabhängig vom brennbaren Material, bei angenommener gleicher Verbrennungsrate, eine zugestellte, quasi »vollgestopfte« Wohnung nicht mehr Energie beim Brand freisetzt, als eine »normal möblierte«. Die meisten realen Brände in Räumen sind ventilationsgesteuert.

3.6 Raumbrand bei zwei oder mehr Öffnungen

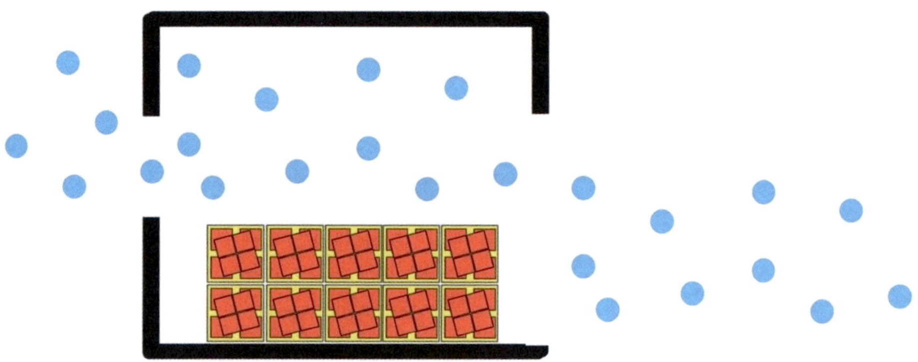

Bild 47: ***Brennbares Material (10 kg Holzmöbel) in einem Raum und Luft (unbegrenzt) bei geöffneter Tür und offenem Fenster***

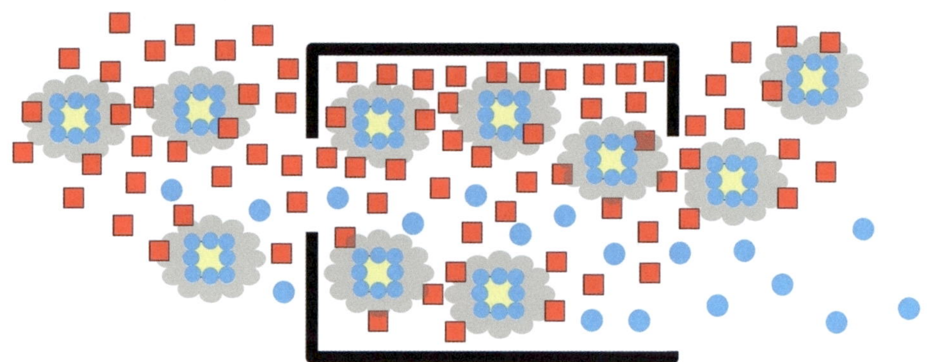

Bild 48: ***Raum bei geöffneter Tür und offenem Fenster nach 4 min Brenndauer, Luft, Rauchgase und Energie***

Bei mehreren Öffnungen (▶ Bild 47) können zum einen mehr Rauchgase und Verbrennungsprodukte aus dem Raum entweichen; zum anderen kann mehr Luft in den Raum gelangen. Im vorherigen Beispiel war die Luftzufuhr auf 10 m^3 pro Minute begrenzt. Wenn durch mehr Öffnungen jetzt beispielsweise doppelt so viel Luft, also 20 m^3 pro Minute, in den Raum gelangen kann, dann stehen bei 4 min Brenndauer insgesamt nun 80 m^3 Luft zur Verfügung. Ein kg Kunststoffmöbel benötigt zur Verbrennung 8 m³ Luft. Das heißt, dass somit ausreichend Luft für 10 kg der vorhandenen Kunststoffmöbel zur Verfügung stehen. Das bedeutet, dass nach 4 min Branddauer alle Möbel verbrannt sind (▶ Bild 48).

Das heißt aber auch, dass die gesamte in den Möbeln enthaltene Energie von 320 MJ nach 4 min freigesetzt wurde. Wenn wie angenommen 40 MJ zu einer Temperaturerhöhung unseres Beispielraums von 100 °C führen, dann wäre der Raum nach 4 min Branddauer 800 °C(!) heiß (wieder davon ausgehend, dass wir der Einfachheit halber bei 0 °C Raumtemperatur anfangen und keine Wärme aus dem Raum abgeführt wird). Auch in diesem Fall ist der Brand ventilationsgesteuert. Wäre die Luftzufuhr durch die weiteren Öffnungen gar nicht begrenzt, dann wären bei der angenommenen Verbrennungsrate von 3 kg/min nach ca. 3,3 min die gesamte Menge an Möbel verbrannt. Der Brand ist dann nicht mehr ventilations- sondern brennstoffgesteuert.

Praxis-Tipp:

In der Praxis bedeutet dies, dass das Feuer bei größeren Raumöffnungen und somit besseren Ventilationsbedingungen mehr Energie in kürzerer Zeit freisetzt. Es hat also eine größere Energiefreisetzungsrate mit der Folge, dass die Gebäudestruktur, Personen die sich noch in der Nutzungseinheit befinden und auch der Angriffstrupp mit deutlich höheren Temperaturen beaufschlagt werden und mehr Energie in kürzerer Zeit auf diese einwirkt.

Anhand der angeführten Beispiele sieht man, welch große Rolle die Raumöffnungen beim Brand in einer Nutzungseinheit spielen. Die Raum- oder Gebäudeöffnungen haben auch einen großen Einfluss auf die vorhandenen oder einsetzenden Strömungspfade, wenn wir Veränderungen an den Raumöffnungen vornehmen. Mit Strömungspfaden, deren Entstehung und Auswirkungen auf Gebäude, Personen und das Brandgeschehen, beschäftigen wir uns im nächsten Kapitel.

4 Strömungspfade

Im vorherigen Kapitel wurde deutlich, dass in erster Linie der zur Verfügung stehende (oder zugeführte) Sauerstoff diejenige Kenngröße ist, die den wesentlichsten Einfluss auf die Entwicklung des Brandes, die freigesetzte Energiemenge, die Brandintensität und die Branddauer hat. Das Vorhandensein, die Größe und die Lage von Öffnungen bestimmen die Menge der für die Verbrennung zur Verfügung stehenden Luft.

Wie gelangt diese Luft zum Feuer? Und wohin und warum bewegt sich der Brandrauch? Schauen wir uns ein Feuer an, das nicht von Raumwänden umgeben ist (▶ Bild 49). Durch die Verbrennung wird Energie in Form von Wärme freigesetzt, die die Luft und den Rauch über dem Feuer erwärmt. Wenn Gase erwärmt werden, ändert sich deren Volumen und sie dehnen sich aus. Dabei verringert sich deren Dichte und sie werden leichter als die umgebende, kühlere Luft. Die warmen, leichteren Gase steigen ungehindert nach oben, gleichzeitig strömt von allen Seiten kühlere und somit schwerere (dichtere) Luft in unbegrenzter Menge zum Feuer (Schwerkraftströmung). Die warme Luft bzw. der Rauch steigt so lange nach oben, bis sich dieser abkühlt und die gleiche Dichte hat, wie die umgebenden Luftschichten (Thermik).

Diese soeben beschriebene Thermik ist nichts anderes als eine Strömung. Als Strömung bezeichnet man im Allgemeinen die Bewegung von flüssigen oder gasförmigen Medien pro Zeiteinheit. Im Brandfall handelt es sich hierbei um Pyrolysegase, Rauchgase, Aerosole, Flammen, Wasserdampf und letztlich auch um Feststoffe in Form von Partikeln wie Ruß. Zusammen mit diesen Medien bewegt sich aber auch die vom Feuer in Form von Wärme freigesetzte Energie. Diese wird durch die Strömung (Konvektion) in andere Bereiche transportiert, wo die Wärme an kühlere Gegenstände oder die Umgebung abgegeben wird. Wärme fließt immer von heiß zu kalt, bis sich die Temperaturen ausgeglichen haben. Die Strömung stellt im Bereich der Wärmeübertragungsmechanismen die Art der Wärmeübertragung dar, die Wärme am schnellsten übertragen kann. Das heißt: je höher die Strömungsgeschwindigkeit ist, desto schneller wird Energie in Form von Wärme übertragen und führt zu einer Temperaturerhöhung. Bei gleichbleibender Temperatur wird mit steigender Strömungsgeschwindigkeit mehr Energie pro Zeiteinheit übertragen.

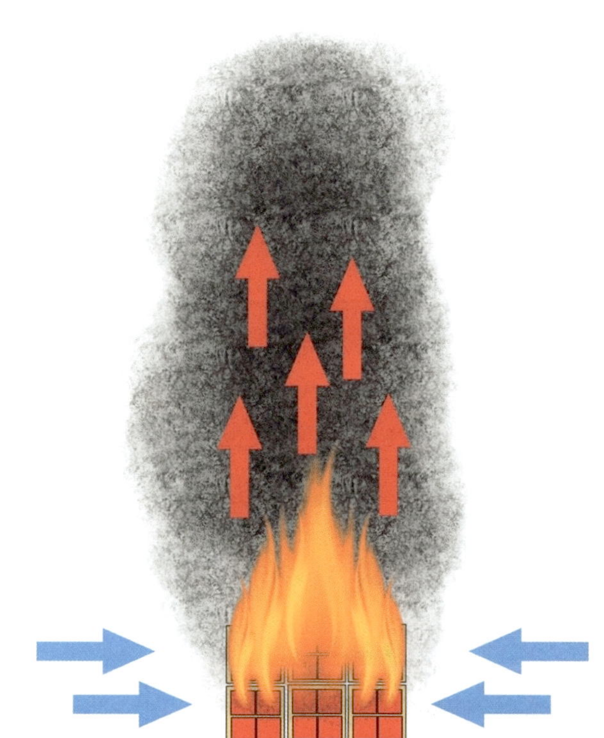

Bild 49: ***Feuer mit Zuluft- und durch Thermik bedingte Abluftströmung***

Praxis-Tipp:

In der Praxis bedeutet dies für einen Feuerwehrmann, dass er sich bei einer angenommenen Raumtemperatur von z. B. 70 °C ohne Probleme für längere Zeit in diesem Raum aufhalten und arbeiten kann. Setzt sich der gleiche Feuerwehrmann aber einem Luftstrom von 70 °C aus, wird innerhalb kürzester Zeit so viel Wärme übertragen, dass der Körper dies durch Schwitzen nicht mehr ausgleichen kann und er die Arbeit abbrechen muss, um ernsthafte Brandverletzungen zu vermeiden.

4.1 Gegenläufiger Strömungspfad

Wenn wir das gleiche Feuer wie in ▶ Bild 49 in einen Raum mit einer Raumöffnung verlegen, ändern sich zwangsläufig die Strömungsbedingungen für die zuströmende

Luft und den abströmenden Rauch. In ▶ Bild 50 sieht man, dass die zuströmende Luft jetzt nicht mehr von allen Seiten zum Brandherd strömen kann, sondern nur noch aus Richtung der Raumöffnung. Die Größe der Raumöffnung schränkt (wie auch im ▶ Kapitel 3.1 »Energie« zuvor beschrieben) die Versorgung mit Luft (Sauerstoff) ein.

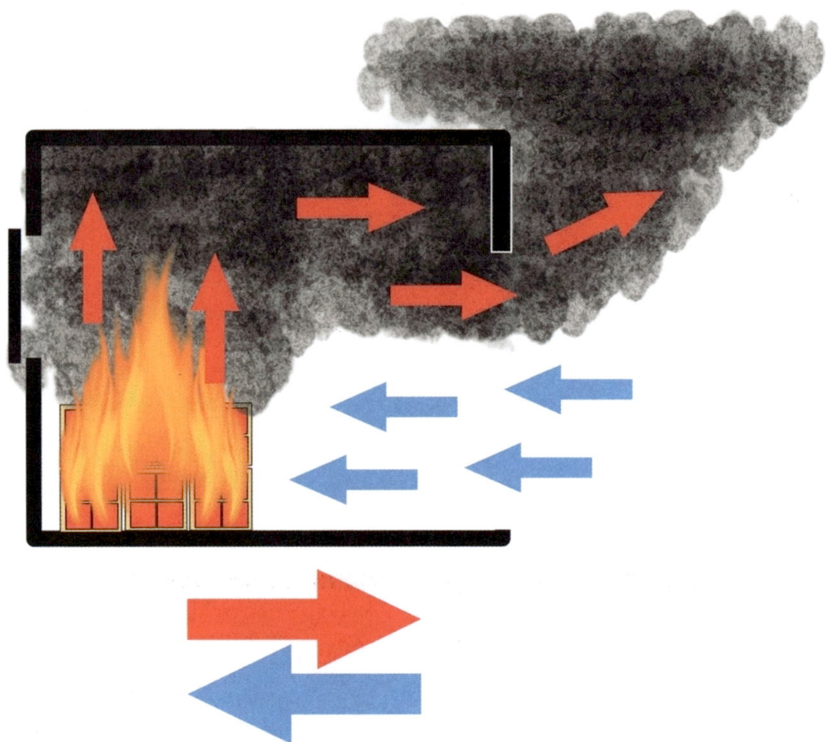

Bild 50: ***Zu- und Abluftströmung im Raum mit einer Öffnung (gegenläufiger Strömungspfad)***

Die heißen Brandgase, Brandrauch und auch Flammen steigen nach oben. Dort können sie aber nicht weiter aufsteigen und sammeln sich unter der Decke. Die aufgestiegenen Gase können nicht (oder nur unwesentlich) abkühlen, da immer wieder neue, heiße Rauchgase von unten durch das Feuer nachströmen. Sobald die Rauchgasschicht die obere Kante der Raumöffnung (Türsturz) erreicht hat, strömen die Rauchgase aus dieser Öffnung, würden aufsteigen, sich gegebenenfalls ausbreiten und abkühlen.

Zuströmende Frischluft und abströmende Rauchgase teilen sich somit eine Öffnung und es stellt sich ein Gleichgewicht zwischen zuströmendem und abströmendem Gasvolumen ein, zumindest so lange, wie die Rauchgase ungehindert entweichen können. Es entsteht ein gegenläufiger Strömungspfad, in dem sich zuströmende, schwerere Kaltluft höherer Dichte unter die leichtere, wärmere Rauchgasschicht mit geringer Dichte schiebt. Es handelt sich auch hier um eine Schwerkraftströmung. In der Einsatzpraxis wirkt sich eine gegenläufige Strömung i. d. R. so aus, dass die Brandintensität geringer ist und weniger Energie freigesetzt wird, da sich Ab- und Zuluft eine Öffnung teilen und somit weniger Luft (Sauerstoff) pro Zeiteinheit zur Verfügung steht (▶ Kapitel 3.1 »Energie«).

4.2 Gerichteter Strömungspfad

Wie verändern sich die Strömungsbedingungen und Richtungen, wenn der Raum eine weitere Öffnung, z. B. ein Fenster hat? Auf ▶ Bild 51 erkennt man, dass die zuströmende Luft jetzt ebenfalls nicht mehr von allen Seiten zum Brandherd strömt, sondern nur noch aus Richtung der in Relation zur zweiten Raumöffnung (Fenster) tieferliegenden Raumöffnung (Türe).

Bild 51: ***Zu- und Abluftströmung im Raum mit zwei Öffnungen (gerichteter Strömungspfad)***

Die Größe der Raumöffnungen schränkt auch hier die Versorgung mit Luft (Sauerstoff) und aber auch das Abströmen der Rauchgase ein. Die heißen, leichteren Brandgase, Brandrauch und Flammen steigen nach oben und entweichen durch die höher liegende Raumöffnung (Fenster) nach außen. Zuströmende schwerere Luft und abströmende leichtere Rauchgase müssen sich hier keine gemeinsame Öffnung teilen, wodurch wesentlich größere Mengen an Gasvolumen (Rauchgase und Frischluft) pro Zeiteinheit bewegt werden.

Praxis-Tipp:

In der Einsatzpraxis bedeutet dies, dass bei einem gerichteten Strömungspfad die Brandintensität i. d. R. größer ist als bei einem gegenläufigen.

4.3 Strömung in einer Wohnung

In einer Wohnung, in der ein Raum brennt, verhalten sich die Strömungspfade analog zum Raumbrand – mit dem Unterschied, dass Zu- oder Abluft sich in einem anderen Raum befinden können. Somit können Strömungen durch Bereiche der Wohnung entstehen, die nicht vom Brand betroffen sind. Bei der in ▶ Bild 52 dargestellten Wohnung brennt der mittlere Raum. Von rechts strömt Frischluft durch eine offene Türe in die Wohnung und im linken Raum strömen die Rauchgase durch das geöffnete Fenster nach draußen. Es hat sich also ein gerichteter Strömungspfad von der Türe zum Fenster etabliert. Von außen könnte nun durch den Rauch- oder sogar Flammenaustritt (▶ Bild 53) aus dem Fenster der Eindruck entstehen, dass es in dem dazugehörigen Raum brennt. Führt ein Außenangriff oder ein Fensterimpuls nicht zu einer sichtbaren Veränderung beim Rauch- oder Flammenbild im Bereich des Fensters, muss sich der Strahlrohrführer fragen, ob eine weitere Wasserabgabe überhaupt sinnvoll und zielführend ist.

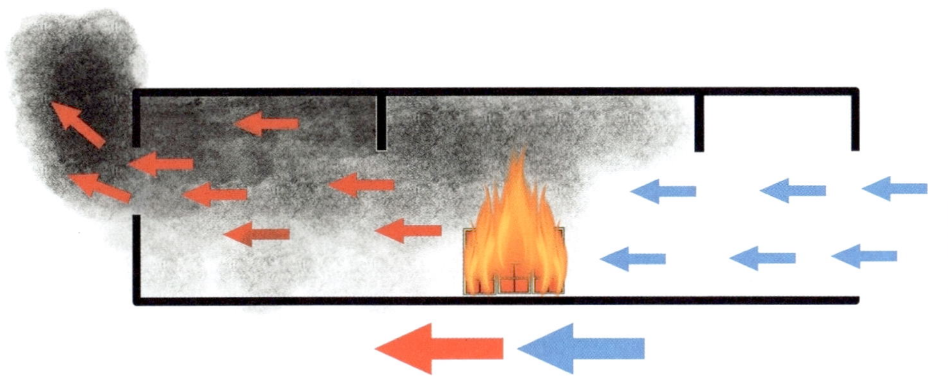

Bild 52: *Zu- und Abluftströmung in einer Wohnung mit zwei Öffnungen (gerichteter Strömungspfad)*

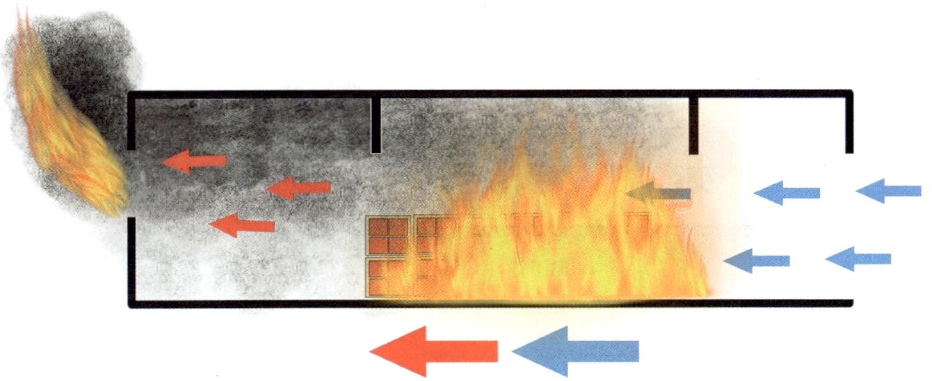

Bild 53: *Zu- und Abluftströmung in einer Wohnung mit zwei Öffnungen (gerichteter Strömungspfad) und Flammenaustritt an der Abluftöffnung*

4.4 Aufenthalt in einem Raum mit Strömungspfaden

Was bedeutet das Vorhandensein von Strömungspfaden in Räumen für Personen (z. B. Feuerwehrleute) die sich darin aufhalten oder sich in diese hineinbegeben wollen? Auf den ▶ Bildern 54 und 55 erkennen wir, dass sich die Person sowohl beim gegenläufigen als auch beim gerichteten Strömungspfad im Zuluftpfad befindet. Somit wird die Person durch die in Richtung Feuer strömende kalte Luft abgekühlt, also thermisch entlastet. Hierbei darf man aber nicht vergessen, dass sich Wärme nicht nur durch mögliche Strömung auf die Personen übertragen kann, sondern auch durch Wärmeleitung und Wärmestrahlung. Die Wärmeleitung ist i. d. R. eher zu vernachlässigen, die Wärmestrahlung hingegen wirkt aus der heißen Rauchgasschicht, die sich oberhalb der Einsatzkraft befindet oder abströmt und von Decken, Wänden, Flammen und Gegenständen im Raum auf die Person.

I. d. R. ist die Abkühlung durch den kalten Zuluftstrom nicht ausreichend, um die Wärmeaufnahme durch Wärmestrahlung auf längere Zeit zu kompensieren, sodass sich die Person in der Folge aufheizen wird. Je heißer die Rauchgasschicht ist, umso intensiver wirkt sich die Wärmestrahlung aus. Die Intensität der Wärmestrahlung einer heißen Rauchgasschicht nimmt um das 16-Fache zu, wenn sich die Temperatur verdoppelt (Stefan-Boltzmann-Gesetz).

Zusätzlich gilt für die Wärmestrahlung auch das Abstandsgesetz, was bedeutet, dass sich die Strahlungsintensität mit der Halbierung des Abstandes vervierfacht. Je geringer also der Abstand zur Rauchschicht oberhalb im Raum ist, umso mehr Wärme überträgt sich durch Strahlung auf die Person. Grundsätzlich ist aber ein Aufenthalt in der Zuluftströmung bei einem gegenläufigen sowie einem gerichteten Strömungspfad für längere Zeit möglich.

Bild 54: ***Thermische Wirkung bei gegenläufigem Strömungspfad auf den Angriffstrupp, Aufenthalt im Zuluftpfad***

Bild 55: ***Thermische Wirkung bei gerichtetem Strömungspfad auf den Angriffstrupp, Aufenthalt im Zuluftpfad***

4.4.1 Aufenthalt im Abluftpfad

Jeder Aufenthalt in der Abluftströmung bei einem gegenläufigen als auch einem gerichteten Strömungspfad ist zu vermeiden! Befindet sich eine Person im Abluftpfad, wird durch die Strömung (abhängig von der Strömungsgeschwindigkeit) massiv Wärme auf die Person übertragen. Zusätzlich wirkt die Wärmestrahlung aus unmittelbarer Nähe: Der Abstand zur Wärmequelle (heiße Rauchgasschicht) ist nicht mehr vorhanden – die Person befindet sich in der Rauchgasschicht und somit in unmittelbarer Nähe zur Strahlungsquelle.

Auf ▶ Bild 56 sehen wir eine Brandwohnung. Im mittleren Raum brennt es, die rechte Türöffnung ist Zu- und Abluftpfad. Hier existiert also ein gegenläufiger Strömungspfad. Der Angriffstrupp, der sich im Zuluftpfad befindet, kann relativ problemlos arbeiten und wird in erster Linie durch die Wärmestrahlung des Feuers und der heißen Rauchgasschicht thermisch belastet. Die Zuluft wiederum sorgt für Wärmeabfuhr, der Trupp wird also zum Teil wieder thermisch entlastet. Ein weiterer Angriffstrupp hat den Auftrag, eine Öffnung als Rauchabzug zu schaffen, indem er Fenster öffnen soll. Er befindet sich zwischen dem Feuer und dem zu öffnenden Fenster.

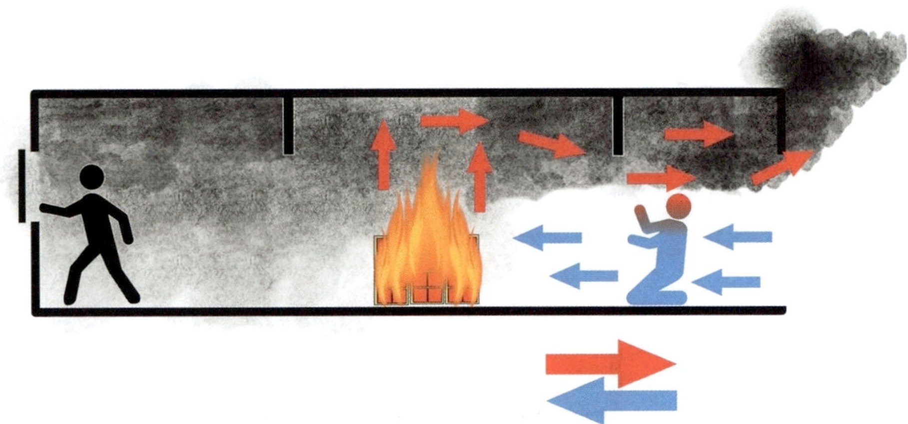

Bild 56: ***Feuer zwischen möglicher Ab- (Fenster links) und Zuluftöffnung (Tür rechts): Ein Angriffstrupp im Zuluftpfad, ein weiterer Trupp soll eine Abluftöffnung (Fenster) schaffen; es besteht ein gegenläufiger Strömungspfad an der Tür.***

Was kann passieren, wenn dieser das Fenster öffnet und damit die Belüftungssituation und die möglichen Strömungspfade ändert?

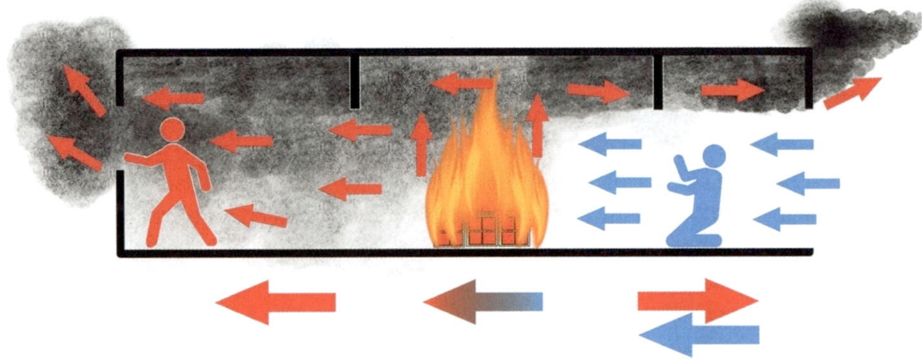

Bild 57: ***Feuer zwischen Ab- (Fenster links) und Zuluftöffnung (Tür rechts). Ein Angriffstrupp im Zuluftpfad, ein weiterer Trupp nach Schaffen einer Abluftöffnung (Fenster) im Abluftpfad; es bildet sich ein zusätzlicher gerichteter Strömungspfad von der Tür zum Fenster.***

Es entsteht eine zweite Abluftöffnung und es können mehr Rauchgase entweichen. Zeitgleich vergrößert sich aber die Zuluftöffnung, da ein Teil der Rauchgase jetzt über das geöffnete Fenster entweichen kann. Eine vergrößerte Zuluftöffnung bedeutet jedoch mehr Sauerstoff und somit eine höhere Brandintensität und Wärmeentwicklung. Bei gleichzeitigem Löschwassereinsatz kann diese zwar kompensiert werden, es bildet sich allerdings Wasserdampf, der sehr viel Wärme in Richtung der Abluftöffnungen transportiert. Eine an sich gewollte Situation, die aber für eine Person im Abluftpfad problematisch werden kann. Für den Trupp im Zuluftpfad bedeutet eine größere Zuluftöffnung andererseits mehr thermische Entlastung. In ▶ Bild 57 haben sich ein gegenläufiger an der rechten Türöffnung und gleichzeitig ein gerichteter Strömungspfad zur linken Fensteröffnung etabliert.

Die Möglichkeit, dass mehrere Strömungspfade zeitgleich auftreten können, macht die Abschätzung und Beurteilung der gesamten Strömungssituation nicht einfacher. Dies wird insbesondere dann schwieriger, wenn es sich nicht um einen Wohnungsbrand, sondern um einen Brand in einem mehrstöckigen Gebäude (wie z. B. einem Einfamilienhaus) handelt.

4.5 Strömungen in einem mehrstöckigen Gebäude

Welche Strömungspfade ergeben sich in einem Raum eines mehrstöckigen Gebäudes und wie verhalten sich diese? Als praktisches Beispiel betrachten wir einen Kellerbrand (▶ Bild 58): Im Keller eines Gebäudes ist ein Brand ausgebrochen, die Türe zum Brandraum ist offen, die Kelleraußentüre und die Kellerfenster sind geschlossen. Die Haustüre im Erdgeschoss steht offen, im Dachgeschoss sind die Türen zu weiteren Räumen und die Fenster geschlossen. Die heißen Rauchgase steigen aufgrund ihrer geringeren Dichte zunächst unter die Decke und strömen, sobald die Rauchschicht den Türsturz erreicht, aus dem Brandraum in den Treppenraum, wo sie sich unter der Kellerdecke bis zur Deckenöffnung ausbreiten. Durch die Deckenöffnung steigen die Rauchgase dann weiter nach oben bis in das Dachgeschoss, wo sie sich aufgrund einer fehlenden Abluftöffnung sammeln. Die Dicke der Rauchschicht nimmt so lange zu, bis der Rauch im Erdgeschoss durch die offene Haustüre nach draußen strömt.

Die einzige Öffnung, durch die das Feuer an Frischluft gelangen kann, ist ebenfalls die Haustüre. Hier strömt kalte und schwere Luft am Boden durch die Deckenöffnung nach unten. Das heiß, dass sich Zuluft und Abluft eine Öffnung teilen und ein gegenläufiger Strömungspfad entsteht. Bewegt sich jetzt ein Angriffstrupp bodennah über die Treppe nach unten, befindet sich dieser im Zuluftpfad und kann ggf. eine Brandbekämpfung durchführen.

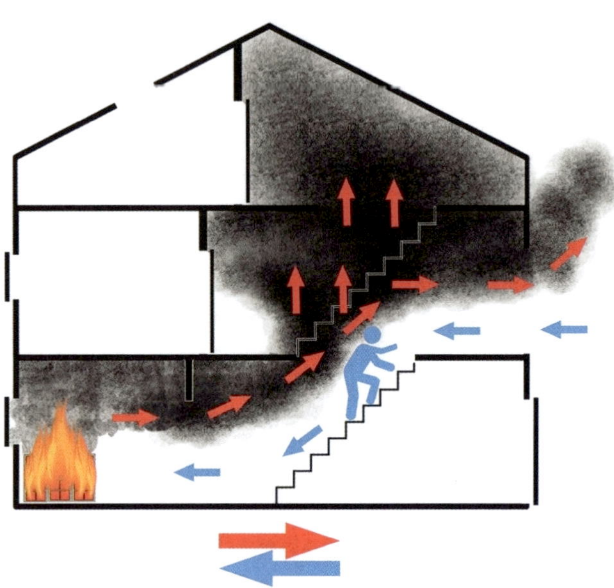

Bild 58: ***Kellerbrand mit gegenläufigem Strömungspfad an der Haustür***

Was passiert, wenn sich die Belüftungssituation unvermittelt ändert, indem beispielsweise das Fenster im Brandraum (▶ Bild 59) platzt oder von außen geöffnet wird? Der bis jetzt gegenläufige Strömungspfad wird sich mit ziemlicher Sicherheit in einen gerichteten verändern. Aufgrund der Thermik werden die Rauchgase nach oben steigen, da sich im Bereich der geöffneten Haustüre eine höher gelegene Abluftöffnung befindet. Für einen Trupp auf der Treppe würde dies zu einer schnellen und erheblichen thermischen Belastung führen, die einen weiteren Einsatz unmöglich macht. Als Angriffs- und Rückzugsweg ist dieser Zugang dann nicht mehr begehbar.

Die gleiche Situation würde sich einstellen, wenn nicht das Kellerfenster zur Zuluftöffnung wird, sondern die Kelleraußentüre rechts (▶ Bild 60). Wenn ein Trupp diese Außentüre unkoordiniert als zweiten Angriffsweg wählt, wird sich auch hier durch die höher gelegene Abluftöffnung, durch die Thermik bedingt, ein gerichteter Strömungspfad nach oben zur Haustüre einstellen. Die thermische Belastung für den Trupp auf der Kellertreppe würde sogar noch größer werden, da durch die wesentlich größere Zuluftöffnung mehr Luft zum Feuer gelangt und die Wärmefreisetzungsrate steigt. Setzt der Trupp, der über die Kelleraußentüre vorgeht, dann auch noch Wasser ein, steigt der Wasserdampf mit der Strömung ebenfalls nach oben und führt zu einer weiteren Wärmezufuhr zu dem Trupp auf der Treppe.

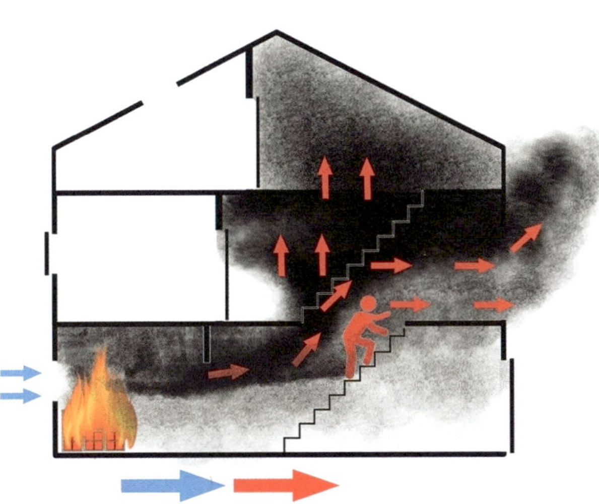

Bild 59: ***Kellerbrand mit gerichtetem Strömungspfad vom Kellerfenster zur Haustür***

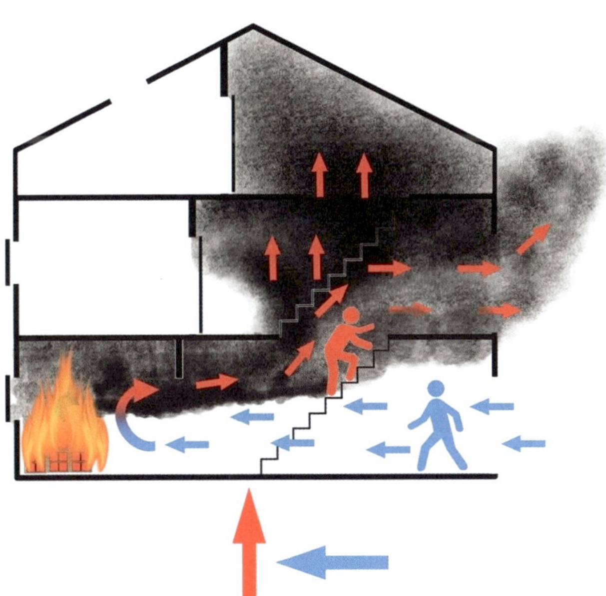

Bild 60: ***Kellerbrand mit gerichtetem Strömungspfad von Kellertür zur Haustür***

Ein weiteres Beispiel für die Problematik, die sich bei Veränderungen von Zu- und Abluftöffnungen bei mehrgeschossigen Gebäuden ergibt, zeigt der nächste Fall:

Bild 61: ***Wohnungsbrand im Erdgeschoss eines Mehrfamilienhauses, eine Person in der Dachgeschosswohnung sowie zwei vorgehende Trupps***

Im Erdgeschoss eines Gebäudes ist in einer Wohnung ein Brand ausgebrochen (▶ Bild 61). Am geöffneten Fenster hat sich ein gegenläufiger Strömungspfad gebildet. Da die Wohnungstüre geschlossen ist, ist das Fenster auch die einzige Möglichkeit für die Sauerstoffversorgung des Brandes. Ein erster Angriffstrupp betritt das Gebäude durch die Haustüre rechts und bereitet vor der Brandwohnung den Innenangriff vor. Ein zweiter Angriffstrupp soll die Wohnungen in den Obergeschossen auf sich noch möglicherweise im Gebäude befindliche Personen kontrollieren. Im Dachgeschoss befindet sich noch eine Person in der geschlossenen Wohnung, die das Dachfenster geöffnet hat.

Wenn der Angriffstrupp vor der Brandwohnung jetzt entscheidet, den Innenangriff zu beginnen und die Wohnungstüre zur Brandwohnung öffnet (▶ Bild 62), werden aufgrund der Thermik die Rauchgase nach oben steigen. Gleichzeitig bildet sich durch die offene Haustüre ein Zuluftstrom in Richtung des Brandes, was zu einer Intensivierung des Brandes und Erhöhung der Wärmefreisetzungsrate führt.

Für einen Trupp auf der Treppe würde dies wiederum zu einer schnellen und erheblichen thermischen Belastung führen, die einen weiteren Einsatz unmöglich macht. Der Treppenraum ist für die Person in der Dachgeschosswohnung dann nicht mehr als Rettungsweg benutzbar.

Das Fenster in der Brandwohnung wird, da es höher liegt als die Türöffnung, wahrscheinlich zur Abluftöffnung und es bildet sich ein gerichteter Strömungspfad von der Haustür in Richtung Brandwohnung. An der geöffneten Haustür wird sich ein

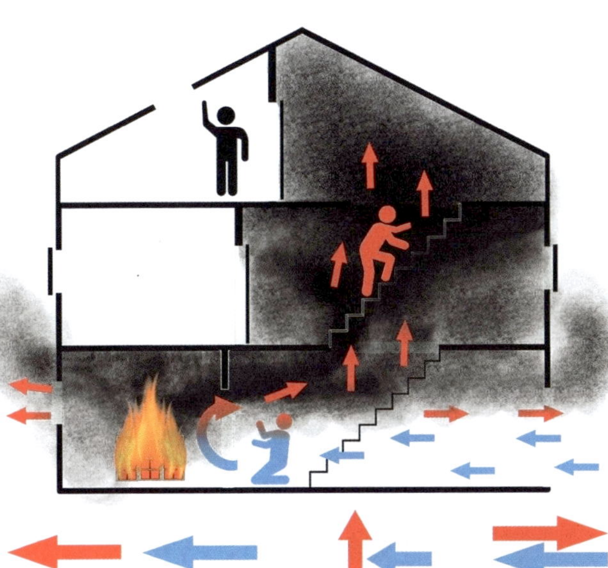

Bild 62: ***Wohnungsbrand wie im vorherigen Bild mit sich einstellenden Strömungspfaden nach Öffnen der Wohnungstür zur Brandwohnung im Erdgeschoss***

gegenläufiger Strömungspfad einstellen, sobald der Treppenraum mit Rauchgasen gefüllt ist.

4.6 Schaffen einer Abström-Öffnung oberhalb eines Brandes

Wenn jetzt die Person in der Wohnung im Dachgeschoss die Wohnungstüre öffnet, kann sich ein gerichteter Strömungspfad vom Erdgeschoss ins Dachgeschoss ausbilden (▶ Bild 63). Da das Dachfenster in der Wohnung geöffnet ist, können die heißen Rauchgase mehr oder weniger ungehindert nach oben abströmen (Thermik) und stauen sich nicht mehr im Dachbereich. Durch die einsetzende Strömung, in Abhängigkeit von der Strömungsgeschwindigkeit, wird jetzt massiv Wärme auf die Personen oberhalb des Brandes übertragen. Innerhalb kürzester Zeit werden Temperaturen in der Wohnung erreicht, die weder für die zu rettende Person noch für den Angriffstrupp ohne Folgen wären.

Im Erdgeschoss hingegen verbessert sich die Situation dahingehend, dass sich die Rauchgasschicht insgesamt hebt und deutlich Wärme nach oben abgeführt wird. Im Erdgeschoss bildet sich, ausgehend vom Fenster der Brandwohnung und von der Haustüre, wahrscheinlich jeweils ein gerichteter Strömungspfad in Richtung Brandherd. Genau genommen bildet sich an der Wohnungstüre zusätzlich ein gegenläufiger Strömungspfad aus, da sich hier die Zuluft der Haustüre und die Abluft des Brandes wieder eine Öffnung teilen. Zusätzlich bildet sich ein gerichteter Strömungspfad von der Brandwohnung ins Dachgeschoss aus.

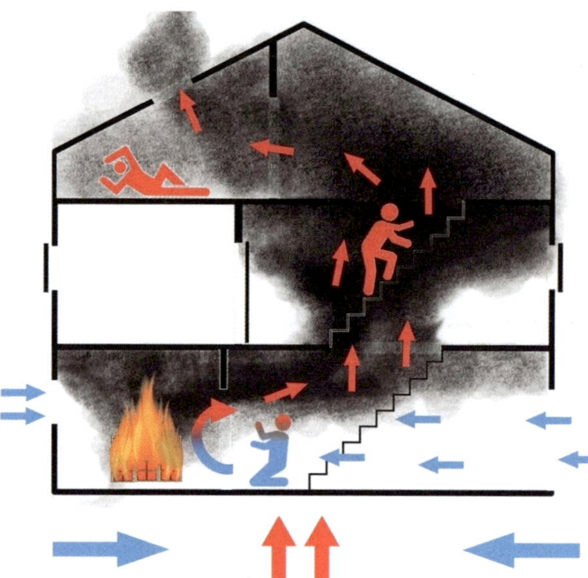

Bild 63: ***Wohnungsbrand wie Bild 62, mit sich einstellenden Strömungspfaden nach Öffnen der Tür zur Dachgeschosswohnung bei offenem Dachfenster***

Auch dieses Beispiel zeigt deutlich, dass mehrere Strömungspfade, sowohl gerichtete als auch gegenläufige, zeitgleich auftreten können. Insbesondere Öffnungen, die oberhalb der eigentlichen Brandetage geschaffen werden, können rasant zu unerwünschten Strömungspfaden führen und es kann zu einer schnellen Rauch- aber auch Brandausbreitung in darüberliegende Bereiche kommen. Es ist daher immer zu prüfen, ob ein Aufenthalt von Trupps oberhalb eines Brandes notwendig und beherrschbar ist.

Info:

Zum Thema »Strömungspfade« finden Sie ein kurzes Video im digitalen Anhang dieses Buches. Zugriff unter dl.kohlhammer.de/978-3-17-041100-5 oder einfach per QR-Code.

Werkzeuge und Techniken wie der mobile Rauchverschluss und/oder taktische Ventilation können die Sicherheit der oberhalb eines Brandes eingesetzten Trupps oder anderen Personen deutlich verbessern. Ein erhöhtes Risiko bleibt aber bestehen, da solche Systeme z. B. bei Windeinfluss auch versagen oder ausfallen können.

5 Taktische Ventilation

5.1 Einleitung

Obwohl es Lüfter im Bereich der Feuerwehr schon seit vielen Jahren gibt und sie schon länger zur Standardbeladung von Löschfahrzeugen gehören, wird diese Technologie vielerorts noch kritisch gesehen und falsch verstanden. Oftmals kommt die Ventilation in Form von motorbetriebenen Lüftern nur bei der Entrauchung nach Brandereignissen zum Einsatz. Richtig trainiert und eingesetzt bietet die sogenannte taktische Ventilation aber noch ganz andere Möglichkeiten und Chancen: Mit ihr kann man die Effektivität der Menschenrettung und Brandbekämpfung bei gleichzeitiger Erhöhung der Sicherheit für die eigenen Einsatzkräfte erheblich steigern. Das folgende Kapitel soll dazu beitragen, Ihnen einen Überblick über die technischen und taktischen Einsatzmöglichkeiten der Ventilation bei Brandereignissen im Gebäude zu geben. Hierbei werden eine Fülle von Varianten präsentiert und deren Wirkungsweise erklärt, von der natürlichen Ventilation ohne technische Unterstützung bis hin zur sogenannten »Rettungsventilation« mit motorbetriebenen Lüftern. Auch die sogenannte »Antiventilation« wird vorgestellt. Ergänzend sollte hierzu auch ▶ Kapitel 7 »Vorgehen im Gebäude« studiert werden.

5.2 Ventilationsverfahren

Oftmals wird unter Ventilationsverfahren nur das Ventilieren mit mechanischen Lüftern verstanden, dabei gibt es unterschiedliche Ventilationsverfahren. Diese reichen von der natürlichen über die hydraulische und maschinelle Ventilation bis hin zur sogenannten Antiventilation, wo versucht wird, jegliche Strömungen zu unterbinden. Jede dieser unterschiedlichen Verfahren hat ihre Daseinsberechtigung sowie Vor- und Nachteile.

Bild 64: ***Natürliche Ventilation, mechanische Ventilation, hydraulische Ventilation, Antiventilation (von oben nach unten)***

Hinweis:

Zur Vollständigkeit muss ebenfalls die Überdruckventilation mit stationären Anlagen angeführt werden. Hierbei handelt es sich um fest eingebaute Lüftungsanlagen, die speziell für dem Brandfall eingebaut wurden. Ein Beispiel wäre hier der Sicherheitstreppenraum mit einer Rauchschutzdruckanlage (RDA). Im vorliegenden Buch wird diese Art der Ventilation nicht weiter betrachtet, da sie eigentlich nicht im Wohnungsbau unterhalb der Hochhausgrenze zum Einsatz kommt.

Grundsätzlich haben viele Faktoren einen Einfluss auf das jeweilige Ventilationsverfahren und müssen bei der taktischen Überlegung berücksichtigt werden. Diese sind unter anderem:

- Windstärke und Windrichtung,
- Zuluft- und Abluftöffnung,
- Ventilationskanal.

Der nun folgende Abschnitt dient dazu, die unterschiedlichen Ventilationsarten darzustellen und somit die »persönliche Werkzeugkiste« bei der Gebäudebrandbekämpfung zu erweitern.

5.2.1 Natürliche Ventilation

Die natürliche Ventilation ist die einfachste Art zum Erzeugen einer Luftströmung innerhalb eines Gebäudes. Jeder kennt es von zu Hause: Um die Wohnung zu Lüften, werden Türen und Fenster geöffnet.

Bild 65: ***Natürliche Ventilation***

Allerdings ist die natürliche Ventilation in dem Einsatzszenario »Wohnungsbrand« komplexer: Die Stärke und die Richtung der natürlichen Ventilation hängen hierbei von mehreren Faktoren ab, die in die taktische Überlegung mit einfließen müssen.

Windstärke und Windrichtung

Den größten Einfluss auf die natürliche Ventilation hat die an der Einsatzstelle vorherrschende Windstärke und Windrichtung. Das gilt es bei der Planung zu beachten. Je stärker der Wind ist, desto größer wird auch der resultierende Winddruck auf das Gebäude sein. Um dies an der Einsatzstelle besser abschätzen zu können, kann man die Luftbewegung in Bäumen und Sträuchern heranziehen. Auch die Bewegung vom Brandrauch, der aus dem Brandobjekt austritt, ist ein guter Indikator für die Luftgeschwindigkeit. Zusätzlich kann man so auch die Windrichtung an der Einsatzstelle beurteilen. Dies ist wichtig für die Richtung der natürlichen Ventilation. Man kann eine natürliche Ventilation immer nur mit der Windrichtung durchführen. Sollte die bevorzugte Abluftöffnung also auf der windzugewandten Gebäudeseite liegen, ist die Einsatztaktikvariante »natürliche Ventilation« nicht möglich.

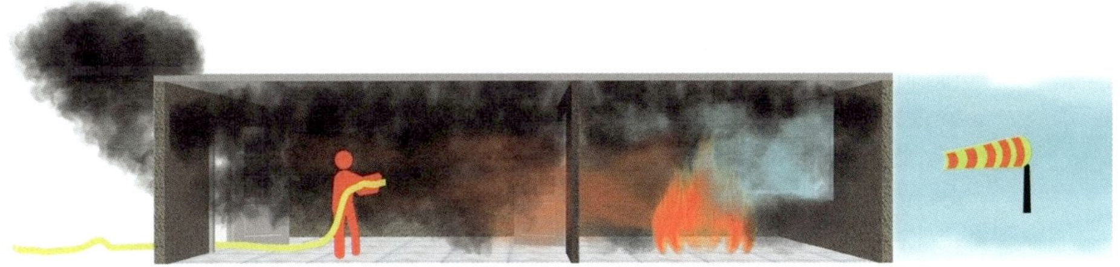

Bild 66: ***Windrichtung auf den Brandraum – hier ist eine natürliche Ventilation kontraproduktiv***

Weiterhin ist es auch wichtig zu realisieren, dass man keinen Einfluss auf die Richtung und die Stärke des Windes hat. Gerade in exponierten Lagen können sich diese Faktoren im Einsatzverlauf auch schnell ändern. Im Normalfall kann man auch davon ausgehen, dass die Windstärke mit steigender Gebäudehöhe zunimmt. Im Erdgeschoss von einem Hochhaus wird die Windgeschwindigkeit immer geringer sein als im obersten Geschoss.

Zuluft- und Abluftöffnung

Die Größe und die Lage der Zu- und Abluftöffnung spielen für den Erfolg der natürlichen Ventilation eine große Rolle. Nur auf der windzugewandten Seite ist eine

Zuluftöffnung möglich. Die gewählte Abluftöffnung darf nicht auf der windzugewandten Seite liegen. Hier ist aber eine Lage neben der windabgewandten Seite auch an den »neutralen« Seiten möglich.

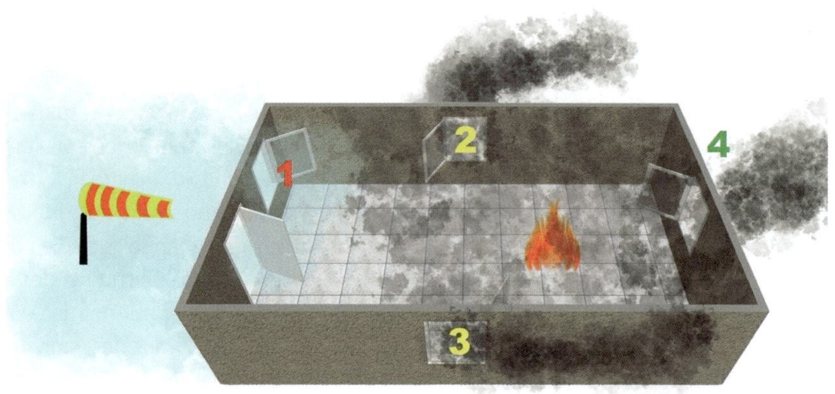

Bild 67: ***1: keine natürliche Ventilation möglich; 2 und 3: natürliche Ventilation möglich; 4: natürliche Ventilation ideal***

Um eine effektive und vor allem gerichtete Strömung auch bei der natürlichen Ventilation zu gewährleisten, sollte die Zuluftöffnung kleiner, max. gleich groß wie die Abluftöffnung sein. Nur so kann in dem Gebäude eine gerichtete Luftströmung erreicht werden. Bei diesem Vorgehen in der Wahl der Gebäudeöffnungen wird nicht zwischen der natürlichen und der mechanischen Ventilation unterschieden. Je größer die vorherrschende natürliche Windgeschwindigkeit ist, desto größer kann auch die Abluftöffnung ausfallen. Alternativ kann auch die Zuluftöffnung zum Gebäude kleiner ausfallen, da durch eine stärkere natürliche Strömungsgeschwindigkeit auch der Lufteintritt pro Fläche erhöht wird.

Ventilationskanal

Der Ventilationskanal muss grundsätzlich, wie bei allen Ventilationsarten außer der »Antiventilation«, immer gesichert werden. Selbst geringe Windgeschwindigkeiten außerhalb des Gebäudes können durch Verengungen des Ventilationskanals innerhalb vom Gebäude zu höheren Windgeschwindigkeiten und Windverwirbelungen führen, die dann auch Türen und gekippte Fenster schließen können und somit zu einer Unterbrechung der Ventilation führen. Daher gilt es, jede für die Ventilation nötige Tür innerhalb des Gebäudes möglichst ganz zu öffnen und zu sichern. Hierbei leisten Keile oftmals gute Dienste.

Bild 68: ***Fenster gekippt und verkeilt***

Bild 69: ***Türe offen und verkeilt***

Einen weiteren Einfluss auf die natürliche Ventilation hat der Verlauf des Ventilationskanals innerhalb vom Brandobjekt. Je verwinkelter dieser ist, desto ineffektiver wird die Ventilation, da jede zusätzliche Kurve in dem Gebäude zu Verwirbelungen und somit zu Geschwindigkeitsverlust führt. Hier gilt es auch, alle nicht benötigten Türen im Ventilationskanal zu schließen, um zusätzliche Verluste zu vermeiden und eine möglichst gerichtete Strömung aufzubauen.

Auch die Höhenunterschiede zwischen der Eintrittsöffnung und der Austrittsöffnung spielen eine Rolle bei der Effizienz der Ventilation. Vielen ist der Begriff »Kamineffekt« bekannt: Warme Luft steigt nach oben. Wenn dort dann auch die Gebäudeaustrittsöffnung liegt, wird die Luftgeschwindigkeit durch diese warme, aufsteigende Luft zusätzlich erhöht. Da Brandgase oftmals eine hohe thermische Energie besitzen, wird dieser Effekt noch weiter verstärkt. Andersherum ist es so, dass wenn die gewählte Abluftöffnung unterhalb der Zuluftöffnung liegt, eine natürliche Ventilation gerade bei geringen Windgeschwindigkeiten nicht möglich ist.

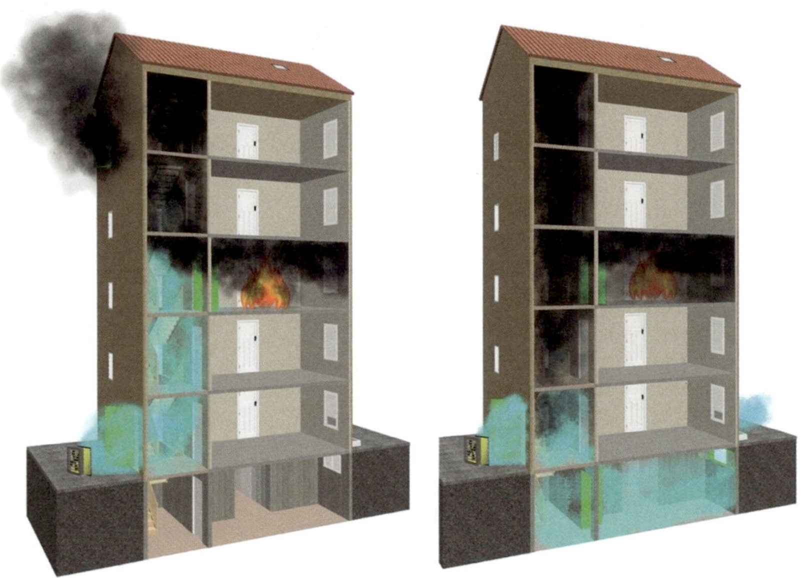

Bild 70: ***Einfluss des Ventilationskanals auf die Rauchausbreitung und Rauchabführung, hier unterstützt durch einen Lüfter.***

5.2.2 Hydraulische Ventilation

Bei der hydraulischen Ventilation handelt es sich um ein Verfahren, bei dem Wasser durch eine Gebäudeöffnung von innen nach außen abgegeben wird. Dabei wird mittels eines Sprühstrahls nur ein Teil der Öffnung abgedeckt. Durch den Wasserstrahl werden Luft und Rauchpartikel mitgerissen und ins Freie befördert. Diese Art der Ventilation gibt es schon sehr lange, da sie auch selbst mit den konventionellen CM-Strahlrohren durchführbar ist. Oftmals wirft sie allerdings bei Unbeteiligten die Frage auf, warum man absichtlich Wasser durch ein Fenster abgibt.

Die hydraulische Ventilation unterscheidet sich in einem Punkt grundsätzlich von allen anderen Ventilationsarten. Für diese Art der Ventilation ist es unabdingbar, dass der ausführende Trupp zwingend in den Innenangriff geht und somit in dem vom Brandrauch kontaminierten Bereich arbeitet. Weiterhin ist hierbei zu bedenken, dass während der hydraulischen Ventilation das Strahlrohr für eine weitere Brandbekämpfung nicht zur Verfügung steht. Klassische Anwendungsbeispiele wären hier die Entrauchung von sehr entlegenen Räumen. Je länger und verwinkelter der Ventilationskanal ist, desto ineffektiver ist die natürliche oder mechanische Ventilation. Weiterhin verfügt nicht jede ersteintreffende Einheit über Ventilationstechnik. In diesem Fall würden sowieso nur bis zum Eintreffen ebendieser »Technik«, die natürliche und die hydraulische Ventilation in Frage kommen.

Bild 71: ***hydraulische Ventilation***

Die hydraulische Ventilation ist grundsätzlich unabhängiger von der vorherrschenden äußeren Windstärke und Windrichtung. Am effektivsten ist es, wenn die gewählte Gebäudeaustrittsöffnung in Windrichtung liegt. Aber auch gegen die natürliche

Windrichtung ist eine hydraulische Ventilation möglich. Hierbei muss dann das Sprühbild vom Wasserstrahl erweitert werden, um die Öffnung zwischen dem Wasserstrahl und dem Fensterrahmen zu verkleinern. Dadurch wird in diesem Bereich die Geschwindigkeit der ausströmenden Rauchgase aus dem Gebäude beschleunigt. Allerdings wird hierdurch auch das austretende Rauchvolumen verkleinert und die Ventilation dauert somit länger. Dieses physikalische Prinzip wird Venturi- oder auch Injektorprinzip genannt und ist aus dem Bereich der »Schaumzumischer« im Feuerwehrwesen meistens bekannt.

Info:

Zum Thema »Hydraulische Ventilation« finden Sie ein kurzes Video im digitalen Anhang dieses Buches. Zugriff unter dl.kohlhammer.de/978-3-17-041100-5 oder einfach per QR-Code.

Zuluft- und Abluftöffnung

Bei der hydraulischen Ventilation ist vor allem die Abluftöffnung entscheidend. Diese muss so gewählt werden, dass die Wasserabgabe möglichst im 90° Winkel zur Öffnung erfolgen kann. Auch sollte man möglichst den Abstand zur Öffnung vom Trupp innerhalb des Gebäudes variieren können. Die Abluftöffnung sollte möglichst nahe an der Brandstelle sein. Für die Zuluftöffnung gibt es keine besonderen Anforderungen. Allerdings würde eine Lage auf der windzugewandten Seite den Erfolg erhöhen, da dann die hydraulische Ventilation durch die natürliche Ventilation unterstützt wird.

Ventilationskanal

Wie bei allen Ventilationsarten ist auch bei der hydraulischen Ventilation auf eine Sicherung des Ventilationskanals zu achten. Die bei dieser Art der Ventilation erzeugten Windgeschwindigkeiten sind eher gering. Somit fallen Verengungen im Kanal nicht so ins Gewicht, wie bei den anderen Arten der Ventilation.

Achtung:

Die große Gefahr bei der hydraulischen Ventilation ist der Aufenthaltsort des Trupps. Dieser steht meistens zwischen der Brandstelle und der Abluftöffnung. Somit muss gewährleistet sein, dass der Brandherd unter Kontrolle ist. Ansonsten könnten die heißen Brandprodukte in Richtung Ventilationstrupp angesaugt werden.

5.2.3 Maschinelle Ventilation

Bei der maschinellen Ventilation handelt es sich um eine Taktik, bei der versucht wird, eine gelenkte Strömung mithilfe von Lüftern zu erzeugen. Diese Ventilationstaktik verspricht den größten Erfolg von allen hier betrachteten Methoden. Sie ist aber gleichzeitig auch die Methode mit dem größten Schulungsaufwand und verlangt an der Einsatzstelle eine koordinierte Führung und Lenkung einzelner Maßnahmen. Falsch durchgeführt kann hierbei auch eine massive Schadenausweitung bis hin zur Gefährdung für das eigene Personal erfolgen. Bei der maschinellen Ventilation unterscheidet man grundsätzlich die »Offensive Ventilation« und die »Defensive Ventilation«. Offensiv heißt in diesem Fall: alle Ventilationsmaßnahmen zur aktiven Entrauchung bei Bränden, während bei der Defensiven Ventilation versucht wird, nicht verrauchte Gebäudeteile (wie z. B. Rettungswege) zu schützen.

Hinweis:

In diesem Buch wird hauptsächlich auf die »Offensive Ventilation« eingegangen. Eine genauere Beschreibung der »Defensiven Ventilation« findet sich in Kapitel ▶ 5.5.5.

Windstärke und Windrichtung

Auch bei der maschinellen Ventilation ist es wichtig, auf die vorherrschenden Windverhältnisse zu achten. Obwohl die von den Lüftern erzeugte Windgeschwindigkeit und der Volumenstrom je nach Lüfterleistung bereits enorm sein kann, gilt es, nie die Kraft der vorherrschenden Winde zu unterschätzen. Auch hier sollte man immer mit der Windrichtung arbeiten, um die mechanische durch die natürliche Ventilation zu ergänzen.

Zuluft- und Abluftöffnung

Gerade bei der Zuluft- bzw. Abluftöffnung ist man bei der mechanischen Ventilation freier als bei der natürlichen Ventilation. Bei der mechanischen Ventilation wird der Luftstrom aktiv erzeugt. Deshalb muss die Zuluftöffnung nicht unbedingt auf der windzugewandten Seite liegen. Trotzdem ist eine Ventilation mit der Windrichtung immer am sichersten und effektivsten.

Die Abluftöffnung sollte im Idealfall so groß wie möglich sein – auf diese Art können die meisten Rauchgase pro Zeiteinheit abgeführt werden. Dabei gilt es aber folgenden Grundsatz stets zu beachten: Die Abluftöffnung sollte umso größer sein, je höher die Brandintensität ist. Nur so können genügend Brandgase abgeführt werden, um die Situation im Objekt merklich zu verbessern. In der Praxis hat sich ein Verhältnis zwischen Zuluft- zu Abluftöffnung von 1:2 bis 1:3 bewährt.

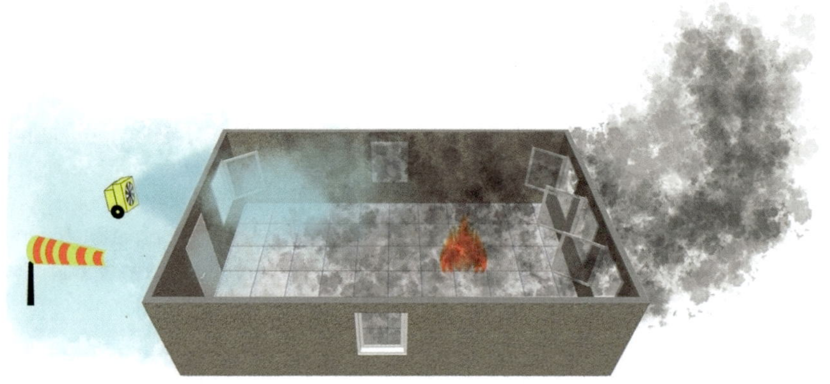

Bild 72: ***Bei Ventilation in Windrichtung sollte ein passendes Verhältnis von Zuluft- zu Abluftöffnung gewählt werden.***

Ventilationskanal

Beim Ventilationskanal ist es wie bei bisher allen vorgestellten Verfahren so, dass dieser möglichst gradlinig und kurz gehalten werden sollte. Jede zusätzliche Kurve führt zu Leistungs- und Geschwindigkeitsverlusten der Strömung innerhalb des Gebäudes. Auch sollten eingesetzte Kräfte (wenn möglich) an der Wand gehen und stehen. Angrenzende Türen müssen geschlossen werden und die Öffnungen innerhalb des Ventilationskanals müssen z. B. durch Keile gesichert werden.

5.2.4 Antiventilation

Bei der Antiventilation wird versucht, sämtliche Luftströmung im Brandraum zu unterbinden. Dies gelingt, indem man alle Zu- und Abluftöffnungen schließt oder zumindest verkleinert. Hierdurch wird versucht, dem Brandherd den Sauerstoff zu entziehen. Dies hat eine verringerte Brandintensität zur Folge und somit würde auch die Raumtemperatur im Brandraum sinken. Wichtig ist hierbei zu beachten, dass es aufgrund des Sauerstoffmangels zu einer verstärkt unvollständigen Verbrennung kommen kann, die dann teilweise zu fetten Gemischen (bei erneuter Sauerstoffzufuhr und Zündquelle) explosionsartig abbrennen können (Rauchgasexplosion).

Info:

Zum Thema »Rauchgasexplosion« finden Sie ein kurzes Video im digitalen Anhang dieses Buches. Zugriff unter dl.kohlhammer.de/978-3-17-041100-5 oder einfach per QR-Code.

5.3 Unterschiedliche Lüfterarten

Der Anbietermarkt von maschinellen Lüftern ist sehr groß und oftmals auch unüberschaubar. Gerade in den letzten Jahren hat sich durch innovative Technik bezüglich Effektivität und Antriebsarten viel getan. Besonders die Akkutechnik erhält inzwischen Einzug in die Welt der Lüfter. Was außerdem zum Vormarsch der Lüfter beigetragen hat, ist die Aufnahme in viele Standardbeladungen. So gehört z. B. beim HLF 20 ein Lüfter zur DIN-Beladung.

Nachfolgend werden kurz und knapp die Vor- und Nachteile der einzelnen Techniken aufgezeigt. Da dieses Buch aber eher auf die praktische Anwendung bei Gebäudebränden abzielt, ist der Teil eher kurzgehalten. Hersteller bieten außerdem oft zusätzliche Anbauteile für besondere Einsatzlagen an; dies soll aber auch nicht Thema dieses Buches sein und würde den Rahmen sprengen.

5.3.1 Normung

Obwohl es sie im Feuerwehrwesen schon seit Jahrzehnten gibt und sie oftmals schon lange zur Standardbeladung von Einsatzfahrzeugen gehören, gibt es für Lüfter selbst erst seit Ende 2021 eine Norm. Diese lautet DIN 14963. Die Norm berücksichtigt alle aktuell gängigen Antriebsarten und schreibt erstmal ein Verfahren fest, mit dem die Leistung der Lüfter (Leistungsklassen) einheitlich angegeben wird. Somit sind auch erstmalig alle zukünftigen Bauserien unterschiedlicher Hersteller tatsächlich vergleichbar.

5.3.2 Unterschiedliche Technologien

In der Lüftertechnik kommen zwei unterschiedliche Arten von Lüfterrädern zum Einsatz. Bei älteren Geräten handelt es sich meist um sogenannte Propellerlüfter. Diese Lüfterräder zeichnen sich durch einen großen Durchmesser und wenige

Lüfterschaufeln aus. Diese Lüftertechnik ist hinsichtlich der Variabilität des Aufstellungspunktes eingeschränkter. Der von diesen Lüftern erzeugte Luftkegel verliert nämlich schnell seine Form. Somit sind diese Arten der Lüfter dahingehend sehr unflexibel.

Bild 73: ***Einsatz von Propellerlüftertechnik***

Eine Weiterentwicklung dieser Technik stellt die Turbolüftertechnik dar. Durch eine Optimierung von den Luftschaufeln und Einsatz von Luftleitblechen kann die Luft nahezu gradlinig und als Kegel auf die Zuluftöffnung gerichtet werden. Die hierbei erzeugten höheren Luftgeschwindigkeiten sorgen durch das Injektorprinzip dafür, dass zusätzliche Luft mit in den Ventilationskanal gelangt.

Bild 74: ***Einsatz von Turbolüftertechnik***

5.3.3 Größe und Leistung

Aufgrund der bis dato fehlenden Norm gibt es mobile Lüfter in unterschiedlichsten Größen. Die gängigen Durchmesser von tragbaren Lüftern liegen zwischen 16 und 31 Zoll. Durch die Einführung der DIN 14963 gibt es nun die Einteilung in drei Größenklassen, bei der neben den Abmessungen auch das Gesamtgewicht mit berücksichtigt wird.

Bild 75: ***Zwei Lüftergrößen***

Auch bei der Leistung der Lüfter gab es in der Vergangenheit aufgrund fehlender standardisierter Prüfungsverfahren oftmals große Abweichungen bei den unterschiedlichen Herstellern. Da es noch kein genormtes Prüfverfahren gab, konnten sich die Hersteller ein eigenes Verfahren überlegen – somit sind die Angaben nicht vergleichbar. Dies hat sich durch die Einführung der Norm geändert. Jetzt gibt es eine Einteilung in vier Leistungsklassen, abhängig vom Luftvolumenstrom.

Tabelle 12: ***Auszug aus der DIN 14963***

Leistungsklasse	Ermittelter Volumenstrom in m³/h
1	< 6 000
2	> 6 000 und < 12 000
3	> 12 000 und < 18 000
4	> 18 000

5.3.4 Antriebsarten

Im Bereich der Antriebe für Lüfter gibt es laut DIN 14963 aktuell drei Techniken:

- Wasseranschluss,
- Elektromotor mit und ohne Akku,
- Verbrennungsmotor.

Am weitesten verbreitet sind die Antriebsarten mit Elektro- und Verbrennungsmotor, weshalb an dieser Stelle auch nur hierauf eingegangen wird.

Der Elektroantrieb ist leiser als ein Verbrennungsmotor und hat den Vorteil, dass er selbst keine Abgase produziert. Auch ist ein mit einem Elektromotor ausgestatteter Lüfter in jeglicher Position einsetzbar und hat nicht das Problem des Abwürgens, wie beim Verbrennungsmotor. Nachteilig wird oft die zu verlegende Stromleitung angeführt. Dies kostet in der Einsatzerstphase viel Zeit und stellt eine zusätzliche Stolperquelle dar. Durch den Einzug der Akkutechnik wird dieses Problem aber zunehmend an Bedeutung verlieren.

Bild 76: ***Akku- und E-Lüfter***

Das große Plus des Verbrennungsmotors ist seine geringe Rüstzeit und oftmals im Verhältnis zur Akkutechnik größere Leistung. Selbst mit einem verhältnismäßig kleinen 16 Zoll Lüfter kann man bei jeglicher Art von Gebäudebränden effektiv ventilieren. Nachteilig sind hier durch den Verbrennungsmotor produzierte Abgase bei der Entrauchung nach Brandereignissen. Diese werden mit dem Luftstrom ins Gebäude geführt. Selbst mit einem Abgasschlauch ist diese Gefahr gegeben. Weiterhin eignet sich diese Lüfterart nur für einen Aufstellort außerhalb des verrauchten Bereichs, da der Verbrennungsmotor Frischluft benötigt.

Bild 77: ***Lüfter mit Verbrennungsmotor und Abgasschlauch***

5.4 Einsatzgrundsätze

Die Einsatztaktik »Ventilation« kann grundsätzlich nie allein erfolgen. Ohne einen (in welcher Art auch immer vorgetragenen) Löschangriff kann die taktische Ventilation nicht erfolgreich sein. Sie ist somit immer als ergänzende Einsatztaktik zu sehen. Auch ohne die taktische Ventilation könnten wir eine Brandbekämpfung durchführen. Allerdings können durch die richtige und gezielte Anwendung viele Vorteile für die eigenen Kräfte, die Betroffenen und die Schadensminimierung erreicht werden. Das folgende Kapitel beschäftigt sich mit den Einsatzgrundsätzen, die bei jeglicher Anwendung der taktischen Ventilation mit Lüftern zu beachten sind. Auch werden hier einige Gefahren und Stolpersteine aufgezeigt, die es zu umgehen gilt. Allgemein kann hier nur erwähnt werden, dass zur Umsetzung und Implementierung dieser im Buch vorgestellten Einsatztaktiken eine kontinuierliche Aus- und Fortbildung erforderlich ist. Dies gilt insbesondere für den Bereich der offensiven Ventilation.

5.4.1 Entscheidungskriterien

Wann ist eine Ventilation möglich?

Nicht an jeder Einsatzstelle und bei jedem Brandereignis ist eine taktische Ventilation sinnvoll oder zumindest uneingeschränkt anwendbar. In ▶ Kapitel 3 »Grundlagen

Raumbrand« wurde der Unterschied zwischen einer ventilationskontrollierten und einer brennstoffkontrollierten Verbrennung erklärt (Energiefreisetzung). Dies hat großen Einfluss auf die grundsätzliche Einsatzmöglichkeit der taktischen Ventilation mit Lüftern.

Handelt es sich um eine brennstoffkontrollierte Verbrennung, ist die Maßnahme der taktischen Ventilation grundlegend immer möglich. Diese rein brennstoffkontrollierten Vorgänge sind bei Wohnungsbränden, gerade in energieoptimierten Wohngebäuden (Niedrigenergiehäuser), selten anzutreffen. Man kann hier davon ausgehen, dass jegliches Brandereignis, das über das Stadium »Entstehungsbrand« hinausgegangen ist, keine rein brennstoffkontrollierte Verbrennung mehr ist. Ohne kontinuierlich ausreichende Sauerstoffzugabe geht jedes Feuer in einen ventilationskontrollierten Brand über. Auch in diesem Fall ist eine taktische Ventilation möglich. Allerdings muss hier im Voraus berücksichtigt werden, dass ab dem Zeitpunkt der Ventilation das Feuer wieder stark an Intensität gewinnen kann. Hier kommt es dann auf ein schnelles Agieren der Trupps im Innenangriff an. Wenn möglich sollte auch hier versucht werden, durch vorgeschaltete Maßnahmen (wie z. B. den Fensterimpuls), den Brandraum und den Brandherd abzukühlen. So verschafft man dem vorgehenden Trupp mehr Zeit und außerdem minimiert man dadurch die Wahrscheinlichkeit der Entstehung von extremen Brandphänomenen.

Kontraindikation »Personen in der Abluftöffnung«

Bei der Lageerkundung und Planung gilt allgemein ein besonderes Augenmerk bezüglich der betroffenen Personen. Stellt man hierbei fest, dass sich eine zu rettende Person direkt in der Abluftöffnung befindet, ist eine taktische Ventilation nicht möglich. Hierdurch würde die Person nämlich direkt im Strömungskanal der heiß abgeführten Brandgase stehen und sich unweigerlich noch mehr verletzen. Bis zur Rettung dieser Person muss versucht werden, möglichst wenig zusätzliche Strömung im Gebäude zu erzeugen. Hat man nach der Erkundung hingegen keine Person in der Abluftöffnung gesehen, kann mit der Ventilation gestartet werden. Dies ist auch möglich, wenn noch nicht klar ist, ob sich noch Personen in dem vom Brand betroffenen Bereich befinden. Gleiches trifft natürlich auch für Einsatzkräfte zu. Auch hier muss sichergestellt werden, dass sie sich bei einer taktischen Ventilation nicht direkt in der Abluftöffnung befinden.

Bild 78: ***Einsatzkraft in Abluftöffnung – keine Ventilationsmaßnahmen starten!***

5.4.2 Chancen

Bei richtiger und frühzeitiger Anwendung der taktischen Ventilation können im Einsatzverlauf viele Vorteile erzielt werden:

Besser Sichtverhältnisse: Der wahrscheinlich größte Vorteil ist die Reduzierung der Entrauchungszeiten. Damit ist die Zeit gemeint, die benötigt wird, um einen Brandraum/Brandobjekt von Rauch zu befreien. Durch die richtig eingesetzte natürliche, hydraulische oder maschinelle Ventilation kann die Entrauchungszeit mehr als halbiert werden. Schon nach kurzer Zeit können die eingesetzten Kräfte sich durch die bessere Sicht schneller vorwärtsbewegen und besser orientieren. Die Verrauchung ist zwar noch nicht ganz verschwunden und es werden durch den Brand auch neue Rauchgase nachgeführt, aber die kontinuierliche Abfuhr von Rauchpartikeln verbessert die Sichtverhältnisse enorm.

Schnelleres Retten von Personen: Durch die verbesserten Sichtverhältnisse können potenzielle Personen im verrauchten Bereich schneller gefunden werden. Somit verkürzen sich auch die Rettungszeiten und es steigen die Überlebenschancen der Betroffenen. Ein weiterer Vorteil ist hierbei auch die Reduzierung der für Mensch und

Tier giftigen und heißen Brandgase. Untersuchungen belegen, dass ein Großteil der Opfer von Wohnungsbränden nicht am Feuer, sondern am Inhalieren der giftigen und heißen Brandgase gestorben sind (Taylor, Francis, Fielding, 2023; Antonio, Castro, Freire, 2013). Durch die taktische Ventilation wird die Konzentration dieser Brandgase schnell gesenkt. Somit steigen auch die Überlebenschancen weiter.

Sicheres Vorgehen für die eingesetzten Trupps: Durch die Erzeugung einer gerichteten Strömung bei der taktischen Ventilation verschiebt sich innerhalb des Brandobjektes auch die Rauchgrenze. Die Grenze wandert Richtung Brandherd. Gehen die Kräfte nun taktisch richtig vor, dann dringen sie mit der Strömungsrichtung in das Objekt ein. Somit wird die Rauchgrenze vor ihnen hergeschoben. Neben der besseren Sicht bei der Personensuche wird gleichzeitig auch der Rückzugsweg sicherer. Gerade dieser Aspekt und auch die Tatsache, dass die Trupps nicht mehr bei Nullsicht in einem für sie unbekannten Objekt arbeiten müssen, nimmt viel psychischen Stress von den Einsatzkräften. Sie fühlen sich unter besseren Sichtverhältnissen sicherer, arbeiten schneller und machen weniger Fehler. Auch die physische Belastung wird gesenkt. Durch die geringe Konzentration der Brandgase sinkt auch die Atmosphärentemperatur. Dies und die Tatsache, dass die Trupps nun größtenteils stehend arbeiten können, führt zu einer Reduzierung der körperlichen Belastung. Somit wird dadurch auch die Sicherheit erhöht.

Schadensminimierung: Ein nicht zu unterschätzender Aspekt ist die Schadensminimierung. Durch das schnelle Abführen der heißen Brandgase wird der Schaden an Gebäude und Einrichtung minimiert. Auch der Rauchschaden kann hierbei reduziert werden. Obwohl fast immer nach einem größeren Brandgeschehen in einem Gebäude zumindest eine Teilsanierung erforderlich ist, kann die schnelle Entrauchung zur Reduzierung der Schäden beitragen. Weiterhin erfolgt durch die besseren Sichtverhältnisse bei der Brandbekämpfung ein effizienterer Einsatz von

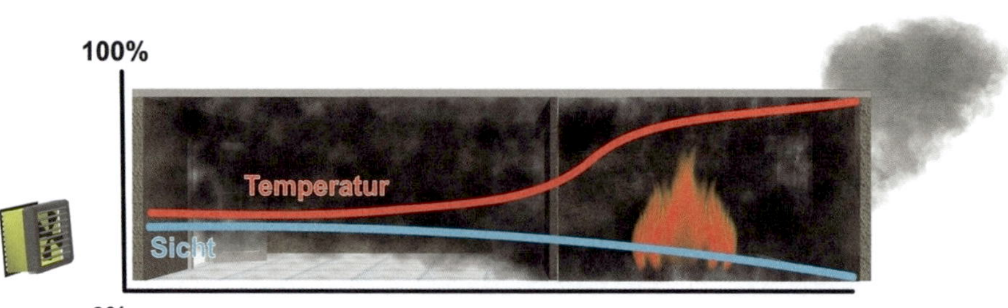

Bild 79: ***Verlauf von Temperatur und Sichtverhältnissen vor dem Einsatz von Lüftern***

Löschwasser, somit wird die Gefahr von Wasserschäden vermieden oder zumindest deren Ausmaß reduziert.

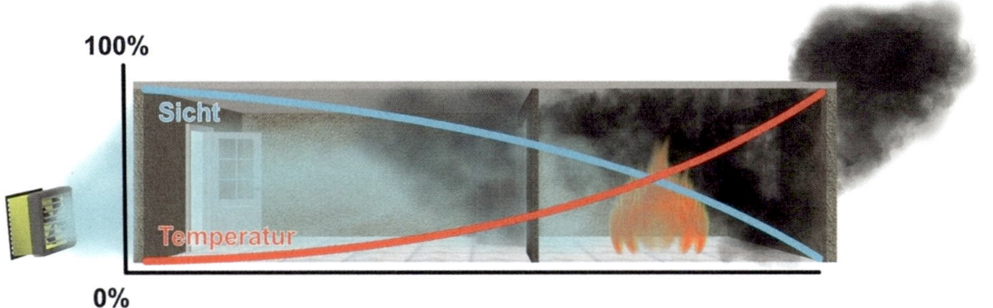

Bild 80: *Verlauf von Temperatur und Sichtverhältnissen während dem Einsatz von Lüftern*

5.4.3 Gefahren

Wie bei fast allem gibt es neben den sich bietenden Chancen auch immer eine Reihe an Gefahren, die bei der taktischen Ventilation beachtet werden müssen. Bei allen getroffenen Maßnahmen gilt es, diese immer in Hinterkopf zu haben und im Führungskreislauf bei der Lageplanung zu beachten.

Erhöhung der Brandintensität: Sinn und Zweck der taktischen Ventilation ist die Verbesserung der Situation für die Einsatzkräfte und die der potenziell Betroffenen. Dies erfolgt hauptsächlich durch die Abführung von Brand- und Rauchgasen durch die zielgerichtete Durchströmung des Brandobjektes mit Luft. Nun ist eine Grundvoraussetzung für die Verbrennung der Sauerstoff, welcher jetzt hierbei direkt über die Luft dem Feuer zugeführt wird. Somit kommt es unweigerlich zu einer Steigerung der Brandintensität durch den erhöhten Sauerstoffgehalt. Um diese Zunahmen der Brandintensität so klein und kurz wie möglich zu halten, muss man diese Überlegung mit in die Einsatztaktik einbauen. Es macht hierbei nämlich nur Sinn, mit der taktischen Ventilation zu starten, wenn der vorgehende Trupp auch einsatzbereit für den Innenangriff ist. Das beinhaltet neben dem abgeschlossen Schlauchmanagement auch die Entlüftung des Strahlrohrs und Anschließen an den Lungenautomaten. So kann die Zeit vom Starten der Ventilation bis zur ersten Löschwasserabgabe kurz gehalten werden.

Brandausbreitung innerhalb des Gebäudes: Durch den gerichteten Luftstrom bei der taktischen Ventilation kommt es auch zu einer gerichteten Brandausbreitung. Diese wird immer in Richtung des hierbei erzeugten Luftstromes erfolgen. In diesem

Fall also immer Richtung Abluftöffnung. Die Brandausbreitung wird auch schneller erfolgen als ohne eine Ventilationsmaßnahme. Genau wie bei der Brandintensität ist auch diese Gefahr durch ein schnelles Vorgehen des Trupps gut zu bewältigen. Da ja auch die Sichtverhältnisse auf dem Angriffsweg besser werden, beschleunigt sich das Vorgehen nochmals.

Flammenüberschlag an der Abluftöffnung: Durch die Ventilation werden große Mengen von Brand- und Rauchgasen an der Abluftöffnung ins Freie geführt. Diese können noch große Anteile an brennbaren Gasen (Pyrolysegase) enthalten. Die Pyrolysegase können sich nun direkt an der Abluftöffnung mit frischem Sauerstoff der Außenluft vermischen und durch eine Zündquelle leicht entzünden. Es ist also keine Seltenheit, dass an der Abluftöffnung bei entwickelten Gebäudebränden lange Flammenzungen austreten und an der Außenwand des Gebäudes nach oben schlagen. Hierbei besteht somit die Gefahr des Brandüberschlages in ein höheres Stockwerk. Ist man sich dieser Gefahr bewusst, kann man durch eine Schlauchleitung im Außenangriff einen Flammenüberschlag leicht verhindern. Wichtig bei dieser Maßnahme ist nur, dass die Wasserabgabe nur den Flammenüberschlag verhindert und nicht unkontrolliert durch das Fenster ins Gebäude erfolgt. So eine Wasserabgabe könnte dann den Trupp im Innenangriff gefährden. Die Brandintensität an der Abluftöffnung lässt keine Rückschlüsse auf die Brandintensität im Gebäude zu. Sie sagt nur aus, dass durch die taktische Ventilation viele brennbare Pyrolyseprodukte durch die Abluftöffnung abgeführt werden.

Bild 81: ***Flammenaustritt an Abluftöffnung***

Trupps zwischen Brandherd und Abluftöffnung: Problematisch ist es, wenn es zum Einsatzbeginn noch keine Abluftöffnung gibt und auch nicht von außen geschaffen werden kann. In diesem Fall muss die Abluftöffnung durch einen Trupp im Innenangriff geschaffen werden. Hierdurch steht der Trupp jetzt zwischen dem Brandherd und der Abluftöffnung. Würde man die Ventilation nun starten, gefährden die heißen Brandgase den arbeitenden Trupp sehr stark. Der Trupp muss also erst wieder gesichert zwischen Zuluftöffnung und Brandherd sein, bevor die Lüftungsmaßnahmen gestartet werden können. Nur dann kann dieser die ganzen Vorteile der Ventilationsmaßnahmen (wie z. B. bessere Sicht) auch wirklich nutzen.

5

Bild 82: ***Keine Ventilation, wenn sich Einsatzkräfte zwischen Brandherd und Abluftöffnung befinden – Lebensgefahr!***

5.4.4 Sicherer Betrieb von Lüftern

Die taktische Ventilation mit Lüftern stellt ein sinnvolles Hilfsmittel bei der Brandbekämpfung für den Einsatzerfolg dar. Voraussetzung für den sicheren Einsatz sind allerdings neben den taktischen Aspekten auch ein paar Sicherheitsregeln im Umgang mit dem Gerät. Grundsätzlich ist ein Lüfter, wie auch jedes andere technische Gerät im Feuerwehreinsatz, nur von unterwiesenen und geschulten Einsatzkräften einzusetzen. Hier kommt gerade der Aus- und Fortbildung mit großen Praxisanteilen eine wichtige Bedeutung zu.

Gefahren durch den Luftstrom: Im Luftstrom vor dem Lüfter sollten sich keine Personen aufhalten. Neben der hierdurch verminderten Leistung für den Einsatzerfolg besteht im direkten Bereich vor dem Lüfter auch Verletzungsgefahr. Kleine Steine oder Partikel könnten angesaugt werden und dann über den Luftstrom ausgestoßen werden. Auf der Haut und insbesondere an den Augen kann es hierbei zu Verletzungen kommen. Ist ein kurzfristiger Aufenthalt in dem Bereich trotzdem nicht zu verhindern, weil es sich z. B. oftmals um den ersten Rettungsweg handelt, dann sollte der Lüfter in diesem Fall kurz weggedreht werden. Für Einsatzkräfte gilt es, immer die vollständige Schutzkleidung zu tragen und idealerweise auch einen Atemanschluss, um sich bestmöglich zu schützen. Wenn möglich sollte der Ansaugbereich und der Abströmkanal des Lüfters frei von kleinen Steinen, Glassplittern oder sonstigen scharfen Gegenständen sein.

Bild 83: ***Lüfter auf losem Untergrund***

Gefahr des Ansaugens von Bekleidungsteilen oder Haaren: Auch lose hängende Bekleidungsteile und Ausrüstungsgegenstände müssen vom Ansaugbereich ferngehalten werden, um ein ungewolltes Ansaugen auszuschließen. Dies gilt auch für lange Haare.

Gefahr durch Lärm: Bei längerer Einsatzdauer sollte im näheren Umfeld vom Lüfter Gehörschutz getragen werden. Die Praxis zeigt hier aber, dass es sinnvoller ist, sich lieber in etwas größerer Entfernung vom Lüfter aufzuhalten. Durch die Lautstärke ist auch Kommunikation, gerade über Funk, quasi nicht möglich. Auch ein Sicherheitstrupp muss nicht direkt am Eingang zum Objekt stehen. Der Aufenthalt im näheren Umfeld ist ausreichend und verlängert die Eingriffszeiten nicht.

Gefahr von Lüftern mit Verbrennungsmotor: Bei den mit Verbrennungsmotor angetriebenen Lüftern sind der Motor und die Abgasanlage heiß. Hier besteht erhöhte Verbrennungsgefahr. Gerade nach dem Einsatz oder beim Versetzen der Lüfter sind Handschuhe zu tragen. Die heißen Teile sind auch der Grund, warum ein Betanken beim laufenden Betrieb und bei noch heißem Motor nicht zulässig ist. Der Kraftstoff könnte sich an den heißen Bauteilen entzünden. Um eine lange Einsatzbereitschaft sicherstellen zu können, sollte der Lüfter nach jedem Einsatz im abgekühlten Zustand wieder betankt werden. Gerade nach der Brandbekämpfung z. B. zur Entrauchung sollte von einem weiteren Betrieb eines Lüfters mit Verbrennungsmotor abgesehen werden. Die durch den Verbrennungsmotor produzierten Abgase werden mit in das Gebäude befördert. Hier sollte idealerweise auf einen Lüfter mit Elektromotor, hydraulische Ventilation oder natürliche Ventilation zurückgegriffen werden. Ist aufgrund der Situation ein Einsatz von einem Verbrennungsmotor unausweichlich, sollte man entweder einen Abgasschlauch einsetzen oder man kann den Lüfter direkt im betroffenen Bereich aufstellen und von dort ins Frei ventilieren. Eine genaue Beschreibung dieser Methode befindet sich unterhalb in ▶ Kapitel 5.5.6

Gefahr von Lüftern mit Elektromotor: Beim Betrieb von Lüftern mit kabelgebundenen Elektromotoren sind grundsätzlich immer die feuerwehreigenen Kabeltrommeln und möglichst auch eigene Stromquellen (Notstromgenerator) zu verwenden. Sollte auf Hausanschlüsse zurückgegriffen werden, ist zwingend eine Personenschutzeinrichtung (z. B. Personenschutzeinrichtung nach VDE 0661) zu verwenden. Es muss weiterhin berücksichtigt werden, dass Stromleitungen immer potenzielle Stolperfallen bedeuten.

5.4.5 Kommunikation

Die Kommunikation an Einsatzstellen entpuppt sich oft als großes Problem. Hierbei gibt es neben technischen Problemen (wie z. B. keine ausreichende Sendeleistung und schlechte Sprachqualität) auch oftmals inhaltliche Verständigungsprobleme. An dieser Stelle soll nur auf den Punkt der Kommunikation beim Lüftereinsatz eingegangen werden. Weitere Tipps zur Kommunikation gibt es im ▶ Kapitel 6 »Operative Taktik«.

Wie schon beschrieben ist die taktische Ventilation mit Lüftern immer als ergänzende Maßnahme zur Unterstützung der Menschenrettung und Brandbekämpfung zu verstehen. Somit kommen aber zusätzlich zur Kommunikation während der Brandbekämpfung noch Informationen der Ventilationsmaßnahmen hinzu. Das führt zu einer Fülle an Mehrinformationen, die aufgenommen und verarbeitet werden müssen. Wichtig hierbei ist, dass die Informationen von der Ventilation (wie z. B. Lüfteraufstellort, Ort der Zuluft- und Abluftöffnung usw.) nur in Kombination mit den Brandbekämpfungsinformationen (wie z. B. »Wo befindet sich der Trupp im Innenangriff?«) zum Erfolg führen können. Da eine taktische Ventilation immer einer sorgfältigen Planung bedarf, ist es Aufgabe der Führungskräfte, diese Gesamtinformationen zu sammeln, filtern und in Befehle umzusetzen. Hierbei muss sich die jeweilige Führungskraft des »Führungsvorgangs« bedienen.

Ein weiterer Gesichtspunkt, warum die Kommunikation so wichtig ist, ist die räumliche Trennung an der Einsatzstelle. Der Trupp für den Innenangriff befindet sich im Gebäude, der Trupp für den Lüfter am Gebäudeeingang und der Trupp für das Schaffen einer Abluftöffnung oftmals auf der Gebäuderückseite. Somit können sich die Trupps nicht sehen. Da die einzelnen Maßnahmen aber in einer bestimmten Reihenfolge ablaufen müssen, ist man auf eine Kommunikation über Funk angewiesen.

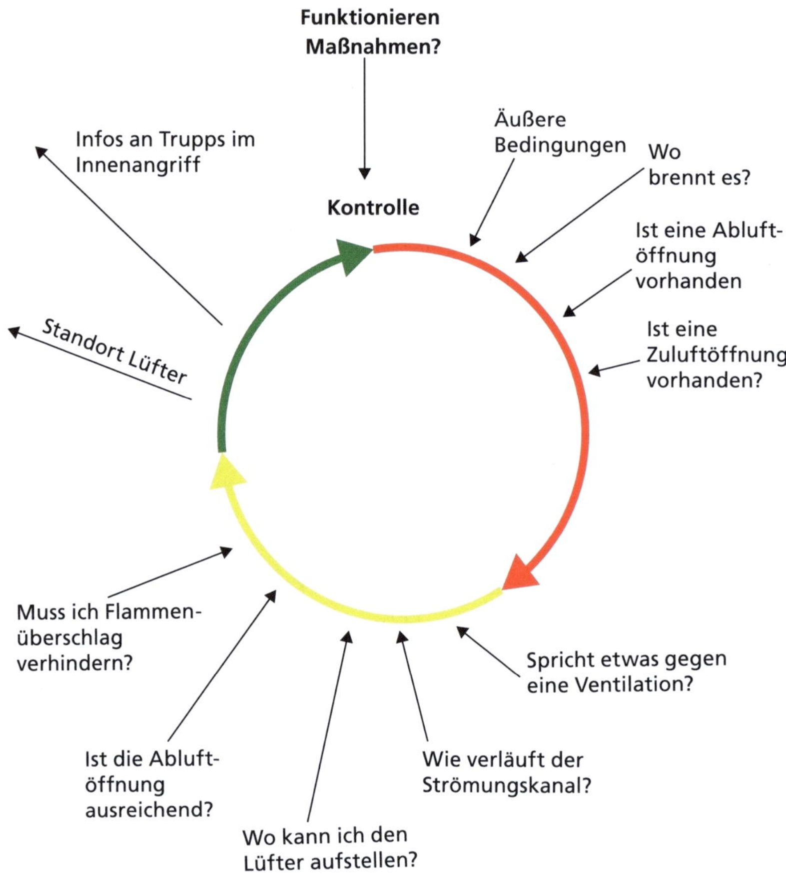

Bild 84: ***Taktische Ventilation im Führungsvorgang***

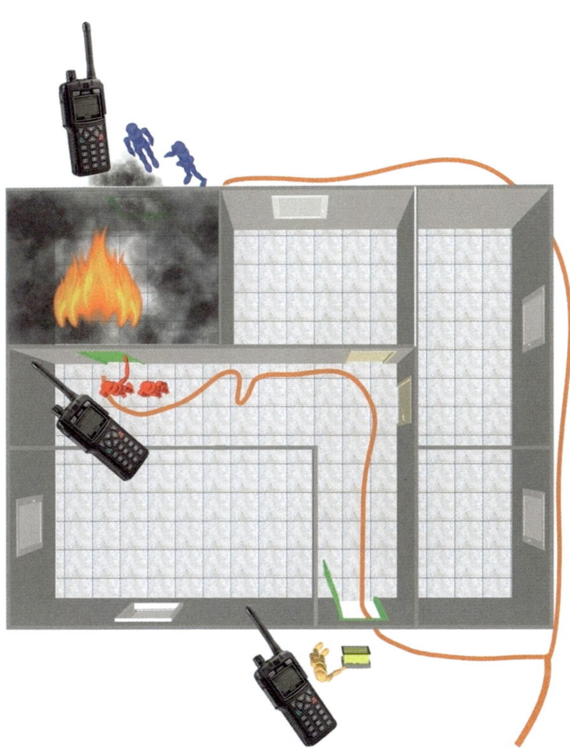

Bild 85: ***Örtliche Trennung bei der Kommunikation***

5.4.6 Aufstellpunkt

Um die Ventilation mit Lüftern möglichst effektiv durchführen zu können, kommt der Wahl des Aufstellpunktes eine große Bedeutung zu. Hier entscheidet sich letztendlich die Effizienz der Lüftungsmaßnahmen. Aber auch hier gilt: Lieber ein suboptimaler Aufstellpunkt als gar keine Ventilation. Bei der Wahl des Aufstellpunktes gilt es, einige Punkte zu beachten. Neben der bereits zuvor angesprochenen Unfallgefahr durch Aufstellung auf z. B. Schotter gilt es vornehmlich, den richtigen Abstand zur Zuluftöffnung zu wählen und den Bereich um den Lüfter selbst möglichst freizuhalten.

Je nach vorhandener Lüftertechnologie muss auch der Abstand entsprechend gewählt werden; nähere Angaben sind meistens in den jeweiligen Bedienungsanleitungen enthalten. Grob lassen sich aber folgende Abstände anwenden, welche für Standardtüren als Lufteintrittsöffnung gelten. Die hier vorgeschlagenen Abstände sind absichtlich in Schritten angegeben, damit es praxisnah ist. Dabei ist es im Endeffekt egal, ob die Schritte eine körperlich große oder eine kleine Einsatzkraft macht. Bei der geringen Anzahl an Schritten sind die Unterschiede gut verkraftbar.

Die Propellertechnologie entfaltet ihren optimalen Wirkungsgrad bei ca. zwei Schritten Abstand von der Tür. Da die Luftaustrittsgeschwindigkeit bei dieser Technologie geringer ist als bei den Turbolüftern, verliert der erzeugte Luftkegel schnell an Effektivität.

Bild 86: ***Einsatz eines Propellerlüfters***

Bei der Technologie der Turbolüfter hat man einen größeren Spielraum. Diese Technologie beruht auf dem Injektionsprinzip an der Zuluftöffnung. Weiterhin ist die Luftaustrittsgeschwindigkeit dieser Lüftertechnik wesentlich höher, was auch den erzeugten Luftkegel länger konstant hält. Diese Lüftertechnologie sollte man idealerweise drei Schritte von der Zuluftöffnung entfernt anwenden. Aber selbst bei einem Abstand von bis zu sechs Schritten ist diese Technik noch effektiv.

Bild 87: ***Einsatz eines Turbolüfters***

Mit dieser Technologie ist somit auch ein Ventilieren über Treppen nach oben oder auch nach unten möglich. Hierfür muss es nur möglich sein, den Neigungswinkel des

Ventilators zu verstellen. Wichtig bei dieser Art der Ventilation ist nämlich, dass der Luftkegel weiterhin auf die Türmitte ausgerichtet ist.

Praxis-Tipp:

Als Gedankenstütze für den optimalen Abstand des jeweiligen Lüfters, kann dieser direkt gut leserlich auf dem Lüfter vermerkt werden. Dies bietet sich besonders an, wenn man unterschiedliche Technologien innerhalb einer Feuerwehr einsetzt.

Bei der Aufstellung des Lüfters ist darauf zu achten, dass dieser auch »atmen« kann. Nur wenn der Bereich um den Lüfter zu allen Seiten frei ist, kann dieser auch effektiv Luft ansaugen und diese über das Lüfterrad dann Richtung Zuluftöffnung transportieren. Ungünstige Aufstellpunkte wären z. B. direkt neben einer Wand oder Hecke. Auch muss man im Einsatzverlauf darauf achten, dass keine Gegenstände direkt neben den Lüfter gestellt werden. Gerade Trupps in Bereitstellung legen ihr Material oftmals direkt neben dem Lüfter ab. Als Faustformel kann man hier mitnehmen, dass der Bereich einen Meter um den Lüfter nicht verbaut sein darf, um die größte Effektivität zu gewährleisten.

Bild 88: ***Tragekorb neben Lüfter – beeinträchtigt die Lüfterleistung!***

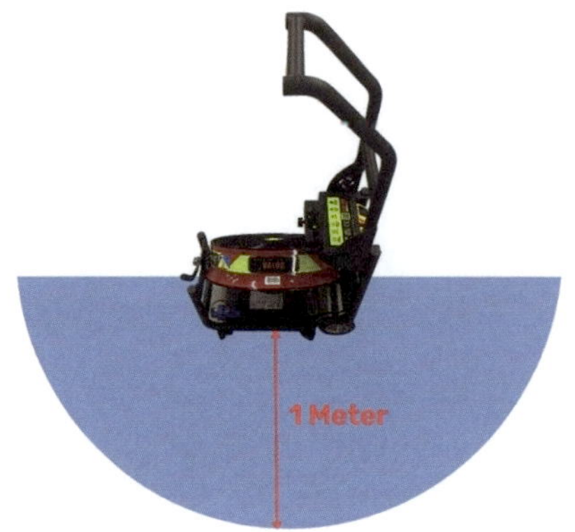

Bild 89: ***Erforderlicher freier Bereich um den Lüfter***

5.5 Tipps für die Praxis

5.5.1 Lüftereinsatzbereitschaft

Bei der Ventilation mit Lüftern kommt es auf den richtigen Zeitpunkt an. Daher sollten Lüfter möglichst frühzeitig aufgestellt werden, um »vor die Lage zu kommen«. Auch muss gewährleistet sein, dass der Lüfter bei Ventilationsbeginn auch funktioniert und nicht z. B. abwürgt oder sich von vornherein nicht starten lässt. Diesen Fehler kann man am ehesten ausschließen, wenn man den Lüfter schon vor Beginn der Ventilationsmaßnahmen startet. Somit ist es also sinnvoll, den Lüfter frühzeitig

Bild 90: ***Lüfter 90° gedreht zum Brandobjekt***

auf dem möglichst idealen Aufstellpunkt zu platzieren. Um aber noch keinen Luftstrom im Brandobjekt zu erzeugen, wir der Lüfter um 90° zur Zuluftöffnung gedreht. Dann wird er gestartet und somit die Einsatzbereitschaft überprüft. Wenn die Ventilation gestartet werden soll, muss der Lüfter jetzt nur noch um 90° zum Objekt gedreht werden. Ein weiterer Vorteil dieser Vorgehensweise ist, dass jede Einsatzkraft gleich erkennen kann, ob eine Ventilation aktuell läuft oder noch in Vorbereitung ist.

5.5.2 Rettungsventilation

Der Begriff der Rettungsventilation setzt sich im deutschen Feuerwehrwesen immer mehr durch. Dabei handelt es sich um den Einsatz von Lüftern zur Unterstützung einer Brandbekämpfung/Menschenrettung. Der Ablauf erfolgt hierbei nach einem festen Schema:

- Erkundung und Bestimmung einer Abluftöffnung,
- der Angriffstrupp bereitet sich direkt vor der noch geschlossenen Brandwohnung auf den Innenangriff vor,
- der Lüfter wird in Stellung gebracht,
- die Abluftöffnung wird von außen geschaffen (wenn nicht schon vorhanden),

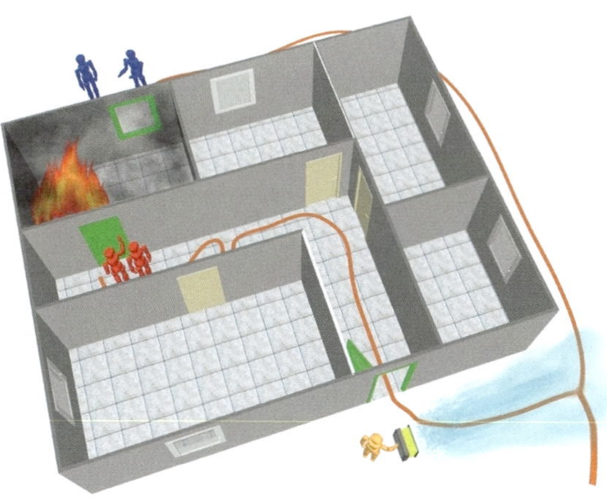

Bild 91: ***Vorbereiten der Rettungsventilation***

- sofern taktisch möglich und sinnvoll, wird ein Fensterimpuls gesetzt (Fachempfehlung Brandbekämpfung zur Menschenrettung VdF/IDF u. AGBF NRW sowie ▶ Kapitel 8.2 »Szenario 2 | Feuer Erdgeschoss«),
- der Angriffstrupp geht vor, der Lüfter wird eingesetzt.

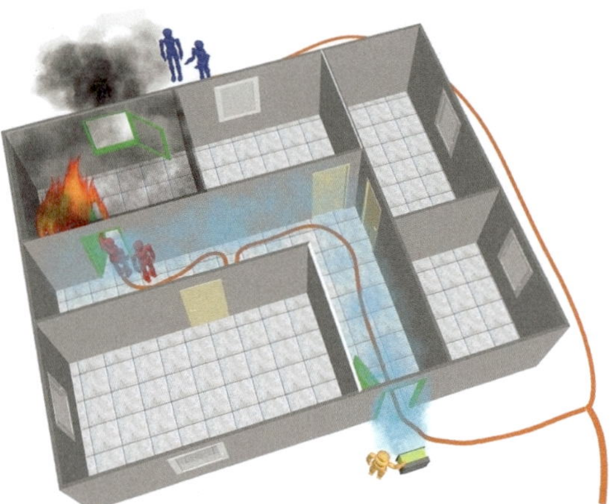

Bild 92: ***Durchführen der Rettungsventilation***

Was in der Theorie ziemlich einfach klingt, bedarf in der Praxis aber einiges an Übung. Die einzelnen Schritte sind nicht schwer – das Hauptproblem ist meistens die Kommunikation. Die Schritte müssen zwingend nacheinander abgearbeitet werden, ansonsten ist die Gefahr einer schnellen Brandausbreitung zu groß. Weiterhin müssen folgenden Punkte beachtet werden:

- An der Abluftöffnung kann es zu einer erhöhten Brandintensität kommen, da durch diese Maßnahmen unverbrannte Pyrolysegase mit der Umgebungsluft gemischt werden. Hier besteht also die Gefahr eines Flammenüberschlages in ein höheres Stockwerk. Dies kann durch einen Strahlrohreinsatz verhindert werden. Wichtig dabei ist, dass hierbei kein Wasser in die Abluftöffnung gegeben wird, sondern nur der Flammenüberschlag verhindert wird.
- Es dürfen sich keine Personen in der Abluftöffnung befinden. Sollten noch Personen an der ausgewählten Abluftöffnung zu sehen sein, so kann die Rettungsventilation nicht angewendet werden. Die Gefahr von Verbrennungen ist in diesem Fall zu hoch.

5.5.3 Einsatz von Lüftern im Gebäude

In den letzten Jahren hat die Akkutechnik immer mehr Einzug im Feuerwehrwesen erhalten. Auch in der Lüftertechnik kommen immer mehr akkubetriebene Lüfter zum Einsatz. Da diese Art der Lüfter sehr mobil sind und zusätzlich keine Abgase produzieren (wie Verbrennungsmotoren) oder Frischluft benötigen, ist hier auch ein Einsatz im Gebäude gut möglich. Gerade in größeren Objekten (wie z. B. Mehrfamilienhäusern) ist es sinnvoll, den Lüfter direkt vor der Brandwohnung zu positionieren. Hierbei wird der Lüfter meistens vor der Wohnungstür der betroffenen Wohnung aufgestellt. Es müssen folgende Punkte dabei beachtet werden:

- Auch bei dieser Art der Ventilation darf der Lüfter nur eingesetzt werden, wenn eine Abluftöffnung in der Brandwohnung vorhanden ist.
- Es muss dafür gesorgt werden, dass ausreichend Zuluftöffnungen in dem Objekt vorhanden sind, damit der Lüfter effektiv arbeiten kann. Neben

Bild 93: ***Lüftereinsatz im Gebäude***

dem Gebäudeeingang können auch weitere Öffnungen im Treppenraum erforderlich sein.

- Zur Unterstützung der Zuluft kann ein weiterer Lüfter vor den Hauseingang gestellt werden.
- Im Gebäude sollte der Lüfter nicht direkt an einer Wand aufgestellt werden. Dieses vermindert die Leistung.
- Auch wenn der Lüfter einen Rauchaustritt aus dem verrauchten Bereich verhindern soll, sollte zusätzlich immer noch ein mobiler Rauchverschluss eingesetzt werden. Dieser dient dann als Rückfallebene.

5.5.4 Reihen und Parallelschaltung

Oftmals sind an größeren Einsatzstellen auch mehrere Lüfter vorhanden. Diese können dann auch gleichzeitig eingesetzt werden, um die Luftleistung zu steigern. Dabei gibt es prinzipiell zwei Möglichkeiten. Entweder man stellt die Lüfter in Reihe oder parallel zur Zuluftöffnung auf.

Tests beider Varianten haben ergeben, dass eine parallele Aufstellung der Lüfter effektiver ist als eine Reihenschaltung. Die Gesamtluftleistung ist in diesem Fall höher. Nur dort, wo eine Parallellüftung aus Platzgründen nicht möglich ist, kann eine Reihenlüftung einen kleinen zusätzlichen Effekt bringen. Bei einer Parallellüftung müssen folgende Punkte beachtet werden:

- Die Lüfter sollten nicht direkt nebeneinanderstehen. Zwischen ihnen sollte ca. 1 bis 1,5 m Platz sein, damit jeder Lüfter effektiv arbeiten kann.
- Durch die Positionierung mehrerer Lüfter vor dem Gebäude können diese nicht im 90° Winkel zum Gebäude ausgerichtet werden. Der Winkel sollte aber möglichst steil gehalten werden.
- Von der Zuluftöffnung sind die gleichen Entfernungen einzuhalten, wie beim Einsatz von nur einem Lüfter.

Bild 94: ***Parallellüftung (links) und Reihenlüftung (rechts)***

5.5.5 Überdruckbelüftung (defensive Ventilation)

Um in einem Brandeinsatz einen noch nicht verrauchten Bereich zu schützen, kann man auch hier die Lüftertechnik einsetzten. Dies ist gerade bei Mehrfamilienhäusern mit einem noch nicht betroffenen Treppenraum, über welchen kein Löschangriff erfolgen soll, interessant.

Im Prinzip wird hier eine Art »Sicherheitstreppenraum« erzeugt. Hierfür wird der zu schützende Bereich ohne das Schaffen einer Abluftöffnung ventiliert. Es entsteht hierdurch dann ein geringer Überdruck. Dieser sorgt dafür, dass Rauch aus dem Brandbereich nicht durch kleine Öffnungen (wie z. B. Türspalte) oder durch das versehentliche Öffnen einer Tür zum Brandraum in den geschützten Bereich eindringen kann. Hierbei müssen folgende Punkte beachtet werden:

- Sobald der geschützte Bereich als Angriffsweg für die Feuerwehr genutzt wird, wird aus der defensiven Ventilation eine offensive Ventilation.
- Bei einer defensiven Ventilation führen versehentliche Öffnungen Richtung Brandbereich zu einer schlagartigen Änderung der dortigen Strö-

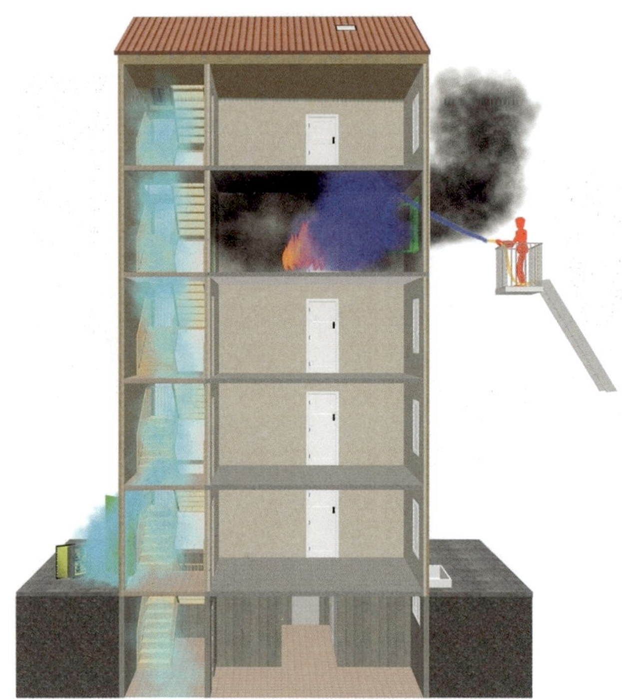

Bild 95: ***Sicherung des Rettungsweges mittels Lüfter und Brandbekämpfung über Drehleiter***

mungsverhältnisse. Das kann für eingesetzte Trupps, die sich gerade über einem alternativen Angriffsweg bei der Brandbekämpfung befinden, gefährlich sein.

- Bei dieser Art der Ventilation sollte möglichst auf akkubetriebene oder kabelgebundene Elektrolüfter zurückgegriffen werden. Lüfter mit Verbrennungsmotoren würden zusätzlich Abgase in den zu schützenden Bereich bringen.

5.5.6 Entrauchen mit Verbrennungsmotor-betriebenen Lüftern

Hauptsächlich sollen Lüfter bei der Brandbekämpfung unterstützen. Aber auch zur Entrauchung nach Brandereignissen sind sie sehr hilfreich. Oftmals werden sie hierbei an der Zuluftöffnung zum Brandobjekt aufgestellt. Bei Lüftern mit Verbrennungsmotoren besteht hierbei, selbst mit dem Einsatz eines Abgasschlauches, immer die Gefahr von zusätzlichen Abgasen in nicht betroffenen Bereichen. Um dieses Problem zu lösen, bietet sich die Positionierung des Lüfters direkt im Brandobjekt vor der Abluftöffnung an.

Bild 96: ***Lüfter vor Abluftöffnung im Brandraum***

Bei dieser Art des Lüftereinsatzes werden die restlichen Rauchpartikel entweder von dem Lüfter direkt angesaugt oder durch die Injektorwirkung des Luftstroms direkt durch die Abluftöffnung ins Freie befördert. Der Einsatz eines Abgasschlauches ist hierbei auch nicht erforderlich, da die entstehenden Abgase direkt mit ins Freie befördert werden. Ein weiterer positiver Effekt ist die geringe Geräuschkulisse direkt vor dem Objekt bei den Aufräumarbeiten. Hierbei müssen folgende Punkte beachtet werden:

- In dem Brandraum muss ausreichend Luftsauerstoff vorhanden sein, damit der Verbrennungsmotor arbeiten kann.
- Da die Abluftöffnung meistens ein Fenster ist, bietet es sich an, den Lüfter erhöht (z. B. auf einen Tisch) zu stellen.
- Ein Fenster als Ventilationsöffnung bietet nicht den gleichen Querschnitt wie eine Tür. Daher muss der Abstand vom Lüfter dementsprechend angepasst werden, dass die Injektorwirkung weiterhin gewährleistet ist.
- Auch bei dieser Art der Ventilation muss der Strömungskanal gesichert werden.

- Da der Lüfter mit Brandrauch in Berührung kommt, ist mit einer erhöhten Kontaminationsgefahr für den Lüfter zu rechnen.

6 Operative Taktik

6.1 Erkundung

Einsätze können jederzeit auftreten. Mit der Alarmierung sind i. d. R. drei Faktoren bekannt: Ort, Zeit und Wetter.

Ort

Der Ort definiert das Ausrückgebiet und seine Besonderheiten. Es sind sowohl die Straßenbreiten als auch die Parkdichten der Straßen im Ausrückbereich bekannt. Dieser Umstand beeinflusst das Befahren der entsprechenden Straßen mit Großfahrzeugen enorm. Zudem gibt es Erfahrungen hinsichtlich der sich zu bestimmten Tageszeiten bildenden Berufsverkehrstaus und Bahnübergängen, die den Verkehrsfluss erheblich verlangsamen. Die Konsequenz ist eine erschwerte Anfahrt zum Einsatzort. Darüber hinaus sind temporäre Sperrungen von Straßen und Plätzen z. B. für Baustellen oder (Groß-)Veranstaltungen ortspezifische Besonderheiten.

Innerhalb des Ausrückbereiches gibt es unterschiedliche Bebauungen. Wohngebiete mit Mehrfamilienhäusern in geschlossener Reihenbebauung wechseln sich mit Wohngebieten mit freistehenden Einfamilienhäusern, enger innerstädtischer Wohn- und Geschäftsbebauung, Industriegebieten sowie ländlicher Bebauung ab. Damit wechselt auch die verfügbare Wassermenge, die als ausreichende Löschwasserversorgung bezugnehmend auf den Grundschutz angesehen wird, ebenso wie die Anforderungen des Vorbeugenden Brandschutzes aufgrund der sich ändernden Gebäudeklassen.

Zeit

Die Zeit lässt eine Vermutung über die Anwesenheit von Menschen zu: In der Nacht sind in einem Wohnhaus Bewohner anzutreffen, wohingegen Geschäfte meist geschlossen haben und verlassen sind. An Werktagen gehen in Geschäftsgebäuden und Firmen Mitarbeiter und Besucher ein und aus, gegen Abend werden es meist weniger. Außerhalb der üblichen Betriebszeiten ist dennoch mit Menschen zu rechnen, die z. B. für die Sicherheit, Wartung oder Reinigung zuständig sind. Einige Firmen produzieren 24 Stunden am Tag, sieben Tage in der Woche.

Wetter

Das Wetter kann für einen potenziellen Einsatz hilfreich sein, zusätzliche Maßnahmen erforderlich machen oder sogar behindern. Der Wind kann das Feuer anfachen oder es weitertreiben. Er kann aber auch eine einsatztaktische Ventilation unterstützen. Eisige Temperaturen lassen die Wasserleitungen gefrieren und machen den Wärmeerhalt für gerettete verletzte oder zu betreuende Personen unabdingbar. Hohe Temperaturen setzen wiederum den Einsatzkräften zu und erhöhen ihre Belastung. Trockenheit kann eine Brandausbreitung begünstigen.

6.1.1 Eigene Lage – Wer bin ich und wenn ja wie viele?

Die Anzahl benötigter Kräfte an der Einsatzstelle ist zu Beginn stark abhängig vom Meldebild. Ein wichtiger Teil der eigenen Lage ist die Einschätzung und Einplanung der alarmierten Einsatzkräfte im Hinblick auf die Qualifikationen. Je nach Meldebild werden Atemschutzgeräteträger, Drehleitermaschinisten, Fahrer mit Klasse C und Führungskräfte in unterschiedlicher Anzahl benötigt.

Aktuelle Situation BF und FF

Die Alarmierung ehrenamtlicher oder hauptamtlicher Kräfte unterscheidet sich hinsichtlich der Verfügbarkeit sowie der Ausbildung und der damit verbundenen Möglichkeiten zur Fahrzeugbesetzung. Hauptamtliche Kräfte erfahren bei Dienstbeginn, welches Fahrzeug sie auf welcher Position besetzten und wer mit ihnen auf dem Fahrzeug sitzt. Wenn nichts dazwischenkommt, bleibt dies die ganze Schicht so. Ehrenamtliche Kräfte müssen nach dem Eintreffen am Gerätehaus erst entscheiden, wer welche Position besetzten kann damit das jeweilige Fahrzeug ausrücken kann, denn nicht jeder ist Maschinist/-in bzw. Atemschutzgeräteträger/-in. Darüber hinaus müssen auch die Führungspositionen von den entsprechend geeigneten Kräften übernommen werden. Die alarmierten Fahrzeuge rücken vom Feuerwehrgerätehaus aus, sobald sie ausreichend besetzt sind. Dadurch kommt es zu zeitversetztem Ausrücken. Bei einer Alarmierung im Hauptamt rücken alle Fahrzeuge einer Wache nahezu zeitgleich aus. Sind Fahrzeuge von verschieden Wachen alarmiert, ist ebenfalls ein versetztes Eintreffen aufgrund der unterschiedlichen Anfahrtswege an der Einsatzstelle möglich.

Der einsatztaktische Wert der ausrückenden Einheiten richtet sich bei Freiwilligen Feuerwehren nach dem Tag und der Tageszeit. Daraus ergibt sich ein hoher Planungs- und Handlungsbedarf für Führungskräfte, mit wenig Personal und somit auch mit weniger Einsatzmitteln, Einsatzszenarien abzuwickeln. Umso wichtiger wird die Nachforderung von weiteren Kräften. Ein Kirchturmdenken und »Mein-Feuer« Denkweise ist in der heutigen Zeit nicht zielführend. Um einen ersten Eindruck der eigenen Lage nach Alarmierung zu erhalten sind Alarm Apps für Smartphones auf dem Markt verfügbar. Mit verschiedenen technischen Schnittstellen lässt sich dieses Programm mit dem jeweiligen Alarmierungssystem verknüpfen. Zahlreiche Leitstellen sind schon mit derartigen Apps verknüpft.

Mit der Alarmierung wird das Meldebild auf das angebundene Smartphone mit der Adresse, Rückmeldeoptionen und einer Übersicht der eingegangenen Rückmeldungen übertragen. Je nach Option und technischen Mitteln kann dann im Feuerwehrhaus auf einem Monitor angezeigt werden, wer sich wann und mit welcher Qualifikation zurückgemeldet hat. Bei einer Alarmierung kommen Informationen über ein konkretes Ereignis zu den ganz allgemeinen Gegebenheiten hinzu. Das Alarmstichwort sagt aus, um was für eine Schadensart es sich handelt und wie groß der Umfang des Einsatzes eingeschätzt wird. Neben den Informationen zum Schaden ist natürlich die Einsatzadresse ebenso wie eine Angabe zum/zur Meldenden wichtig. An dieser Stelle fließen die allgemeinen Informationen zum Ort bezüglich der Straßenverhältnisse und der Gegend, in der es zum Feuer gekommen ist, stark in die Wahl der Anfahrt ein. Eventuell wird auf der Depesche eine konkrete Anfahrt vorgeschlagen oder es gibt wichtige Hinweise zum Weg.

6.1.2 Kalte Lage – Gebäudebeurteilung (Size-Up)

Sinnvoll ist es, aufmerksam das eigene Einsatzgebiet wahrzunehmen und bei dem einen oder anderen Objekt sich die »Was wäre, wenn …?« – Frage zu stellen. Feuerwehren sind mitunter bei der Erstellung von Einsatzplänen gefordert, sich mit speziellen Gebäuden mit erhöhtem Gefahrenpotential auseinanderzusetzen. Bei hauptamtlichen Feuerwehren mit den Sachgebieten VB und Einsatzplanung ist in diesem Sinne viel Kommunikation notwendig, um u. a. Genehmigungsverfahren erfolgreich abschließen zu können. Der Mehrwert für die Einsatzkräfte des abwehrenden Brandschutzes durch die Voraberkundung der Kalten Lage ist hoch. Die Einsatzabteilung an sich kann in gewissem Maße ebenfalls eine Voraberkundung durchführen. Es wird zwischen der Objektbegehung und dem operativ-taktischem Studium (OTS) unterschieden.

Objektbegehung

Im Rahmen von Führungskräftefortbildungen, Wachdiensten im rückwärtigen Alarmdienst, Nachbesprechungen etc. werden Objektbegehungen durchgeführt. Dazu wird der Kontakt mit dem jeweiligen Objektverantwortlichen aufgenommen und ein Besichtigungstermin vereinbart. Je nach Vorbereitung von Seiten der FW gibt es klare Schwerpunkte bei der Besichtigung. Interessant für die Einsatzkräfte sind u. a.

Anfahrtswege, der Vorbeugende Brandschutz und die Orientierung im und am Objekt.

OTS

Beim operativ-taktischen-Studium gibt es eine klare reproduzierbare Struktur. Es wird unterschieden zwischen den Lernzielen für Führungskräfte und Mannschaft. Die Struktur für das OTS gibt (wenn vorhanden) der Feuerwehrplan vor. Begonnen wird mit einer Theorieeinheit am Standort. Daraufhin fahren die Kräfte mit den Einsatzmitteln zum Objekt. Die Fahrzeugaufstellung wird so durchgeführt, wie sie im Realfall bestenfalls vorgesehen ist. Als Orientierungspunkt fungiert grob der im Feuerwehrplan eingezeichnete Erstanlaufpunkt, bestehend aus Blitzleuchte und FSD. Der Einsatz- oder Übungsleiter kommuniziert in dem OTS auch Bereitstellungsräume für das Gebäude. Das sensibilisiert Mannschaft und Führungskräfte!

Mit dem Ansprechpartner der Liegenschaft wird, unter Verwendung des Feuerwehr- bzw. Feuerwehreinsatzplans, die Begehung begonnen. Je nach Gebäude und Lernziele kann dann auf gewisse Schwerpunkte eingegangen werden. Wo sind Steigleitungen oder Einspeisungen? Wie sind Brandabschnitte voneinander getrennt? Wo sind Gefahrenschwerpunkte? Gibt es CBRN-Gefahren? Auch bei Gebäuden, die nicht als Sonderobjekt mit BMZ und Feuerwehrplänen versorgt sind, ist ein operativ-taktisches Studium (nach einer klaren, reproduzierbaren Struktur) sehr sinnvoll. Vor allem in Anbetracht hochverdichteter Wohnräume und alternativer Energieträger. Moderne Bauweisen mit Wärmedämmverbundsystem o. ä. verstärken den Bedarf wesentlich.

Das OTS hat seinen Ursprung in der DDR und wird bei Feuerwehren in den neuen deutschen Bundesländern regelmäßig angewendet. In anderen Bundesländern ist es als Objektbegehung bekannt, die in unterschiedlicher Tiefe durchgeführt wird. Eine Erkundung besonderer Objekte mit erhöhtem Gefahrenpotential bedarf viel Vorbereitung und somit auch Zeit. Eine enorm wichtige Schnittstelle ist die Brandschutzdienststelle mit dem Vorbeugenden Brandschutz. Im besten Fall »erweitern« erfahrene Einsatzkräfte in diesem Sachgebiet ihren Dienst, um auch aus Sicht des abwehrenden Brandschutzes ein Auge auf kritische Objekte im Einsatzgebiet zu haben.

Einsatzpläne sind von den jeweiligen Feuerwehren zu erstellen. So können im Vorfeld Bereitstellungsräume definiert, Wasserentnahmestellen visualisiert und potenzielle Einsatzschwerpunkte geplant werden. Auf der Anfahrt zu einer Einsatzstelle werden viele Führungsmittel verwendet. Für besondere Objekte muss der Betreiber Feuerwehrpläne erstellen. Hierzu wird ein Planungsbüro beauftragt, das diese Pläne produziert. Maßgeblich dafür ist die DIN 14095. Mit der einheitlichen Struktur geht

G	Größe des Gebäudes	
A	Art der Bauweise	
U	Ursprung (zeitlich)	
B	Benutzung des Gebäudes	
E	Energieversorgung	

Bild 97: ***GAUBE-Regel (Quelle: EINSATZ:Mensch)***

eine Nutzerfreundlichkeit einher. Umso häufiger auf dieses wichtige Führungsmittel zurückgegriffen wird, desto sicherer sind die Einsatzkräfte in Orientierung auf dem Plan und der Transferleistung auf das reale Objekt.

In der Kombination mit Einsatzplänen können wichtige Informationen noch effizienter dem Plan entnommen werden. Die Feuerwehr Hannover z. B. verwendet Feuerwehreinsatzpläne und zeigt, dass Satellitenbilder gepaart mit grafischen Hinweisen eine sehr gute Erstorientierung an der Einsatzstelle ermöglichen. Im weiteren Verlauf der Seiten sind schnell Kontaktdaten zu bekommen, um Objektverantwortliche bzw. Ansprechpartner zu erreichen. Erfahrungsgemäß ist die Pflege der Kontaktinformation sehr zeitaufwendig, aber auch prioritär zu betrachten. Viele Gebäude, vor allem im Wohnungsbau, sind nicht als Sonderobjekte deklariert. Nichtsdestotrotz sind Wohngebäude mitunter sehr komplex. Besonders hervorzuheben sind hier die Umbauten im Bestand.

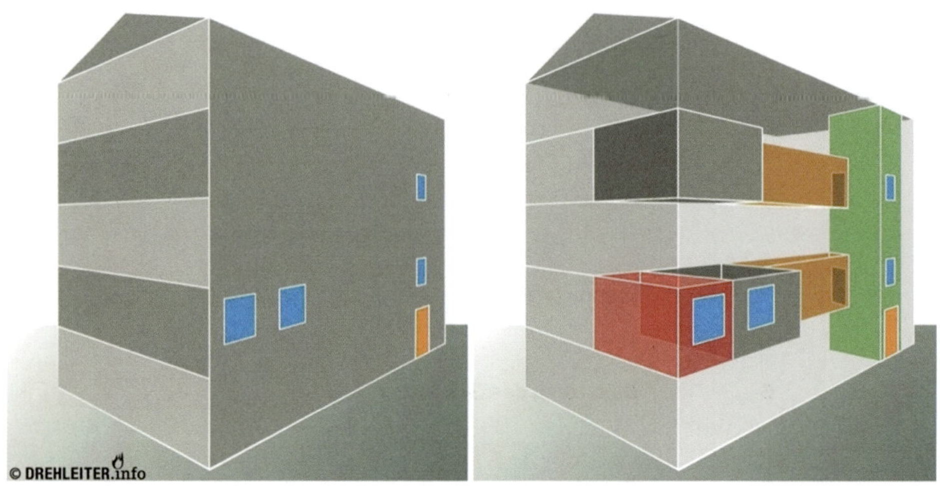

Bild 98: ***Volumenmethode als Hilfsmittel (Quelle: Drehleiter.info)***

6.1.3 Warme Lage – Gefahren und Wirkungen an der Einsatzstelle

6.1.3.1 GAUBE-Regel

Die Gebäudestruktur ist in großen Teilen ausschlaggebend für die mögliche Gefahrenlage. Eine strukturierte Gebäudebeurteilung ist für den bzw. im Einsatz unerlässlich. Diese sollte im Rahmen einer Erkundung kurz, knapp und zielgerichtet durchgeführt werden. Ein Hilfsmittel dafür ist die GAUBE-Regel.

G – Größe

Zur Ermittlung der Einsatzbreite und -tiefe einer Einsatzstelle ist ein Auseinandersetzen mit den Gebäudedimensionen unerlässlich. Zur Klassifizierung der Objektgröße stehen im besten Fall Führungsmittel (wie der Feuerwehreinsatzplan) zur Verfügung. Regelhaft ist dies jedoch nicht. Vielmehr müssen gebäudeeigene Marker genutzt werden, um einen Eindruck zu erhalten, z. B.:

- Klingelschilder,
- Briefkästen,
- Garagen/Stellplätze.

Auch die Anzahl der Geschosse spielt eine wichtige Rolle. Für die Entscheidungsfindung ist von Bedeutung, ob es sich bei dem Gebäude um ein Einfamilienhaus oder ein fünfgeschossiges Wohnhaus handelt. Des Weiteren können wir über die Größenbeurteilung im Vorfeld abwägen, wie hoch der Kräftebedarf bei dieser Schadenlage sein wird. Außerdem lässt sich über die Geschossanzahl eine ungefähre Prognose zur Anzahl der Bewohner tätigen. In vielen Leitstellen ist es üblich, dass die Anzahl der gemeldeten Personen den Kräften auf der Anfahrt mitgeteilt wird.

Volumenmethode als Hilfsmittel zur Größenbeurteilung des Gebäudes: Mithilfe der Volumenmethode können mitunter Treppenräume, Nutzungseinheiten und Flure erkannt werden. Durch das Abschreiten betroffener Gebäudesegmente von außen ist ein Abschätzen der notwendigen Wirkfläche der Einsatzkräfte möglich.

Beurteilung der Einsatzbreite und -tiefe: Aus den gewonnenen Erkenntnissen der Beurteilung zum Punkt »Größe« der GAUBE-Regel kann sich beispielsweise ergeben, wie viele Trupps im Innengriff eingesetzt werden müssen, wie viel Schlauchmaterial verlegt und bewegt werden muss und ob gegebenenfalls Kräfte nachgefordert werden müssen.

6

A – Art der Bauweise

Die Art des Gebäudes kann ein Anhaltspunkt dafür sein, wie resistent bzw. widerstandsfähig eine Gebäudekonstruktion bei Brandeinwirkung maximal sein wird und mit welcher Brandausbreitungsgeschwindigkeit eventuell zu rechnen ist. Hierzu gibt es im ▶ Kapitel 2 »Baukunde« zahlreiche Beispiele.

Antizipieren der Einsatzdauer und des Einsatzverlaufs: Aus den bisherigen Erkundungsergebnissen der GAUBE-Regel zu den Punkten Größe und Art der Bauweise in Verbindung mit Erlerntem und entsprechender Einsatzerfahrung lassen sich schon jetzt (in gewissen Grenzen) Vorhersagen über das weitere Einsatzgeschehen und den Einsatzverlauf treffen.

Antizipation:

(von lat. anticipare »vorwegnehmen«) bezeichnet in der Psychologie und Soziologie die vorwegnehmende gedankliche Erwartung.

Antizipation bezeichnet allgemein die vorausschauende Komponente jedes Erlebens und Verhaltens. Ein Ereignis zu antizipieren heißt, in Betracht zu ziehen, dass ein Ereignis eintreten kann. Es sollen Vorhersagen (Prognosen) über den Ausgang zukünftiger Ereignisse gemacht werden aber auch bei bereits eingetretenen Ereignissen beurteilt werden, welche Folgen Sie auch für den weiteren Verlauf haben. Antizipation spielt für die Schnelligkeit von Entscheidungen und Handlungsabläufen eine wichtige Rolle und findet oft unbewusst statt.

Weitere Vorhersagen zum Einsatzgeschehen und Verlauf können sich aus den weiteren Punkten der GAUBE-Regel – **U**rsprung, **B**enutzung und **E**nergieversorgung – ergeben.

U – Ursprung (zeitlich)

Die Bestimmung des Ursprungs hilft dabei, die ungefähre brandschutztechnische Entwicklung des Hauses einzuordnen. Das Baujahr einer Immobilie lässt sich nicht immer klar erkennen. Eingrenzen lässt sich der Zeitraum aber auf Dekaden. Ein Ende der 50er-Jahre gebautes Haus sieht in der Architektur anders aus als ein 80er-Jahre Haus. Es wurden unterschiedlichste Baustoffe verwendet, Bauteile die früher unabdingbar waren oder die Form des Gebäudes sind mögliche Indikatoren. Viel interessanter sind aber Modernisierungsmaßnahmen. Für die Einsatztaktik bedeutet dies unter Umständen eine zusätzliche Gefahrenquelle, da die Brandentwicklung durch das z. B. als Wärmedämmverbundsystem verbaute Polystyrol extrem zunehmen kann. Auch hier sei auf das ▶ Kapitel 2 »Baukunde« verwiesen.

B – Benutzung

Viele Einsätze der Vergangenheit haben gezeigt, wie unvorhersehbar ein Gebäude sein kann. Zu Beginn können nur Vermutungen aufgestellt werden, wie eine Immobilie genutzt wird. Eine umfassende und zielgerichtete Erkundung sollte hier obligatorisch sein. Ein Wohn- und Geschäftshaus z. B. bietet eine Menge Potential zur Vermengung von Wohn- und Geschäftseigentum. Insbesondere wenn in der unteren Ladenzeile ein Gewerbetreibender seine Dienstleistung anbietet und er ein Geschoss höher wohnt. Da kann es schonmal passieren, dass die eigene Wohnung zum Lagerplatz umfunktioniert wird. Anhand der Erkundung der Nutzungsart lässt sich im Vorfeld die ungefähre Brandlast abschätzen und die Taktik dementsprechend wählen.

E – Energieversorgung

Die Überprüfung der Energieversorgung ist notwendig, um weitere Gefahren zu erkennen. Beispielsweise führen Fernwärme- und Gasleitungen ins Gebäude, geheizt wird zusätzlich mit Holz. Strom lässt sich heutzutage auch selbst produzieren. Zum einen ein großer Erfolg, von fossilen Brennstoffen nicht mehr zu 100 % abhängig zu sein, zum anderen ergeben sich für die Feuerwehr neue Gefahrenquellen, wie beispielsweise durch Photovoltaik Anlagen. Lageabhängig müssen Versorgungsleitungen abgeschiebert oder vom Netz genommen werden, was bei PV-Anlagen nicht immer ohne weiteres möglich ist (▶ Kapitel 2 »Baukunde«).

Die GAUBE-Regel kann problemlos in den Führungsvorgang implementiert werden. Sie kann im Rahmen der Erkundung in Folgedurchgängen Anwendung finden. So lassen sich Überraschungen vermeiden und dynamische Lageänderungen antizipieren.

Info:

Zur »GAUBE-Regel« finden Sie ein kurzes Video im digitalen Anhang dieses Buches. Zugriff unter dl.kohlhammer.de/978-3-17-041100-5 oder einfach per QR-Code.

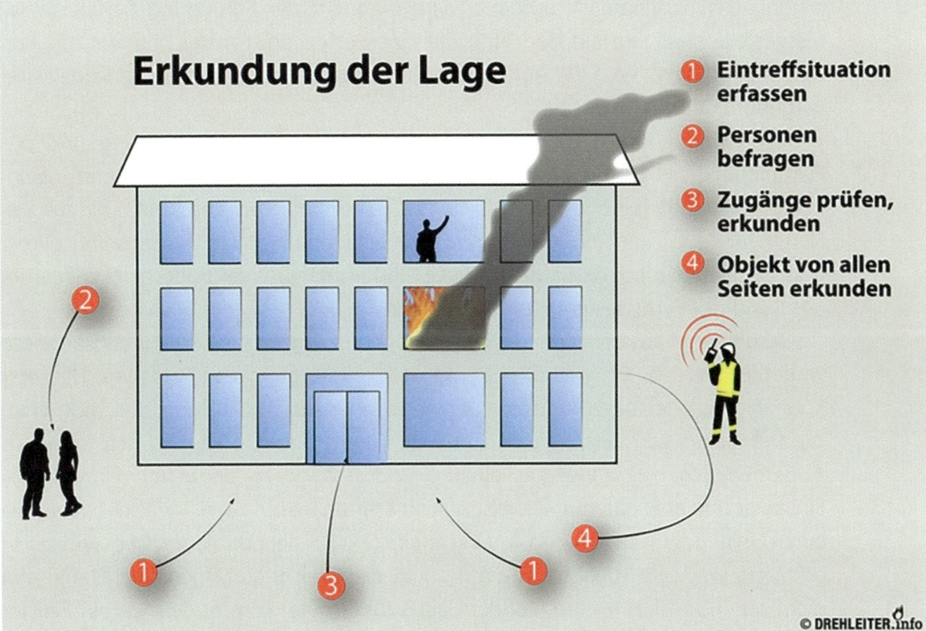

Bild 99: ***Erkundung der Lage (Quelle: Drehleiter.info)***

Mit den vier Phasen der Erkundung lässt sich in kurzer Zeit eine erste Einschätzung realisieren. Zunächst wird beim Eintreffen die Situation erfasst. Einer der ersten Erkundungsergebnisse eines Gebäudebrandes ist die visuelle Wahrnehmung von Rauch. Bei einigen Feuerwehren wird diese visuelle Wahrnehmung auch Fensterblick genannt. Daraus resultiert die Lage auf Sicht, die optimalerweise direkt an die rückwärtige Führungseinrichtung, die Leitstelle, übermittelt wird. Eine etwaige Nachforderung basiert auf dem Soll/Ist Vergleich der alarmierten Kräfte.

Zu diesem Zeitpunkt kann möglicherweise bereits ein Einsatz mit Bereitstellung befohlen werden. Hierfür muss der Zugang bekannt sein. Ein klassisches Ein- oder Mehrfamilienhaus bietet häufig neben einer Hauseingangstür nicht mehr allzu viele Alternativen. Nichtsdestotrotz gibt es eventuell Terrassentüren, Balkontüren oder einen rückwärtigen Eingang. Auch wenn später ein anderer Zugang gewählt und entsprechend längere Schlauchleitungen verlegt werden, wirkt sich ein Einsatz mit Bereitstellung in der Erstphase beschleunigend oder zeitlich neutral aus. Er kann die Einsatzabarbeitung beschleunigen, weil die Mannschaft während der Erkundung schon einen Löschangriff aufbaut. Wird während der Erkundung beispielsweise festgestellt, dass sich auf der Rückseite eine Person am Fenster befindet, die von Rauch bedroht ist, wird der Aufbau des Löschangriffes abgebrochen und eine Leiter vorgenommen.

Neben dem Rauch gibt die Wärmefreisetzung, die Luftströmung und das Flammenbild viel für die Erkundung und Beurteilung preis. Diese Faktoren beeinflussen sich untereinander zusätzlich. Mit einer höheren Luftzufuhr nimmt das Flammenbild zu, mit mehr Flammen geht eine höhere Wärmefreisetzung einher und sorgt letztendlich dafür, dass sich die Menge an Rauch vergrößert, der wiederum aufgrund der Pyrolyseelemente brennbar ist.

Resultierend aus dem ersten Eindruck können zielgerichtete Erkundungsaufträge vergeben werden. Ein wichtiger Punkt ist die Befragung von Personen. Mitunter können diese Personen wertvolle Hinweise über die Anzahl und den möglichen Aufenthaltsort von Personen im Gebäude liefern oder sie kennen den Brandort. Außerdem können sie eventuell einen Grundriss zeichnen, der bei der Planung des Einsatzes und der späteren Einweisung von Kräften helfen kann. Vielleicht haben sie einen Objektschlüssel, der den Zugang erleichtert. Bei der Erkundung ist es wichtig zu erfahren, wie viele Zugänge es gibt und ob diese leicht zu öffnen sind. Dabei sind nicht nur Türen interessant, sondern auch (geöffnete) Fenster. Manch ein Fenster lässt sich leichter gewaltsam öffnen als eine hoch moderne einbruchsichere Haustür. Bei der Erkundung von Türen ist darauf zu achten, wie es dahinter aussieht: Ist der Treppenraum verraucht? Ist die Treppe aus Holz? Antworten Personen? Wie in ▶ Kapitel 4 »Strömungspfade« beschrieben, kann durch das Öffnen einer Tür Einfluss auf den Brandverlauf genommen werden und das Feuer an Intensität zunehmen. Daher ist es ratsam den Zugang, wenn er geschlossen war, so zu verschließen, dass er wieder leicht zu öffnen ist. Mit einem Schlüssel ist dies kein Problem. Wenn allerdings kein Schlüssel vorhanden ist, kann beispielsweise ein Keil helfen.

Um den Einsatz planen zu können sind neben der Frontalansicht des Gebäudes natürlich auch alle anderen Seiten zu erkunden. Hierbei wird auf Schadensmerkmale wie Rauch und Feuer geachtet. Außerdem sind neben den oben schon genannten Personen und Zugängen Stellflächen für tragbare Leitern sowie Aufstellflächen für Hubrettungsfahrzeuge interessant. Im Umfeld des Schadenobjektes sollten zudem Erkenntnisse über eine mögliche Löschwasserversorgung gesammelt werden.

Bestenfalls sind nach der ersten Erkundung alle wichtigen Ergebnisse vorhanden, um den Einsatz planen zu können. Das bedeutet aber nicht, dass ein Objekt vor der Einleitung der Erstmaßnahmen vollumfänglich erkundet sein muss! Eine Führungskraft sollte erkennen, wenn sie genug Informationen für die Einleitung der Erstmaßnahmen hat. Ein Beispiel hierfür ist eine Person am Fenster, aus dem die Flammen schlagen. Wird nicht sofort ein Sprungpolster und eine Leiter für die Person in Stellung gebracht kann es sein, dass sie entweder aus dem Fenster auf den harten Boden springt oder im Feuer zusammenbricht – und in beiden Fällen verstirbt.

Merke:

Die Erkundung eines Gebäudes kann mit einem Würfel verglichen werden:

- **links – rechts,**
- **vorne – hinten,**
- **oben – unten,**
- **innen – außen.**

Daraus ergibt sich, dass der Erkundungswürfel acht Seiten hat.

Die Durchführung der Erkundung kann sich für eine einzelne Führungskraft als schwierig erweisen. Angetroffene zu rettende Personen sollten nicht wieder allein gelassen werden. Damit ist die Führungskraft, die die Person angetroffen hat, gebunden, auch wenn noch mehr zu erkunden ist. In diesem Fall gibt es verschiedene Möglichkeiten: Die denkbar Schlechteste wäre es, die Person allein zu lassen. Über Funk eine Einsatzkraft vom Fahrzeug zu der Person zu beordern, dauert eine gewisse Zeit. Einfacher ist es, von vornherein eine oder mehrere Kräfte mit zur Erkundung zu nehmen. Dies ist unabhängig davon, ob die Führungskraft eine Staffel, eine Gruppe oder einen Zug führt. Auch Erkundungsaufträge können im Rahmen des Führungssystems von der Einsatzleitung an untere Ebenen verteilt werden, um eine ganzheitliche und schnelle Informationssammlung zu leisten.

Während die Erkundung läuft befinden sich die Fahrzeuge ggf. noch in der vorläufigen Aufstellung. Erst im Befehl wird ihnen die endgültige Fahrzeugaufstellung zugeteilt. Eine Ausnahme ist hier der Einsatz mit Bereitstellung. Mit der vorläufigen Fahrzeugaufstellung werden Optionen für die endgültige Aufstellung offengehalten, die sich erst aus der Erkundung und Planung ergeben. Somit wird eine Verdichtung des Raumes minimiert und es können bedarfsgerecht Einsatzfahrzeuge das betroffene Objekt anfahren. Mit einer gut vorgeplanten vorläufigen Fahrzeugaufstellung sind dann auch zeitgerechte Abfahrten von Rettungsmitteln in Richtung Krankenhaus ohne weiteres möglich.

Bevor die Planung begonnen werden kann, müssen die Erkundungsergebnisse zusammengetragen werden. Es empfiehlt sich auch hier für die Führungskraft, ähnlich wie im Befehl, das Gehörte zu wiederholen. So können Missverständnisse minimiert werden.

6.1.3.2 ORTEN-Schema

Die Einsatzstellenorientierung sensibilisiert nicht nur für die räumliche Orientierung, sondern impliziert auch das Situationsbewusstsein und die Aufmerksamkeit, die für Ad-hoc Einsatzlagen notwendig sind. Das ORTEN Schema ist hilfreich, um die Ergebnisse aus der Erkundungsphase strukturiert zu kommunizieren und in die anschließende Planung und Befehlsgebung überzugehen.

O	**Orientierungspunkt festlegen**		Erkundung
R	**Rundumbenennung ABCD....**	C B D A	
T	**Taktikvariante festlegen**	I	Planung
E	**Einsatzort deutlich befehlen**		Befehlsgebung
N	**Nachfrage zum Verständnis**	?!	

Bild 100: ***ORTEN-Schema (Quelle: EINSATZ:Mensch)***

Info:

Zum »ORTEN-Schema« finden Sie ein kurzes Video im digitalen Anhang dieses Buches. Zugriff unter dl.kohlhammer.de/978-3-17-041100-5 oder einfach per QR-Code.

O – Orientierungspunkt festlegen

Der Orientierungspunkt wird nach Eintreffen an der Einsatzstelle in der Erkundungsphase frühzeitig bestimmt. Auf der Anfahrt lassen sich mithilfe der Führungsmittel Informationen gewinnen. Beim Eintreffen an der Einsatzstelle erkundet die ersteintreffende Führungskraft u. a. markante Punkte. Straßenbezeichnungen, Landmarken, Hauseingangstüren, besondere Gebäudeteile oder auch Steigleitungseinspeisungen sind nur einige Beispiele. Kommt keiner der markanten Punkte in Frage, werden mobile Orientierungspunkte verwendet. Hier können dann z. B. Verteiler (beim Einsatz mit Bereitstellung), Warnpyramiden oder Blitzleuchten genutzt werden. Zu diesem Zeitpunkt sind noch nicht alle Informationen vorhanden und es sollte weiter erkundet werden.

R – Rundumbenennung z. B. mit ABCD

Neben der Frontalansicht, dem Befragen von Personen und dem Prüfen der Zugänge bis zur Rauchgrenze, ist die Rundumerkundung elementar. Beim ORTEN-Schema wird gleichzeitig die Benennung der verschiedenen Seiten der Einsatzstelle umgesetzt. So lassen sich Erkundungsergebnisse unmittelbar den mit der beispielhaften Benennung (mit A, B, C, D etc.) definierten Seiten zuordnen.

Vom Orientierungspunkt mit A ausgehend wird dann im Uhrzeigersinn die Einsatzstelle weiter mit Buchstaben benannt. An einem Gebäude sind das die Hausseiten. An einem PKW, LKW oder bei größeren Flächen lassen sich ebenfalls derartige Definierungen verwenden. Ein weiterer großer Vorteil ist die Möglichkeit, seitenabhängige Einsatzabschnitte zu bilden.

T – Taktikvariante festlegen

In der Planungsphase des Führungsvorgangs wird auf der Basis der erkundeten Informationen die Taktikvariante (Angriff, Verteidigung, In Sicherheit bringen oder Rückzug) gewählt (▶ Kapitel 6.2 »Planung«). Aufgrund der im Vorfeld bezeichneten Seiten der Einsatzstelle lässt sich einfach die Taktikvariante dementsprechend zuordnen, z. B. die Verteidigung der benachbarten Gebäude auf der D-Seite bei einem Brandereignis. Grundsätzlich sollte die Taktikvariante nach Vor- und Nachteilen folgender Faktoren abgewogen werden:

- Sicherheit,
- Schnelligkeit,
- Erfolgsaussicht,
- Umweltverträglichkeit,
- Aufwand und
- Gesamtwirkung.

Diese Faktoren gehören beurteilt, um zielgerichtet einen Entschluss über die Art der Einsatzdurchführung zu fassen.

E – Einsatzort deutlich befehlen

Der Einsatzbefehl enthält mind. die Lage, die angesprochene Einheit und den Auftrag. (▶ Kapitel 6.3 »Befehlsausgabe«). Weitere Elemente kommen abhängig der Führungsebene dazu. Ein Zugführer wählt seinem Gruppenführer gegenüber einen eher kooperativeren Weg und ermöglicht ihm mehr Handlungsspielraum. Der Gruppenführer befiehlt beim Einsatz ohne Bereitstellung autoritärer. Hier wird der Einheit der Einsatzauftrag unter Umständen mit dem kompletten Weg vorgegeben. An dieser Stelle können kommunikative Standards und bekannte Strukturen das Verständnis für den Befehl verbessern. Gerade die Ortsangabe führt häufig zu Missverständnissen. Mit dem ORTEN-Schema können Fehler vermieden werden.

Ein Beispiel:

»Lage: Wohnungsbrand im 3. Geschoss, Wasserentnahmestelle Unterflurhydrant hinter dem HLF, Verteiler nach einer B-Länge, Orientierungspunkt Verteiler.«
»Angriffstrupp, zur Brandbekämpfung, mit erstem C-Rohr, in das 3. Geschoss auf der C-Seite, über den Treppenraum von A nach C, vor!«

N – Nachfrage zum Verständnis

Findet keine Befehlswiederholung durch die angesprochene Einheit statt, sollte der Einheitsführer sicher gehen, dass der Einsatzbefehl des Senders korrekt beim Empfänger angekommen ist (▶ Kapitel 6.4 »Kontrolle«). Gezieltes Nachfragen ist vor allem notwendig, wenn Störfaktoren während der Befehlsausgabe nicht ausgeschlossen werden können. Ein Störfaktor ist Lärm. Dieser negative Einfluss ist zu vermeiden. Optimalerweise wird der Befehl nicht im unmittelbaren Bereich von Aggregaten, wie Generatoren oder Lüftern, ausgegeben. Der Einsatzbefehl, als letztes Element des Führungsvorgangs, ist das Werkzeug der Führungskraft, um das Einsatzziel zu erreichen.

Erkunden der Gefahrenlage

Die Warme Lage bzw. die Schadenlage ist sehr dezidiert und beinhaltet viele Variablen, die nicht alle vorhersehbar sind. Hier ist die Einsatzkraft als Mensch gefragt. Sie muss all ihre geistigen und körperlichen Kompetenzen in Einklang bringen, um Gefahren dynamisch und unmittelbar erkennen zu können. Eine Hilfe, um kognitiv zu entlasten, ist die sogenannte Gefahrenmatrix (▶ Kapitel 2.10.4).

Feuerwehren operieren aber in Lagen, die nicht bis ins kleinste Detail mit Prozessen geplant werden können (Knorr 2018). In klassischen Teams, beispielsweise des produzierenden Gewerbes, sind Tätigkeiten reproduzierbar und antizipativ. Das ist bei sogenannten High Responsibility Teams (Hochverantwortungsteams) nicht möglich (Hagemann 2011). Angehörige der Feuerwehr sind Einsatzkräfte, die unter diese wissenschaftliche Klassifizierung fallen. Damit gehen auch besondere Anforderungen einher.

6

Tabelle 13: ***Gegenüberstellung klassischer und High Responsibility Teams***

Konsequenzen von Teamprozessen	Klassische Teams	High Responsibility Teams
Reversibilität der Ergebnisse?	i. d. R. ja	i. d. R. nein
Körperliche und psychische Schäden?	nein	ja
Wem wird geschadet?	dem Team und der Organisation	dem Team, der Organisation und Dritten
Verantwortung für das Leben anderer?	nein	ja
Abbruch der Situation möglich?	ja	nein
Arbeitsunterbrechung möglich?	Pausen etc. sind möglich	Pausen etc. sind i. d. R. nicht möglich
Medien Büro/Öffentlichkeit?	i. d. R. nein	ja

Der Feuerwehreinsatz kann nicht vollumfänglich vorgeplant werden. Strukturen, Ausrüstung und personelle Ausstattung werden auf Basis von Risikoanalysen vorgehalten, um Schutzziele zu erreichen. Die Basis für eine Bewertung eines Risikos in einer Gebietskörperschaft resultiert beispielsweise aus der Topografie, der Demografie und der Bebauung von Wohn- und Gewerbegebieten.

Einsatzkräfte, die zu Schadensereignissen alarmiert werden, haben keinerlei Vorlaufzeit für das stetige Abwägen und Ausprobieren. Eine Situation muss erfasst werden, um schnellstmöglich eine Entscheidung treffen zu können. Gerade in den ersten 10 min besteht ein Missverhältnis zwischen zu bewältigenden Aufgaben und Informationen. Zu verstehen, wie es zu dem Unglück gekommen ist, ist nicht so wichtig, wie das Verständnis wer oder was gerade durch eine Gefahr beeinflusst wird. Ein Beispiel:

Beispiel: Feuer in einem Einfamilienhaus!

Ein Bewohner des Hauses teilt dem ersteintreffenden Gruppenführer mit, dass im Keller seine Waschmaschine brennt, weil er schon länger mal die Stromleitung repariert haben wollte und die Wochen aber so viel los war. Sie haben jetzt ja auch den Keller umgebaut, um Pensionsgäste aufzunehmen. Dabei vergisst der Bewohner aber völlig, dass er momentan tatsächlich Gäste im Keller hat und die Verbindung zwischen Waschküche und Gästezimmer im oberen Bereich noch nicht ganz verschlossen ist …

Informationen aufzunehmen, zu verarbeiten und in dieser hochstressigen Situation zielgerichtet zu entscheiden, ist die hohe Kunst von Führungskräften. Sämtliche Gefahren für Menschen, Tiere, Umwelt und Sachwerte ergeben einen Einsatzschwerpunkt. Aufgrund der unzureichenden personellen und technischen Kapazitäten in den ersten Minuten, sollte ein klare Priorisierung stattfinden.

Welche Gefahr muss ich an welcher Stelle als Erstes bekämpfen?

Eine Möglichkeit, um die Wirkung von Gefahren zu beurteilen ist, sich vorzustellen, wie sich die warme Lage weiterentwickelt, ohne dass Maßnahmen zur Gefahrenabwehr getroffen werden. Auch hier ist es hilfreich, den zeitlichen Aspekt im Blick zu behalten. Die Einordnung der momentanen, aktiven Gefahr sollte allerdings unter naturwissenschaftlich plausiblen Grundsätzen erfolgen. Ein aktives Feuer im zweiten Obergeschoss wird sich, mit an Sicherheit grenzender Wahrscheinlichkeit, nicht in Richtung 1. OG weiterentwickeln. Ein Gasaustritt von Kohlenstoffdioxid beispielsweise kann sich hingegen (aufgrund der höheren Molekularmasse als eine typische Luftzusammensetzung) sehr wohl auch in tiefergelegenen Geschossen entwickeln. Mit einer sehr ausgeprägten Fantasie lassen sich auch viele Annahmen und Variablen in eine Lage hineindichten. Im Einzelfall kann es sicherlich zu unerwarteten Situationen kommen, aber die nüchternere Abwägung der bekannten Faktoren einer Einsatzstelle führen eher zu einem zielgerichteten Entschluss.

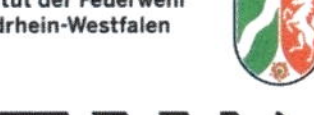

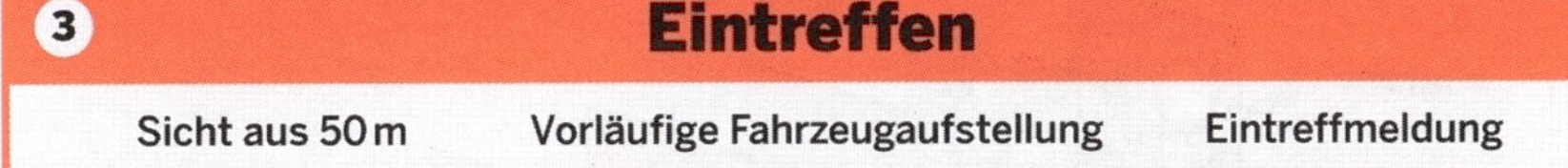

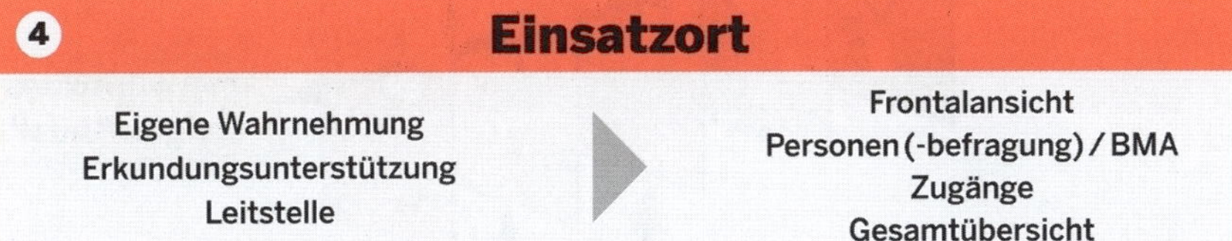

Bild 101: *Poster Führungsvorgang »Lagefeststellung« (Quelle: IdF NRW)*

Dass die Arbeit der Feuerwehren körperlich und geistig herausfordernd ist, ist keine neue Erkenntnis. In der warmen Lage sind zahlreiche Faktoren vorhanden, die voneinander abgewogen und ganzheitlich erfasst werden müssen. In der FwDV 100 »Führung und Leitung im Einsatz« ist beispielsweise beschrieben: »Die Feuerwehr hat bei ihren Einsätzen die Aufgabe, auf der Basis meist lückenhafter Informationen, eine oder gleichzeitig mehrere Gefahren zu bekämpfen«. Gerade in den ersten 10 min müssen viele Gefahren und Wirkungen auf Subjekte und Objekte erkundet werden. Im nächsten Schritt muss beurteilt und entschieden werden. Dieser Prozess sollte allerdings ein Fortlaufender sein, der sich auf allen Ebenen wiederholt. Nur so lassen sich auch dynamische Lageänderungen erfassen.

Das Käsescheibenmodell nach James Reason

Mit dem Käsemodell lassen sich sehr gut (neben den Gründen für einen Unfall) Sicherheitsbarrieren erklären, die sich die Feuerwehr über Jahrzehnte in den Bereichen Technik, Organisation und Personal angeeignet hat. Diese Darstellung

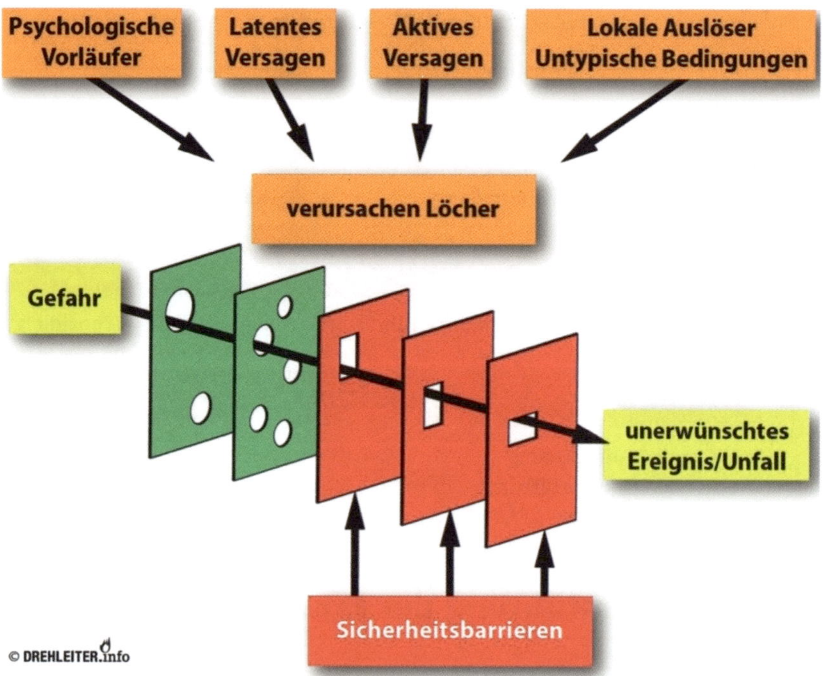

Bild 102: ***Käsemodell (Quelle: drehleiter.info)***

(► Bild 102) zeigt aber auch den unkalkulierbaren Raum außerhalb der entwickelten Schutzmechanismen.

Bild 103: ***Zerstörtes Wohngebäude nach einer Gasexplosion (Quelle: J. Thorns)***

► Bild 103 zeigt den Zustand eines Gebäudes nach einer Gasexplosion. Einen ähnlichen Einsatz hatte auch die Feuerwehr Lienen am 08.02.2020 bei einem gemeldeten Gasgeruch. Hier musste die Feuerwehr Lienen den tragischen Verlust eines Feuerwehrkameraden erfahren. Bei diesem Einsatz wurde im Keller des Gebäudes durch einen Hausbewohner eine Gasflasche aufgedreht und zeitgleich eine Kerze angezündet. Nach Erreichen der unteren Explosionsgrenze zündete das Gas-Luftgemisch und es kam zur Explosion bei der ein Trupp unter Trümmern begraben wurde. Die Gefahr war grundsätzlich erkannt, Sicherheitsbarrieren wie das Vermeiden von Zündquellen und Ex-Warngeräte wurden benutzt. In diesem Fall waren also untypische Bedingungen der Auslöser des unerwünschten Ereignisses. Das ist das Restrisiko, welches Feuerwehreinsatzkräfte im Einsatz begleitet. Eine ständige Sensibilisierung aller Einsatzkräfte sollte regelmäßig erfolgen, indem man über Unfälle vergleichbarer Art berichtet und Erfahrungen teilt. Neben kognitiven Schemata, wie der GAUBE-Regel, werden auch technische Lösungen genutzt, um zeitnah eine Schadensausweitung zu bemerken.

Brandfrüherkennungssysteme

MBO § 14 Brandschutz: »*Bauliche Anlagen sind so anzuordnen, zu errichten, zu ändern und instand zu halten, dass der Entstehung eines Brandes und der Ausbreitung von Feuer und Rauch (Brandausbreitung) vorgebeugt wird und bei einem Brand die Rettung von Menschen und Tieren sowie wirksame Löscharbeiten möglich sind.*«

Mit den Brandkenngrößen Temperatur, Temperaturanstieg, Brandrauch und Flammenschein lassen sich heutzutage schnell Brände detektieren. Vor allem in Privathaushalten hat die Brandfrüherkennung in Form von optischen Rauchwarnmeldern zugenommen. Die Anzahl hat sich aufgrund von gesetzlichen Anforderungen in den Bundesländern erhöht. Auf jeden Fall dienen diese Systeme neben der Brandfrüherkennung auch der Informationsgewinnung. Eine akustische Erkundung lässt sich auch bei sehr einfach konstruierten Rauchwarnmeldern ermöglichen. Bei einer vorhanden Brandmelderzentrale (BMZ) werden Klartextmeldungen visualisiert, die eindeutig Meldernummern anzeigen, anhand derer der Erkundungsprozess mit Laufkarten begonnen werden kann. Neben der Anzeige der ausgelösten eingehenden Elemente einer Brandmeldeanlage, werden auch ausgehende Elemente angesteuert. Diese Brandfallsteuerungen sorgen beispielsweise dafür, dass Rauchschutztüren schließen und Brandabschnitte rauchfrei gehalten werden oder Rauch-Wärme Abzugsanlagen öffnen, damit u. a. Treppenräume entraucht werden können. In der industriellen oder gewerblichen Nutzung kommen dann auch Löschanlagen dazu.

In jedem Fall bietet der Anlaufpunkt bei einer Brandmeldeanlage (die Brandmeldezentrale mit der Kennleuchte) einen guten Orientierungspunkt von dem aus sich die Lage strukturiert entwickeln kann. Ist eine umfassende Erkundung z. B. unter Berücksichtigung der GAUBE-Regel und der ersten Elemente des ORTEN-Schemas erfolgt und sind die Gefahren möglichst umfassend erkundet, geht es in die Planungsphase.

6.2 Planung

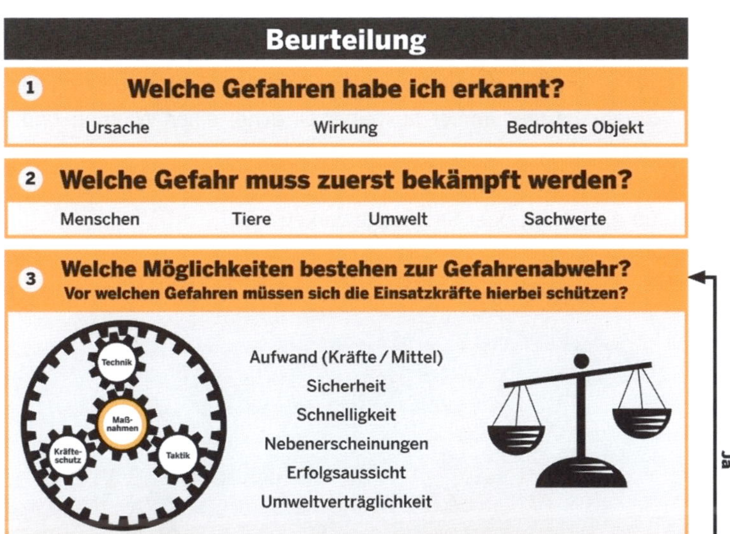

4 **Können / müssen weitere Gefahren bekämpft werden?**

Welche Gefahren sind noch unbewertet?
Welche Einsatzkräfte / Einsatzmittel sind noch unverplant?
Welche Nachforderungen sind erforderlich?

Entschluss

Die richtigen MITTEL zur richtigen ZEIT am richtigen ORT

Ziele
Einsatzschwerpunkte
Einteilung der Kräfte
Bewegungsabläufe

Ordnung des Raumes
Versorgung
Fernmeldeverbindungen

Abgeleitet von FwDV 100 - Stand 1999 (Kap. 3.3 Führungsvorgang)

Bild 104: *Poster Führungsvorgang »Planung« (Quelle: IdF NRW)*

Die Planung gliedert sich in die Beurteilung der einzelnen Gefahren und die dazugehörigen Abwägungen hinsichtlich ihrer Bekämpfung sowie dem daraus folgenden Entschluss.

6.2.1 Beurteilung

Auf Grundlage der vorangegangenen Erkundung werden Gefahren erkannt. Eine Gefahr besteht immer aus einer Ursache, einer Wirkung und einem bedrohten Objekt. Die Ursachen können beispielsweise Feuer und Rauch sein. Diese können unter anderem mit Ausbreitung, Atemgiften oder Angst und Panik auf Menschen, Tiere, Umwelt oder Sachwerte wirken.

Bild 105: ***Eine Gefahr besteht aus Ursache, Wirkung und bedrohtem Objekt***

Zunächst werden die Gefahren wertungsfrei gesammelt. Danach wird entschieden, welche Gefahr als erstes bekämpft werden muss. Diese ist nicht zu verwechseln mit der größten Gefahr! Die größte Gefahr kann nicht immer als erstes bekämpft werden. Manchmal ist es zur Bekämpfung der größten Gefahr erforderlich, erst eine andere zu bekämpfen, damit die größte überhaupt angegangen werden kann. Aus dem vorherrschenden Werteverständnis und der Rechtsauffassung geht hervor, dass die Rettung von Menschen die wichtigste Aufgabe ist. Danach folgen Tiere, an dritter Stelle der Schutz der Umwelt; Sachgüter befinden sich an letzter Stelle.

6.2.1.1 Taktische und technische Möglichkeiten

Damit ein bedrohtes Objekt gerettet werden kann, werden zunächst verschiedene Möglichkeiten abgewogen. Dabei wird nicht nur zwischen den verschiedenen Taktiken wie Angriff, in Sicherheit bringen, Verteidigung und Rückzug unterschieden, sondern auch zwischen verschiedenen technischen Umsetzungen.

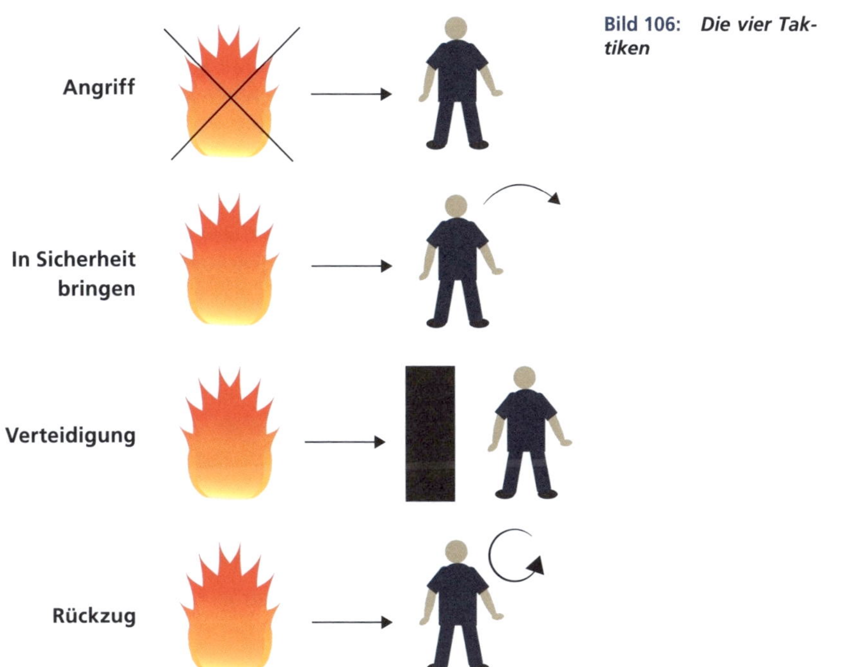

Bild 106: ***Die vier Taktiken***

Bei der Taktik »Angriff« können beispielsweise folgende Techniken erfolgen:

- Ein Trupp geht im Innenangriff vor, ggf. mit Lüftereinsatz.
- Zwei Trupps gehen im Innenangriff vor, ggf. mit Lüftereinsatz.
- Es erfolgt ausschließlich ein Außenangriff mit Wasser.
- Es erfolgt ausschließlich ein Außenangriff mit Schaum.
- Zunächst erfolgen ein Fensterimpuls und anschließend geht ein Trupp im Innenangriff vor, ggf. mit Lüftereinsatz.

Eine Kombination verschiedener Taktiken ist ebenfalls möglich. So kann der Lüfter bei einigen der oben genannten Techniken zur Verteidigung gegen Rauchgase genutzt werden. Welche Taktik gewählt werden kann und wie diese technisch umgesetzt wird, hängt maßgeblich von den zur Verfügung stehenden Einsatzkräften sowie dem Material ab. Eine Gruppe ist für die Menschenrettung einer Person aus einem Obergeschoss bei einem kritischen Wohnungsbrand konzipiert. Analog dazu wurden die Trupps benannt: Der Angriffstrupp soll das Feuer angreifen beziehungsweise die Menschenrettung durchführen. Der Wassertrupp stellt die Wasserversorgung sicher und wird zum Sicherheitstrupp. Der Schlauchtrupp legt die Schlauchleitungen für den Angriffstrupp und den Sicherheitstrupp. Jeder Trupp leistet somit einen wichtigen Beitrag zur Menschenrettung beziehungsweise zur Brandbekämpfung. Bei der Wahl des Kräfteansatzes ist die optimale Anzahl an Kräften wünschenswert, aber nicht immer realisierbar. Mitunter muss eine Maßnahme von weniger Personal durchgeführt werden. Eine Staffel kann ebenfalls in der Lage sein, eine Menschenrettung mit einem Trupp im Innenangriff und einem Sicherheitstrupp durchzuführen. Je nach Lage können Maßnahmen schlimmstenfalls nur eingeleitet oder vorbereitet werden. Erst nach Eintreffen weiterer Kräfte oder Materialien kann die eigentliche Durchführung beginnen. Gerade zu Beginn eines Einsatzes kann es vorkommen, dass insgesamt weniger Einsatzkräfte oder zu wenig Kräfte mit bestimmten Qualifikationen vor Ort sind, als erforderlich wären, um den gesamten Einsatz abzuarbeiten. Neben dem Personal kommt auch Material zeitversetzt an der Einsatzstelle an. In die Planung fließt demnach auch mit ein, welches Material für die technische Umsetzung der gewählten Taktik genutzt werden kann.

Folgende Fragen sind besonders zu beachten:

- Wie viel Wasser steht über Wassertanks und Wasserentnahmestellen zur Verfügung?
- Wie viele Pressluftatmer und Geräteträger sind vor Ort?
- Welche Lüftertypen sind verfügbar?
- Was können die Pumpen leisten?
- Wie viele Meter Schläuche sind vorhanden und wie können sie ausgelegt werden? Schlauchwagen mit 2 000 m B-Leitung? Schlauchhaspeln, ja oder nein? Schlauchtragekörbe in Buchten gepackt?
- Welche Wurfweiten haben die verschiedenen Rohre?
- Wo und wie können Hubrettungsgeräte und tragbare Leitern eingesetzt werden?
- Ist der Rettungsdienst schon eingetroffen oder muss die Erstversorgung durch Kräfte der Feuerwehr erfolgen?

Vor- und Nachteile abwägen

Für die Bekämpfung einer Gefahr gibt es meist verschiedene Möglichkeiten, die gegeneinander abgewogen werden. Es gibt verschiedene Aspekte anhand derer geurteilt wird: Aufwand, Sicherheit, Schnelligkeit, Erfolgsaussichten, Umweltverträglichkeit und Nebenerscheinungen. Der Aufwand bezieht sich nicht nur auf die Anzahl der Einsatzkräfte und den Umfang des Materials, sondern auch auf den Arbeitsaufwand. Verschiedene Möglichkeiten sind unterschiedlich risikobehaftet, weshalb die Sicherheit eine wichtige Rolle spielt. Womöglich kann eine Maßnahme nicht durchgeführt werden, weil die Einsatzkräfte unverhältnismäßig hoch gefährdet werden oder es müssen erst besondere Vorkehrungen getroffen werden. Eventuell dauert die Durchführung verschiedener Möglichkeiten unterschiedlich lang. Dabei ist abzuwägen, wie viel Zeit überhaupt zur Verfügung steht – der Aspekt Schnelligkeit. Jedoch ist nicht jede Möglichkeit gleichermaßen erfolgsversprechend. Eventuell besteht ein mehr oder weniger hohes Risiko, das gewünschte Ziel bei der gewählten Vorgehensweise nicht zu erreichen. Darüber hinaus ist die Umweltverträglichkeit zu überdenken. Ein Negativbeispiel ist hier der Einsatz des Schaummittels AFFF beim Brand einer Gartenhütte: Der Schaden durch den Brand ist geringer als der Schaden an der Umwelt durch die Fluortenside, die im Schaum enthalten sind und in das Erdreich gelangen. Nebenbei ist dieses Schaummittel für Brände von Flüssigkeiten geeignet und nicht für die Brandklasse A. Der letzte Aspekt sind die Nebenerscheinungen. Gegebenenfalls wirkt sich die angedachte Vorgehensweise in irgendeiner Form auf eine oder mehrere andere erkannte Gefahren aus. Dabei kann der Einfluss positiv oder negativ sein. Im letzten Fall muss abgewogen werden, ob diese Verschlechterung hinnehmbar ist oder nicht. Abschließend wird die Möglichkeit gewählt, bei der die Vorteile überwiegen.

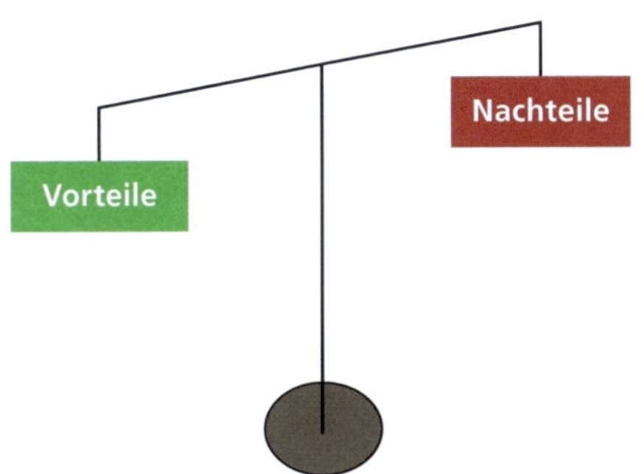

Bild 107: ***Abwägen von Vor- und Nachteilen***

Handelt es sich um eine reine Brandbekämpfung muss der Sicherheitstrupp einsatzbereit sein, sobald der Angriffstrupp den Bereich betritt, aus dem er nicht ohne besondere Schutzmaßnahmen (wie beispielsweise Atemschutz) gerettet werden kann. Darüber hinaus muss eine unabhängige Wasserversorgung gewährleistet sein. Bei einer Menschenrettung oder einer Brandbekämpfung zur Menschenrettung kann der Angriffstrupp schon in den Gefahrenbereich vorgehen, wenn der Sicherheitstrupp noch nicht einsatzbereit ist, da er sich beispielsweise noch ausrüsten oder seine C-Leitung selbst verlegen muss. Grundsätzlich gilt, dass er bei einer Menschenrettung verzögert gestellt, aber nicht gänzlich auf ihn verzichtet werden kann. In besonderen Einzelfällen kann der Sicherheitstrupp von nachfolgenden Einheiten gestellt werden. Beispiele für Einzelfälle beim Vorhandensein von nur zwei Atemschutztrupps können zwei vermisste Personen, eine sehr große abzusuchende Fläche oder das Vorbeigehen am Feuer sein. Die Möglichkeit, für eine gewisse Zeit ohne Sicherheitstrupp zu arbeiten, muss sorgsam abgewogen werden, denn es geht um die Sicherheit der eigenen Kräfte. Es geht aber auch im Besonderen um das Leben bedrohter Personen, welche gegebenenfalls nicht oder nur verzögert gerettet werden können, wenn Kräfte als Sicherheitstrupp zurückgehalten werden. Falls Angriffstrupps über verschiedene Zugänge vorgehen, soll für jeden Zugang ein Sicherheitstrupp gestellt werden.

Hinweis:

Ein Sicherheitstrupp muss gestellt werden, wenn die Rettung des Angriffstrupps nicht ohne Schutzausrüstung durchgeführt werden kann. Bei der Menschenrettung kann im begründeten Einzelfall der Sicherheitstrupp verzögert gestellt werden. Je nach Lage kann der Sicherheitstrupp erst von nachrückenden Kräften gestellt werden.

Da der oder die Sicherheitstrupp(s) die Funksprüche mit den Angaben zum Aufenthaltsort der Angriffstrupps mithören sollen, ist ein Aufenthalt unmittelbar in der Nähe eines im Betrieb befindlichen Lüfters kontraproduktiv. Der Lärm erschwert das Verfolgen der Funkkommunikation. Auch andere Kräfte sollten die unmittelbare Nähe zu Lärmquellen wie Lüftern oder Fahrzeugmotoren meiden, um Funksprüche aufnehmen zu können und ihre eigene Lärmbelastung nicht weiter zu erhöhen. Bei großen Einsatzstellen mit vielen Fahrzeugen ist kritisch zu hinterfragen, ob wirklich bei allen Fahrzeugen das Blaulicht eingeschaltet sein muss, oder sich dies auf die äußeren Fahrzeuge beschränken lässt. Auch dies reduziert die persönlichen Belastungen der einzelnen Einsatzkräfte.

Weitere Gefahren

Zu Beginn der Beurteilung wurden mitunter mehr als eine Gefahr erkannt. Nach der Abwägung der Möglichkeiten für die Gefahr, die zuerst bekämpft werden muss, ist zu bedenken, ob weitere Gefahren bekämpft werden können oder sogar müssen. Weitere Gefahren können dann bekämpft oder reduziert werden, wenn noch Einsatzkräfte und das erforderliche Material verfügbar sind. Es kann allerdings auch der Fall eintreten, dass alle Kräfte gebunden sind, aber dennoch eine Gefahr bekämpft werden muss.

Beispiel:

Eine Gruppe (0/1/8/9) ist bei einem Wohnungsbrand mit einer vermissten Person am Einsatzort. Weitere Einheiten sind noch nicht eingetroffen. An der Einsatzstelle leistet jedes Mitglied der Gruppe seinen Beitrag für die Rettung dieser vermissten Person. Ist gleichzeitig eine Person aus dem Fenster gesprungen und liegt schwer verletzt am Boden, sind die Verletzungen der Person durch den Absturz eine Gefahr, die ebenfalls bearbeitet werden muss. Der optimale Kräfteansatz für die Menschenrettung der vermissten Person wird reduziert um einen Trupp. Dieser übernimmt die Erstversorgung der gesprungenen Person. Auch mit der verbliebenen Staffel lässt sich die vermisste Person retten, auch wenn eine Gruppe ggf. etwas schneller wäre, da der fehlende Trupp das Management der C-Leitungen übernommen hätte. Die Anzahl der Einsatzkräfte ist nicht beliebig reduzierbar. Es gibt Fälle, da kann nicht weiter reduziert werden, auch wenn eigentlich noch eine Gefahr offen ist.

Zusammenarbeit mit Dritten

Neben der Feuerwehr ist bei Gebäudebränden auch der Rettungsdienst vor Ort und dient dem Eigenschutz oder der medizinischen Versorgung zu rettender Personen. Hintergedanke für den Rettungsdienst zum Eigenschutz ist, dass der Innenangriff als solches ein hohes Gefahrenpotenzial für die vorgehenden Kräfte birgt. Sollte eine Einsatzkraft verunfallen, wird sie unmittelbar nach der Rettung aus dem Gefahrenbereich vom Rettungsdienst medizinisch versorgt. Für zu rettende Personen ist ebenfalls eine medizinische Versorgung durch den Rettungsdienst erforderlich. Nach der Rettung aus dem Gefahrenbereich werden die Patienten am zuvor festgelegten Übergabepunkt an den wartenden Rettungsdienst übergeben und an geeigneter Stelle, z. B. im RTW, behandelt. Falls noch kein Rettungsdienst vor Ort ist, muss die Erstversorgung durch Kräfte der Feuerwehr eingeleitet werden. Je nach Anzahl der zu erwartenden Patienten und der Verfügbarkeit von Rettungsmitteln kann es sinnvoll sein, eine Patientenablage einzurichten. Der Ort für eine Patientenablage sollte so gewählt sein, dass er groß genug ist für die erwartete Patientenanzahl und der

Rettungsdienst gut an- und abfahren kann. Außerdem sollte abgewogen werden, ob die Einrichtung der Patientenablage in einem Gebäude möglich ist. Dort bestünde ein möglichst guter Schutz vor Regen und Schnee, starker Sonneneinstrahlung und hohen bzw. niedrigen Temperaturen.

Je nach Anzahl der erwarteten Patienten und der räumlichen Entfernung zur Patientenablage kann ein einsatzstelleninterner Patiententransport erforderlich werden. Gegebenenfalls müssen auch mit steigender Anzahl geretteter Personen Einsatzkräfte des Brandschutzes in die Patientenablage überführt werden, um die Erstversorgung weiter sicherstellen zu können.

Während eines Einsatzes muss laufend neu geplant werden, denn eingeleitete Maßnahmen verändern die Lage im Idealfall positiv, manchmal aber auch negativ. Hilfreich sind wiederkehrende kurze Lagebesprechungen während des Einsatzes. Je nach Lage sollte der Einsatzleiter während der Besprechung von einer anderen Führungskraft vertreten werden, die während der Besprechung auftretende Belange regelt. So kann sich der Einsatzleiter ungestört mit seinen Führungskräften besprechen. Hier können die Ergebnisse der erteilten Aufträge sowie die Lagebilder miteinander abgeglichen werden. Außerdem fallen gegebenenfalls Missverständnisse auf und mögliche Probleme bei der Umsetzung zuvor erteilter Aufträge werden bekannt, falls dies nicht schon unmittelbar bei deren Eintreten geschehen ist. Mit neuen Erkenntnissen kann folglich neu geplant werden und anschließend können neue Aufträge oder Befehle erteilt werden. Es geht darum, sich kurz abzugleichen und die nächsten Minuten zu planen, um zielführend arbeiten zu können.

Taktische Arbeitstafel und taktisches Arbeitsblatt

Zwei nützliche Hilfsmittel für die Lagedarstellung im Rahmen der Planung sind die taktische Arbeitstafel und das taktische Arbeitsblatt.

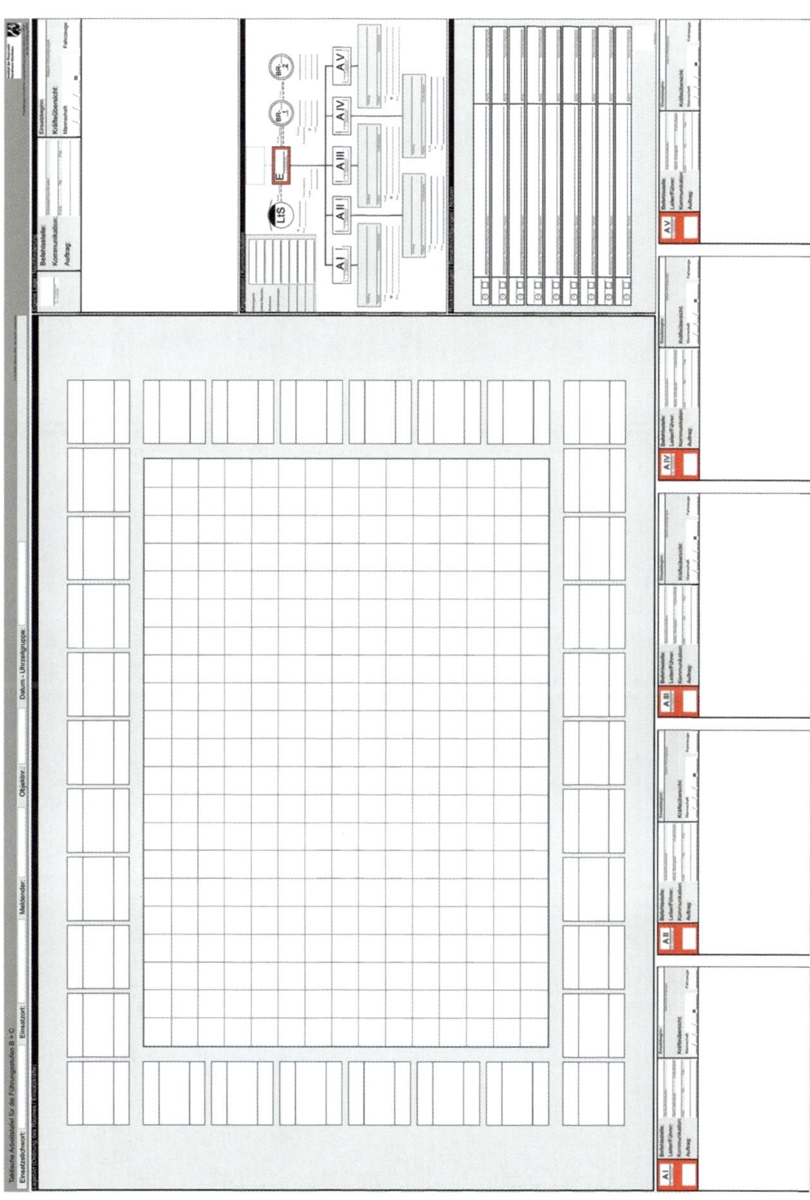

Bild 108: ***Taktische Arbeitstafel der Projektgruppe »Einheitliche Lagedarstellung« in NRW des AK Ausbildung NRW und IdF NRW.***

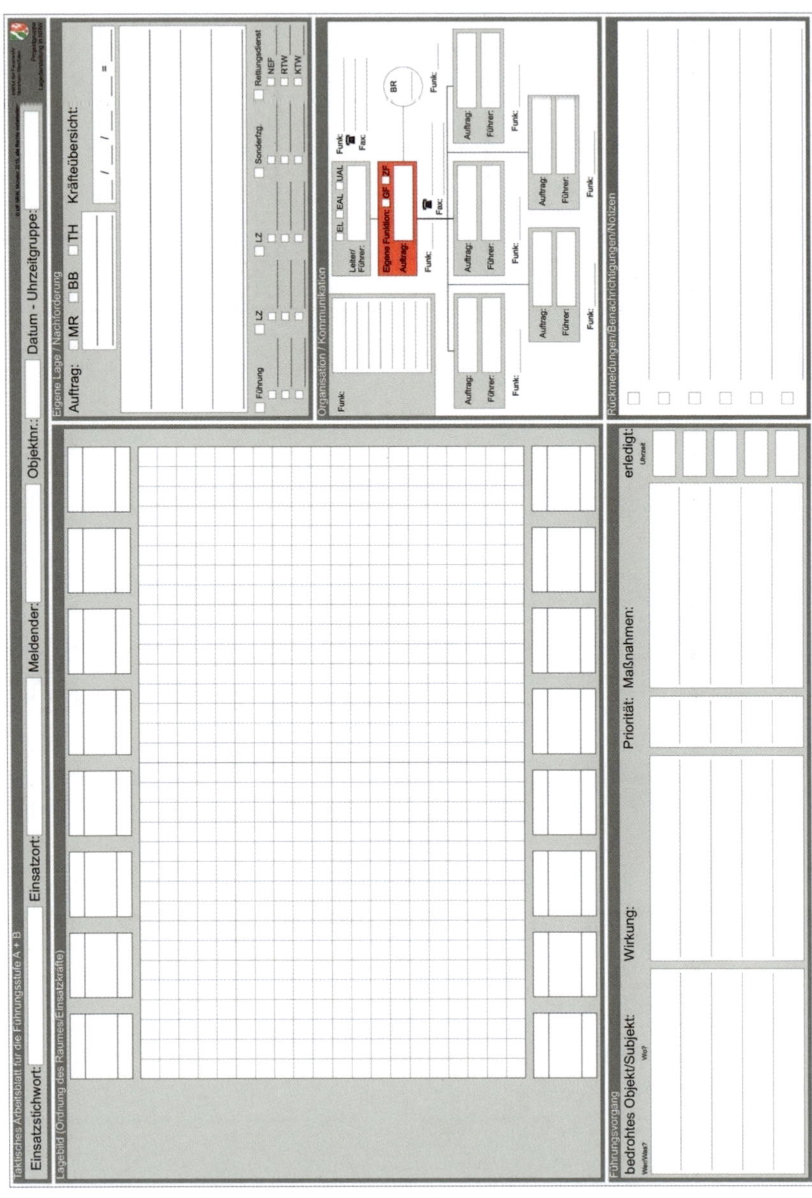

Bild 109: ***Taktisches Arbeitsblatt (Vorderseite) der Projektgruppe »Einheitliche Lagedarstellung« in NRW des AK Ausbildung NRW und IdF NRW.***

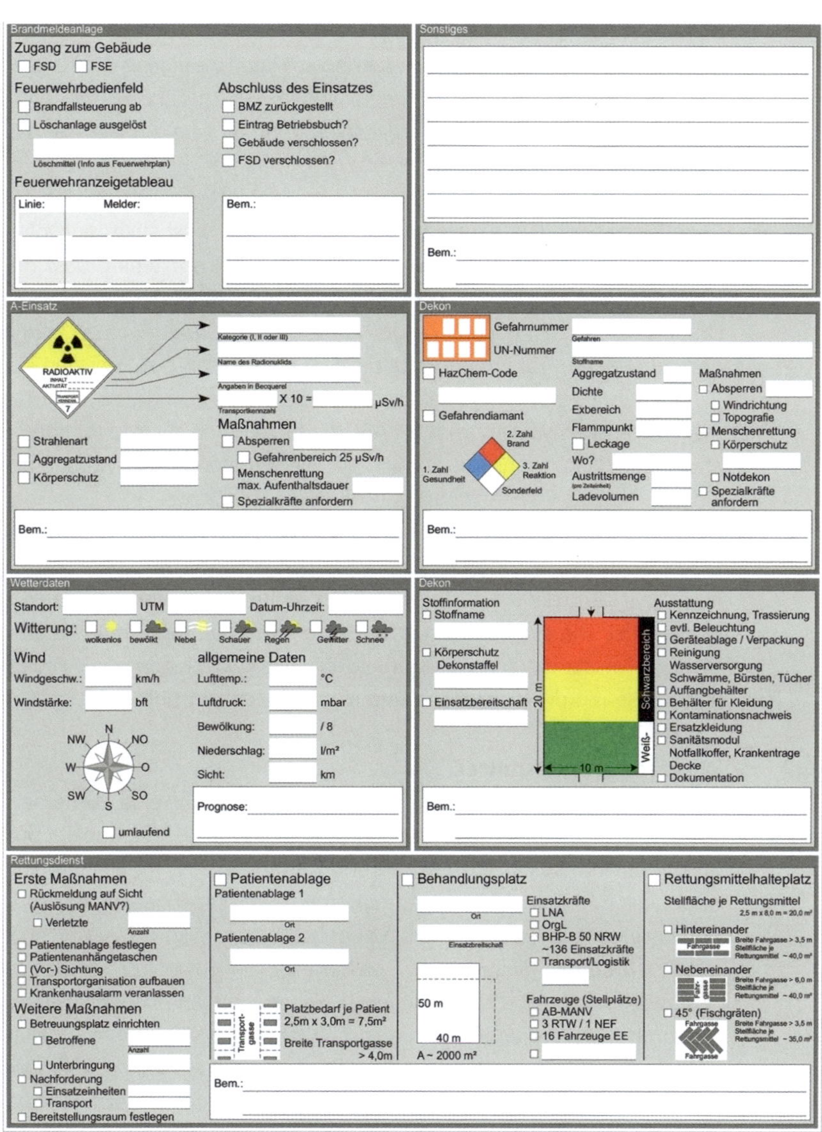

Brandmeldeanlage

Zugang zum Gebäude
☐ FSD ☐ FSE

Feuerwehrbedienfeld
☐ Brandfallsteuerung ab
☐ Löschanlage ausgelöst
Löschmittel (Info aus Feuerwehrplan)

Abschluss des Einsatzes
☐ BMZ zurückgestellt
☐ Eintrag Betriebsbuch?
☐ Gebäude verschlossen?
☐ FSD verschlossen?

Feuerwehranzeigetableau
Linie: Melder:
Bem.:

Sonstiges

Bem.:

A-Einsatz

RADIOAKTIV
INHALT
AKTIVITÄT
7

Kategorie (I, II oder III)
Name des Radionuklids
Angaben in Becquerel
X 10 = µSv/h
Transportkennzahl

☐ Strahlenart
☐ Aggregatzustand
☐ Körperschutz

Maßnahmen
☐ Absperren
☐ Gefahrenbereich 25 µSv/h
☐ Menschenrettung max. Aufenthaltsdauer
☐ Spezialkräfte anfordern

Bem.:

Dekon

Gefahrnummer
Gefahren
UN-Nummer
Stoffname
☐ HazChem-Code
☐ Gefahrendiamant
1. Zahl Gesundheit
2. Zahl Brand
3. Zahl Reaktion
Sonderfeld

Aggregatzustand
Dichte
Exbereich
Flammpunkt
☐ Leckage
Wo?
Austrittsmenge (pro Zeiteinheit)
Ladevolumen

Maßnahmen
☐ Absperren
☐ Windrichtung
☐ Topografie
☐ Menschenrettung
☐ Körperschutz
☐ Notdekon
☐ Spezialkräfte anfordern

Bem.:

Wetterdaten

Standort: UTM Datum-Uhrzeit:
Witterung: ☐ wolkenlos ☐ bewölkt ☐ Nebel ☐ Schauer ☐ Regen ☐ Gewitter ☐ Schnee

Wind
Windgeschw.: km/h
Windstärke: bft
N, NO, O, SO, S, SW, W, NW
☐ umlaufend

allgemeine Daten
Lufttemp.: °C
Luftdruck: mbar
Bewölkung: /8
Niederschlag: l/m²
Sicht: km

Prognose:

Dekon

Stoffinformation
☐ Stoffname
☐ Körperschutz Dekonstaffel
☐ Einsatzbereitschaft

20 m
10 m
Schwarzbereich
Weiß-

Ausstattung
☐ Kennzeichnung, Trassierung
☐ evtl. Beleuchtung
☐ Geräteablage / Verpackung
☐ Reinigung Wasserversorgung Schwämme, Bürsten, Tücher
☐ Auffangbehälter
☐ Behälter für Kleidung
☐ Kontaminationsnachweis
☐ Ersatzkleidung
☐ Sanitätsmodul Notfallkoffer, Krankentrage Decke
☐ Dokumentation

Bem.:

Rettungsdienst

Erste Maßnahmen
☐ Rückmeldung auf Sicht (Auslösung MANV?)
☐ Verletzte Anzahl
☐ Patientenablage festlegen
☐ Patientenanhängetaschen
☐ (Vor-) Sichtung
☐ Transportorganisation aufbauen
☐ Krankenhausalarm veranlassen

Weitere Maßnahmen
☐ Betreuungsplatz einrichten
☐ Betroffene Anzahl
☐ Unterbringung
☐ Nachforderung
☐ Einsatzeinheiten
☐ Transport
☐ Bereitstellungsraum festlegen

☐ Patientenablage
Patientenablage 1 Ort
Patientenablage 2 Ort
Transportgasse
Platzbedarf je Patient 2,5m x 3,0m = 7,5m²
Breite Transportgasse > 4,0m

☐ Behandlungsplatz
Ort
Einsatzbereitschaft
50 m
40 m
A ~ 2000 m²
Einsatzkräfte
☐ LNA
☐ OrgL
☐ BHP-B 50 NRW ~136 Einsatzkräfte
☐ Transport/Logistik
Fahrzeuge (Stellplätze)
☐ AB-MANV
☐ 3 RTW / 1 NEF
☐ 16 Fahrzeuge EE
☐

☐ Rettungsmittelhalteplatz
Stellfläche je Rettungsmittel 2,5 m x 8,0 m = 20,0 m²
☐ Hintereinander
Fahrgasse
Breite Fahrgasse > 3,5 m Stellfläche je Rettungsmittel ~ 40,0 m²
☐ Nebeneinander
Fahrgasse
Breite Fahrgasse > 6,0 m Stellfläche je Rettungsmittel ~ 40,0 m²
☐ 45° (Fischgräten)
Fahrgasse
Breite Fahrgasse > 3,5 m Stellfläche je Rettungsmittel ~ 35,0 m²

Bem.:

Bild 110: ***Taktisches Arbeitsblatt (Rückseite) der Projektgruppe »Einheitliche Lagedarstellung« in NRW des AK Ausbildung NRW und IdF NRW.***

Beide bieten Platz für eine Lageskizze, bei der die taktischen Zeichen außerhalb eingetragen werden können. Darüber hinaus kann die eigene Lage und die gewählte Funkkommunikation notiert werden. Zudem ist ein Feld für die Rückmeldungen vorbereitet. Beim taktischen Arbeitsblatt gibt es eine Tabelle für die erkannten Gefahren und die daraus resultierenden Maßnahmen. Bei der taktischen Arbeitstafel sind stattdessen Felder für einzelne Einsatzabschnitte vorbereitet. Die Tafel wird auf Grund ihrer Größe häufig am oder im ELW geführt, weshalb es sinnvoll ist, den ELW nicht zu weit außerhalb zu positionieren. Er sollte so stehen, dass die Führungsunterstützung auch visuell wahrnehmen kann, was an der Einsatzstelle geschieht. Umgekehrt müssen nachrückende Kräfte den ELW wahrnehmen können, um sich dort zu melden. Außerdem sollte der Einsatzleiter ihn gut erreichen können.

Auf der Rückseite des taktischen Arbeitsblattes sind sowohl für den Brandmeldeanlageneinsatz als auch für ABC-Einsätze Hilfen zur Informationsverarbeitung abgebildet. Darüber hinaus können die Wetterdaten erfasst werden und für einen Einsatz mit vielen Verletzten gibt es eine Art Checkliste.

Die Nutzung des taktischen Arbeitsblattes und besonders der taktischen Lagekarte im Einsatzalltag sorgt für eine sichere Anwendung bei großen, nicht alltäglichen Einsätzen. Denn gerade dort zeigt sich der große Nutzen insbesondere der taktischen Einsatztafel. Die einheitliche Verwendung dieser Führungsmittel erleichtert außerdem im Einsatz die Zusammenarbeit mit Einsatzkräften anderer Feuerwehren, da auch diese mit der Darstellung und Nutzung vertraut sind.

Weitere Führungsmittel

Nicht immer sind ein taktisches Arbeitsblatt oder gar eine taktische Arbeitstafel vorhanden. Was jedoch jede Führungskraft immer dabeihaben sollte, sind Zettel und Stift. Dies sind die einfachsten Führungsmittel, die aber für eine erhebliche Erleichterung der Informationsverarbeitung sorgen. Ein Bleistift hat den Vorteil, dass er auch auf nassem Papier schreibt, wo ein Kugelschreiber meist versagt und eher das Papier zerreißt. Darüber hinaus ist ein wasserfester Folienstift für die Beschriftung von Feuerwehrplänen und Karten hilfreich. Feuerwehrpläne können mittels selbst mitgeführter Magnete an die häufig vorhandene rote Metalltür des Erstinformationssystems der BMA gehangen werden. Ein praktisches Hilfsmittel, aber kein Führungsmittel, ist ein einfaches Schlüsselband für einen Objektschlüssel. Hintergedanke ist, dass der Schlüssel so an einer Einsatzjacke befestigt werden kann und der damit ausgestatteten Einsatzkraft der Schüssel, ggf. mit Schutzhandschuhen, nicht so leicht auf den Boden fällt bzw. verloren geht. Für die Sortierung von ggf. verschiedenen Wohnungsschlüsseln ist ein Set verschiedenfarbiger Schlüsselanhänger mit Karabinern von Vorteil.

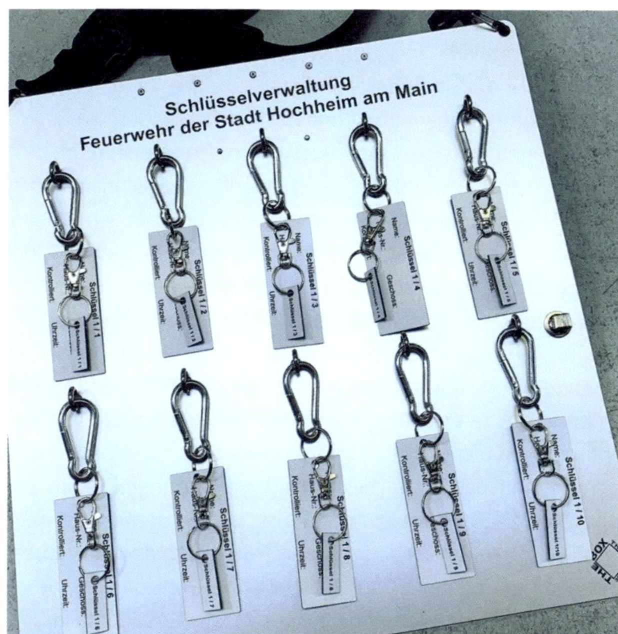

Bild 111: *Führungsmittel*

Die Einsatzleiter ist an keinen Ort gebunden. Für die Planung kann es von Vorteil sein, wenn er sich selbst ein Bild vom Einsatzschwerpunkt macht. Stellt sich bei der Erkundung heraus, dass der Schwerpunkt auf der Gebäuderückseite liegt, kann der Einsatzleiter seinen Standort dorthin verlagern und von dort führen. Unabhängig davon, ob der Einsatzleiter eine Gruppe, einen Zug oder einen Verband führt, ist es wichtig, von Zeit zu Zeit die Einsatzstelle mit Abstand zu betrachten. Hierdurch ist ein besserer Überblick möglich, als dies bei einem Aufenthalt inmitten der Einsatzstelle möglich wäre. Egal wo sich der Einsatzleiter aufhält, er muss erreichbar sein. Die Erreichbarkeit kann über Funkgeräte sichergestellt werden. Voraussetzung hierfür ist eine ausreichende Anzahl an Geräten. Dect-Telefone können, ebenso wie Melder, mit in die Kommunikationsstruktur aufgenommen werden.

6.2.2 Entschluss

Die Planung endet mit dem Fassen eines Entschlusses. Hier wird entschieden, welche Einsatzkräfte wann, was, wo, wie und womit durchführen. Zudem werden die einsatztaktischen Schnittstellen zwischen den vor Ort befindlichen und ggf. nachrückenden Einsatzkräften definiert. Idealerweise kennt jede Einsatzkraft ihr persönliches Unterstellungsverhältnis und weiß dementsprechend jederzeit, welche anderen Einsatzkräfte ihr unterstellt sind, von welcher anderen Einsatzkraft sie Befehle oder Aufträge entgegennimmt und mit welchen anderen feuerwehrfremden Einsatzkräften sie ohne Unterstellungsverhältnis zusammenarbeitet.

Zuvor wurden in der Planung die verschiedenen Möglichkeiten zur Gefahrenabwehr mit ihren Vor- und Nachteilen gegeneinander abgewogen. Nun muss bei den einzelnen zu bekämpfenden Gefahren entschieden werden, welche Möglichkeit der Gefahrenbekämpfung umgesetzt werden soll. Dies bedeutet, dass jetzt die Einsatzziele und -schwerpunkte in Abhängigkeit der Priorisierung festgelegt werden. Die Einsatzmittel und Einsatzkräfte werden unter Zugrundelegung der festgelegten Priorisierung zugeteilt. Mitunter lassen sich bei der Bekämpfung verschiedener Gefahren Synergieeffekte erzielen. Das ist der Fall, wenn sich die für eine Gefahr gewählte taktische und technische Möglichkeit der Umsetzung entsprechend positiv auf eine andere Gefahr auswirkt. Im besten Fall wird die andere Gefahr dadurch sogar vollständig bekämpft. Ein Beispiel hierfür ist der Fensterimpuls im Zuge einer Menschenrettung: In erster Linie dient der Fensterimpuls der Verbesserung der Überlebenschancen vermisster Personen. Nebenbei reduziert er die nachrangige Gefahr der Brandausbreitung auf andere Räume und Gebäudeteile.

Info:

Zum Thema »Fensterimpuls« finden Sie ein kurzes Video im digitalen Anhang dieses Buches. Zugriff unter dl.kohlhammer.de/978-3-17-041100-5 oder einfach per QR-Code.

Ordnung der Kräfte

Zwischen verschiedenen Einheiten kann es Schnittstellen geben, die klar definiert sein müssen. Andernfalls kann es vorkommen, dass Tätigkeiten doppelt oder gar nicht ausgeführt werden. Bei diesen Schnittstellen kann es sich beispielsweise um eine gemeinsame Patientenablage, die Verkehrsabsicherung für die gesamte Einsatzstelle oder um eine gemeinsame Wasserversorgung handeln. Diese könnte gegebenenfalls einer Führungskraft befohlen worden sein, ohne das eine andere Führungskraft dies weiß. Diese könnte die Maßnahme aus Unwissenheit über die Zuarbeit durch die andere Führungskraft für ihren Bereich befehlen. Dann würde die Maßnahme doppelt ausgeführt, was Zeit kostet und personelle wie materielle Ressourcen verschwendet. Außerdem ist ein zeitlicher Ablauf, ebenso wie die Benennung von Bewegungsabläufen für einen reibungslosen Einsatzablauf erforderlich. Zudem müssen die jeweiligen Unterstellungsverhältnisse sowie die Raumordnung geregelt sein. Je nach Größe des Einsatzes ist die Kommunikation sowohl auf Führungsebene als auch auf Arbeitsebene festzulegen. Dies ist insbesondere dann erforderlich, wenn verschiedene Einsatzabschnitte gebildet werden und diesen eigene Rufgruppen zugewiesen werden. Darüber hinaus kann eine Einteilung der Rufgruppen notwendig werden, wenn verschiedene Behörden und Organisationen mit Sicherheitsaufgaben mit unterschiedlichen Rufgruppen an der Einsatzstelle zusammenkommen.

Raumordnung

An der Einsatzstelle muss nicht nur unter Berücksichtigung der geplanten Maßnahmen ein Entschluss gefasst werden, sondern auch hinsichtlich einer zielführenden Raumordnung. Insbesondere sind mögliche Aufstellflächen für Hubrettungsgeräte der Feuerwehr wie bspw. eine DLAK 23/12 in der Raumordnung zu berücksichtigen. Wird dessen erforderlicher Platzbedarf nicht bereits zu Beginn des Einsatzes beachtet, unabhängig davon, ob das Hubrettungsgerät ersteintreffend ist oder nicht, ist ein späteres in Stellung bringen gegebenenfalls nur mit großem Aufwand möglich. Auch wenn ein Hubrettungsgerät zumeist erst ab einer Brüstungshöhe von mehr als 8 m erforderlich wird, ist dies i. d. R. standardmäßig bei Gebäudebränden mit alarmiert und bereichert das Repertoire an einsatztaktischen Möglichkeiten. Sofern der Einsatzleiter aus einsatztaktischen Gründen auf das Hubrettungsgerät an der Einsatzstelle verzichtet, ist das entsprechende Personal nicht mehr an sein Fahrzeug gebunden und nimmt andere Aufgaben war. Wenn das Hubrettungsgerät zu Beginn des Einsatzes nicht erforderlich ist, sollte es dennoch so vor dem Gebäude positioniert werden, dass ein späterer Einsatz möglich ist. Andernfalls kann es vorkommen, dass gefüllte Leitungen, andere Gerätschaften oder schlimmstenfalls Fahrzeuge den erforderlichen Platz belegen. Zudem ist der zusätzliche Platzbedarf für das Ablegen des Korbes zum Montieren von Anbauteilen oder zum Ein- oder Aussteigen zu berücksichtigen.

Neben den Hubrettungsgeräten der Feuerwehr kann auch der Einsatz von tragbaren Leitern erforderlich werden. Zu den sog. tragbaren Leitern gehören die vierteilige Steckleiter sowie die dreiteilige Schiebleiter. Diese werden zumeist senkrecht zur Fassade, an der angeleitert werden soll, abgelegt und anschließend aufgerichtet. Da die Größe einer Aufstellfläche für tragbare Leitern baurechtlich nicht definiert wird, kann bspw. zur Menschenrettung ein Unterbauen der Leiter aufgrund beschränkter Platzverhältnisse erforderlich werden. Das Aufstellen der tragbaren Leitern kann aufgrund der örtlichen Gegebenheiten wie Dunkelheit, Schneefall, Lagerung von Abfällen oder abgestellten PKWs teilweise erheblich erschwert sein. Es sollte jedoch nicht durch die Raumordnung der Feuerwehr zusätzlich erschwert werden.

Die Fahrzeugaufstellung hat initial einen maßgeblichen Einfluss auf die Raumordnung an einer Einsatzstelle. Die klassische, aber nicht pauschal immer am besten geeignete Aufstellung eines Löschzuges bei einem Gebäudebrand sieht so aus, dass der ELW und das erste Löschfahrzeug an der Einsatzstelle vorbeifahren. Das Hubrettungsgerät wird vor dem Gebäude in Stellung gebracht; das zweite Löschfahrzeug und der Rettungsdienst verbleiben dahinter. Je nach örtlichen Erfordernissen, der Reihenfolge sowie der Art der anrückenden Fahrzeuge, muss individuell entschieden werden, welches Fahrzeug zur Erfüllung welches Auftrags wo positioniert wird.

Des Weiteren ist für eine gute Raumordnung an der Einsatzstelle ein gutes Schlauchmanagement maßgeblich. Hierzu sind auch Schlauchreserven erforderlich, die möglichst senkrecht zur Zugangsöffnung zu verlegen sind, damit der Schlauch leicht in das Gebäude nachgezogen werden kann, ohne mit einer Kupplung beispielsweise an der Türzarge hängen zu bleiben. Bezüglich des Schlauchmanagements (▶ Kapitel 7.8) sind unbedingt die örtlichen Gegebenheiten außerhalb und innerhalb des Gebäudes zu beachten. Es ist im Einzelfall festzulegen, wie die Schläuche und Schlauchreserven vor Ort anzuordnen sind. Des Weiteren ist darauf zu achten, dass der Verteiler nicht unmittelbar vor dem Zugang des Gebäudes liegt, um nicht zur Stolperfalle für die eigenen Einsatzkräfte zu werden. In den meisten Fällen befindet sich vor den Hauseingangstüren keine ausreichend große Fläche, um ein optimales Schlauchmanagement durchzuführen. Dies hat zur Folge, dass die Schlauchleitungen auf der Straße verlegt werden müssen und diese blockieren. Hier ist unbedingt mit geeigneten Mitteln zu gewährleisten, dass nachrückende Einsatzfahrzeuge die Löschwasserleitungen der im Gebäude befindlichen Trupps nicht beschädigen. Dies kann fatale Folgen haben.

6.3 Befehlsausgabe

Um den klassischen Führungskreislauf zum Abschluss zu bringen, bedarf es nun noch die gesammelten Erkenntnisse, die Planungsergebnisse und letztendlich den getroffenen Entschluss zu kommunizieren. Die Kunst dabei ist es, die relevanten Informationen klar und deutlich zu kommunizieren und dabei die wichtigen Informationen von den Unwichtigen zu trennen, damit möglichst wenig Informationsverlust entsteht. Abschließend muss dann noch sichergestellt werden, dass der Informationsfluss auch funktioniert hat.

BEFEHLSGEBUNG

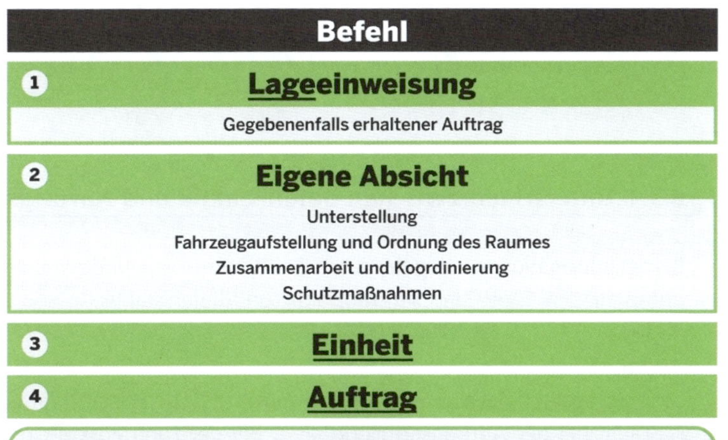

LAGEFESTSTELLUNG

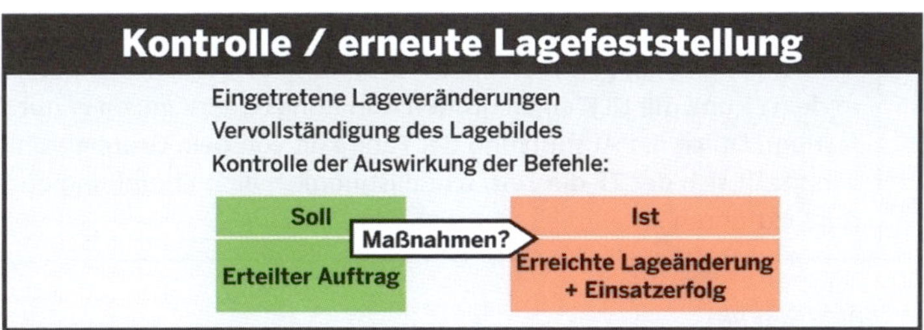

Abgeleitet von FwDV 100 - Stand 1999 (Kap. 3.3 Führungsvorgang)

Bild 112: *Poster Führungsvorgang – Befehlsgebung (Quelle: IdF NRW)*

Da wir uns in dem hier beschriebenen Werk mit Gebäudebränden beschäftigen, wird nur die Befehlsgebung direkt an der Einsatzstelle näher beleuchtet.

Info:

Weiterführende Informationen über andere Befehlsarten sind z. B. der FwDV 100 zu entnehmen.

6.3.1 Unterschied zwischen Befehlstaktik und Auftragstaktik

Bei der Informationsweitergabe durch die Führungskraft wird zwischen zwei Taktiken unterschieden. Diese sind Auftragstaktik und Befehlstaktik.

Auftragstaktik

Die Auftragstaktik ist eine Führungskonzeption, die den Einsatzkräften möglichst viel Freiraum bei der Auftragserfüllung lässt. Bei der Führungskraft und bei den Einsatzkräften wird ein hohes Maß an fachlichen Fähigkeiten und verantwortungsbewusster Selbstständigkeit vorausgesetzt. Daher wird die Auftragstaktik eher auf höheren Führungsebenen (wie z. B. Zugführerebene) angewendet. Vorteil hierbei ist, dass sich die übergeordnete Führungskraft Freiräume schafft und somit auch komplexe Lagen beherrschen kann.

Beispiel:

Ein Löschzug triff an der Einsatzstelle ein, wo sich sofort sichtbar mehrere Personen am Fenster der Brandwohnung befinden. Der Zugführer wird durch Bewohner informiert, dass sich auf der Rückseite noch weitere Personen an Fenstern befinden. In diesem Fall entscheidet sich der ZF für die Auftragstaktik und befiehlt: »LF 1 zur Menschrettung der Personen auf der Straßenseite. DLK unterstützt«. Hierdurch gibt er dem LF und der DLK einen großen Handlungsspielraum, da er nur das Einsatzziel festlegt. Durch die Ausnutzung der Fähigkeit von dem Gruppenführer auf dem LF verschafft sich der ZF die Zeit, schnellstmöglich eine Erkundung auf der Rückseite durchzuführen.

Befehlstaktik

Die Befehlstaktik wird gewählt, wenn ausreichend Erkundungsergebnisse vorliegen und somit der Führungskreislauf mit der Planung von konkreten Maßnahmen abgeschlossen werden kann. Der Befehl lässt den handelnden Personen wenig

Spielraum für eigene Ideen. Dies kann in gewissen Situationen einen Zeitgewinn erzeugen. Oftmals wird diese Taktik durch Gruppenführer eingesetzt.

> **Beispiel:**
> **Der Löschzug trifft an der Einsatzstelle ein, wo eine Person im 2. OG auf einer Fensterbank sitzt und aus dem Fenster dichter Rauch austritt. Der Zugführer schätzt die Lage so ein, dass nur ein sofortiger Einsatz der DLK die Menschrettung ermöglicht. Er wählt die Befehlstaktik, da er bereits eine detaillierte Entscheidung getroffen hat. »DLK zur Menschrettung mittels Hubrettungssatz ins 2. OG zu der Person am Fenster vor«. Der Ermessensspielraum der DLK Besatzung wird durch die Befehlstaktik sehr beschränkt, was angesichts des Zeitdrucks angemessen ist.**

6.3.2 Der klassische Befehl

Der klassische Befehl, wie er in der FwDV 100 beschrieben ist, beinhaltet folgende Punkte:

Einheit: Hier wird durch den Befehlsgeber der Adressat des Befehls explizit genannt. Wichtig ist, dass diese Information am Anfang vom Befehl steht, damit auf der einen Seite die Aufmerksamkeit des betreffenden Empfängers (z. B. Wassertrupp) geschärft wird und auf der anderen Seite alle sonstigen Einsatzkräfte ihre Aufmerksamkeit wieder auf ihre aktuelle Tätigkeit richten können. Sollte ein Befehl ohne das konkrete Ansprechen von einem Adressaten erfolgen, dann betrifft der Inhalt alle mithörenden Einsatzkräfte. Dies kennt man klassisch aus dem Einsatz mit Bereitstellung.

Auftrag: Der eigentliche Auftrag innerhalb der Befehlsgabe gibt dem Adressaten die eigentliche Handlungsweise vor. Es ist für die eingesetzten Kräfte wichtig zu wissen, bis wann ihr Auftrag auszuführen und wann er zu Ende ist. Ist das Ziel z. B. die Menschenrettung einer Person aus der brennenden Wohnung, dann ist klar, wann der Befehl zu Ende ist. Entweder nach der Rettung einer Person oder nach der ergebnislosen Suche.

Mittel: Unter dem Punkt Mittel wird das Arbeitsgerät festgelegt, welches die betreffenden Kräfte einsetzen sollen. Hierbei ist es wichtig, das Wesentliche vom Unwesentlichen zu trennen. Festgelegte Standards sollten hierbei nicht mit aufgezählt werden, da sie den Befehl überfrachten und somit wesentliche Informationen eventuell untergehen.

Ziel: Mit dem Ziel ist in der Befehlstaktik der Ort gemeint und nicht der Umfang. Bei einem Befehl zur Menschenrettung im 3. OG ist das 3. OG das Ziel. Die

Menschenrettung ist der Auftrag. Nur bei der Entschlussfassung ist mit dem Ziel der Schwerpunkt gemeint bzw. wie damit umgegangen werden soll.

Weg: In dem Befehl sollte den eingesetzten Kräften auch der Weg, über den sie vorgehen sollen, vermittelt werden. Dies ist nicht nur für die vorgehenden Einsatzkräfte wichtig, sondern auch für den Befehlsgeber. Nur so kann dieser nämlich taktische Strukturen schaffen und weiß auch zu jeder Zeit, über welchen Weg er seine eingesetzten Kräfte z. B. bei einer Notlage finden kann.

Somit stellt die klassische Befehlsgebung eine gute Grundstruktur sicher, mit der relevante Informationen zielgerecht verteilt werden können. Ein weiterer großer Vorteil hierbei ist, dass alle Einsatzkräfte durch den Ausbildungs- und Übungsbetrieb diese Struktur kennen und gewohnt sind, damit zu arbeiten.

6.3.3 Weitere Inhalte für Befehlsgebung bei Gebäudebränden

Mit dem klassischen Einsatzbefehl lassen sich Einsatzaufträge gut vermitteln. Um aber den Einsatzablauf effektiver und auch sicherer zu gestalten, sollten bedingt zusätzliche Informationen transportiert werden. Auch hier gilt es, die wichtigen von den unwichtigen Inhalten zu trennen.

6.3.4 Allgemeine Lageeinweisung

Was ist wo passiert und wie kann ich jetzt helfen? Jeder von uns kennt dieses Bedürfnis nach Informationen, wenn man sich auf der Anfahrt im Mannschaftsraum auf den bevorstehenden Einsatz vorbereitet. Manchmal liegen nähere Informationen über die allgemeine »heiße« Lage bei der direkten Befehlsausgabe an einzelnen Einheiten noch nicht vor aber im Normalfall verfügt der Einheitsführer schon allein durch die Erkenntnis seiner Erkundung über mehr Infos, als aus der Alarmdepesche abzuleiten waren. In diesem Fall ist es Sinnvoll, vor dem ersten konkreten Einsatzbefehl eine allgemeine KURZE Lageeinweisung an alle Einsatzkräfte zu geben. Hierbei ist es völlig ausreichend, wenn folgende Fragen beantwortet werden:

- **WAS** für eine Lage liegt vor?
- Eine möglichst genaue Örtlichkeit, **WO** das Schadensereignis ist.
- **WAS** ist die Hauptgefahr?

Durch diese sehr leicht zu gebenden Informationen können sich alle Einsatzkräfte mental auf den bevorstehenden Einsatz einstellen.

Besondere Gefahren: Bei der Befehlsgebung an einzelne Einheiten sollten besondere Gefahren aus den Erkundungsergebnissen separat erwähnt werden. Damit ist nicht gemeint, dass bei einem Wohnungsbrand mit Atemgiften zu rechnen ist. Hierbei geht es eher um Gefahren, mit denen man beim Gebäudebrand nicht unbedingt rechnet. Ein häufig anzutreffendes Beispiel wäre der Betrieb von Propangaskochern oder Heizgeräten im Wohnbereich. Sollten diese Erkenntnisse durch die Erkundung und Befragung gewonnen werden, so muss dies zwingend den eingesetzten Kräften mitgeteilt werden.

6.3.5 Die Einheitliche Sprache

Damit die abgegebenen Informationen vom Sender (z. B. Einheitsführer) beim Empfänger auch so ankommen, dass sie richtig umgesetzt werden, bedarf es einer einheitlichen Sprache. Dies bedeutet nicht nur, dass in einer Sprache kommuniziert wird, die beide Seiten sicher verstehen, sondern auch, dass die verwendeten Fachbegriffe bei allen Beteiligten vorhanden sein müssen. Neben der Feuerwehrsprache (wie z. B.: »1 Rohr«, »Wasserentnahme offenes Gewässer«, …) müssen beim Gebäudebrand auch Begriffe aus der Baukunde bekannt sein. Nur wenn jeder weiß, was eine Gaube ist, kann diese präzise Ortsangabe auch in einem Befehl verwendet werden. Durch einen gezielten Einsatz dieser Spezialbegriffe im Aus- und Fortbildungsdienst kann dieses Wissen aufgebaut und gefestigt werden. Hierbei muss eine einheitliche Sprachwahl trainiert werden. Gerade bei Geschossangaben kommt es immer wieder zu Abstimmungsproblemen. Die Bezeichnung »erstes Ober-

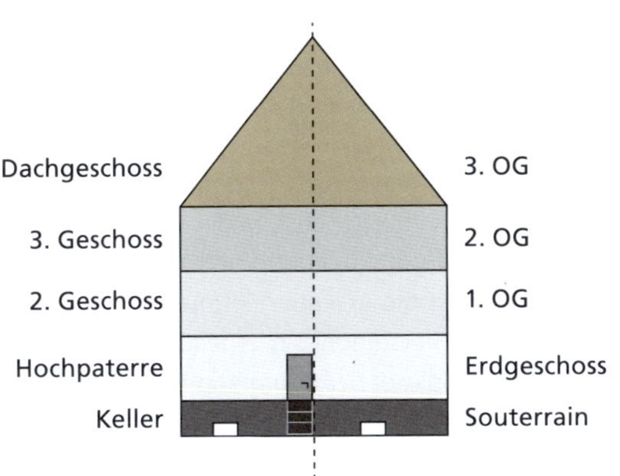

Bild 113: ***In Wohngebäuden werden Örtlichkeiten oftmals unterschiedlich bezeichnet.***

geschoss« und »zweites Geschoss« meint das Gleiche, wird aber oftmals unterschiedlich gedeutet.

6.3.6 Befehlswiederholung

Ein nicht zu unterschätzender Teil des Befehls ist die Befehlswiederholung. Immer wieder wird diese von Einsatzkräften als »Zeitverschwendung« angesehen. Es ist schon verständlich, dass Einsatzkräfte immer das Bedürfnis haben, möglich schnell ins Handeln zu kommen. Aber ein falsch aufgenommener oder falsch verstandener Befehl kann nicht nur den Einsatzerfolg in Frage stellen, sondern auch schnell zu einer Eigengefährdung führen. Die Vergangenheit hat leider gezeigt, dass durch fehlerhafte Informationsaufnahme tödliche Unfälle entstanden sind.

6.3.7 Kommunikationswege

Befehle könne über unterschiedlichste Wege verteilt werden. Direkt an Einsatzstellen wird allerdings meistens auf eine verbale Kommunikation zurückgegriffen. Aber auch hier gibt es Unterschiede, die beachtet werden müssen:

- Direkte Kommunikation: Bei der direkten Kommunikation sehen sich Befehlsgeber und Befehlsempfänger direkt an. Das ist der beste und sicherste Weg der Kommunikation, da neben dem gesprochenen Wort auch noch Gesten mit eingesetzt werden können. Somit erreichen die Informationen den Empfänger über mehrere Wege. Gleichzeitig kann der Befehlsgeber neben der Sprache auch anhand von Gestik und Mimik erkennen, ob seine Informationen richtig und sicher angekommen sind.
- Kommunikation über Funk: Üblich an Einsatzstellen ist auch die Kommunikation über Funk. Der große Vorteil hierbei liegt in der Reichweite. Einsatzstellen können räumlich sehr ausgedehnt sein. Über die Kommunikation mittels Funk können diese Entfernungen einfach überwunden werden. Von Nachteil hierbei ist, dass weder Gestik noch Mimik benutzt werden können. Die Informationen werden also nur verbal übertragen. Dies limitiert die Funkkommunikation oftmals in der Komplexität der Befehle und auch in der Verständnissicherheit beim Empfänger. Daher gilt der Grundsatz: »Je komplexer der Informationsinhalt ist, desto eher sollte die direkte Kommunikation bevorzugt werden«. Weiterhin hat der Einsatz

von Funktechnik ein gewisses Ausfall- und Sprachqualitätsrisiko. Deshalb ist der Befehlswiederholung eine noch höhere Bedeutung zuzuschreiben.

- Kommunikation über Melder: Aufgrund der heutzutage vorliegenden Funktechnik wird immer weniger über den Melder kommuniziert. Dieser sollte aber zumindest als Rückfallebene nicht ganz außer Acht gelassen werden. Der Vorteil von einem Melder ist, dass er neben der verbalen Kommunikation auch andere unterstützende Medien (wie z. B. Zeichnungen oder Pläne) übermitteln kann. Als Nachteil ist zu erwähnen, dass hier eine Art »Stille Post« betrieben wird. Die Informationen gehen nicht direkt vom Befehlsgeber zum Empfänger, sondern über einen Vermittler. Somit ist die Wahrscheinlichkeit größer, dass der Informationsgehalt lückenhaft oder verfälscht beim Empfänger ankommt.

6.3.8 Unterstützung der Kommunikation

6

Um Befehle sicher zu übermitteln, sollten möglichst immer mehrere Kommunikationswege genutzt werden. Die verbale Kommunikation sollte dabei idealerweise immer visuell unterstützt werden. Daher sollte jeder Einheitsführer immer eine Schreibunterlage zur Hand haben. Durch die Anfertigung von z. B. Lageskizzen können Befehle sicherer übermittelt werden. Auch wird die Vorstellungskraft der Befehlsempfänger durch Zeichnungen und Skizzen besser angesprochen und es bedarf meistens dann auch weniger Rückfragen.

6.4 Kontrolle

Nach der Befehlsgabe endet im eigentlichen Sinn ein Führungsdurchlauf. Da es sich aber laut Definition des Führungsvorgangs um einen

- in sich geschlossenen,
- immer wiederkehrenden und
- zielorientierten

Denk- und Handlungsablauf handelt, startet mit der Befehlsgebung automatisch der nächste Führungsdurchlauf.

Bei diesem erneuten Führungsdurchlauf ist neben der erneuten oder auch erweiterten Erkundung zusätzlich zu überprüfen, ob die schon getroffenen Maßnahmen wirken und einen positiven Einfluss auf die geforderte Zielsetzung ausüben. Dieser Vorgang wird auch als Kontrolle bezeichnet. Die Kontrolle kann hierbei nicht

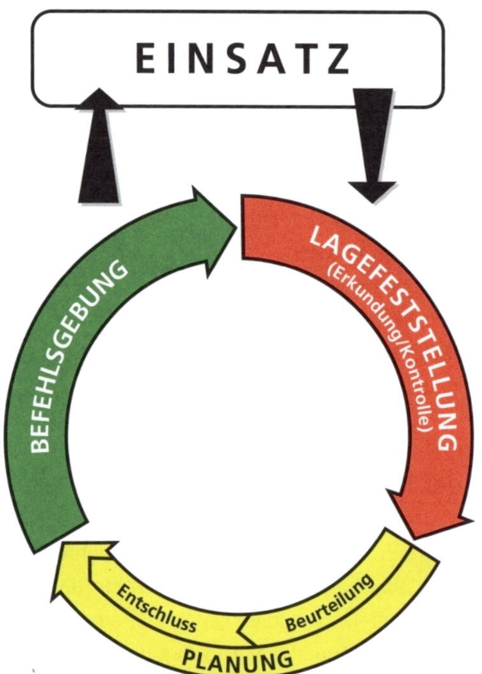

Bild 114: ***Kontinuierlicher Führungskreislauf***

nur von den Führungskräften durchgeführt werden. Jede einzelne Einsatzkraft sollte immer kontrollieren, ob die von ihr durchgeführten Maßnahmen auch wirklich der im Befehl gesetzten Zielvorgabe dienlich sind. Somit wird Kontrolle auf allen Ebenen durch alle Einsatzkräfte durchgeführt.

Hierbei wird auch deutlich, dass die Kontrolle nicht nur immer am Ende eines Führungsdurchlaufs erfolgen muss, sondern ein kontinuierlicher Prozess ist.

6.4.1 Aufgabe der Kontrolle

Laut Definition im Duden heißt Kontrolle »dauernde Überwachung, Aufsicht, der jemand, etwas untersteht«. Im Feuerwehrwesen wird die Definition etwas weitgreifender gefasst. Hier dient die Kontrolle in erster Linie zur Feststellung, ob getroffenen Maßnahmen der Zielsetzung in Bezug auf

- Erfolgsaussicht,
- Sicherheit,

- Schnelligkeit,
- Umweltverträglichkeit,
- Aufwand und
- Gesamtwirkung

wirksam sind. Die Ergebnisse dieser Kontrolle beeinflussen dann maßgeblich die nächsten Einsatzschritte. Somit stellt die Kontrolle einen wesentlichen Schritt bei der weiteren Einsatzplanung dar und muss sorgfältig durchgeführt werden! Die Kontrolle ist hierbei nicht nur visuell durchzuführen, sondern die Ergebnisse sind auch zu Dokumentieren. Nur so kann eine sinnvolle Einsatzdokumentation mit einem zeitlichen Verlauf aufgestellt werden. Somit ist Kontrolle auch für spätere Nachfragen oder Nachbesprechungen ein sinnvolles Instrument.

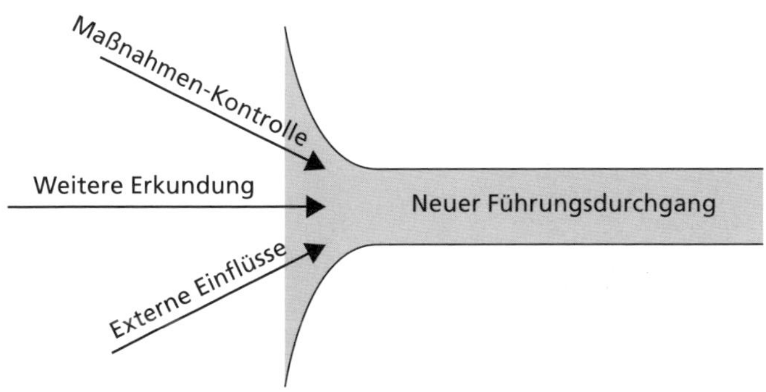

Bild 115: ***Einflüsse auf erneuten Führungsdurchgang***

Kontrolle als kontinuierlicher Prozess

Die Kontrolle wird im Führungskreislauf speziell immer am Ende eines Durchganges erwähnt. Allerdings ist sie ein kontinuierlicher Bestandteil der Einsatzlage. Jegliche eintreffende Information wird unweigerlich im Unterbewusstsein ausgewertet und in eine Feedbackschleife gepackt. Sollten bei diesem Prozess gravierende Abweichungen zum gesetzten Ziel festgestellt werden, führt dieses zu einem sofortigen Ändern der Maßnahmen. Als extremes Beispiel kann man hier den drohenden Gebäudeeinsturz nennen. Sobald diese Gefahr durch eine Information (akustisch, visuell, ...) aufgenommen wird, entsteht im unterschwelligen Kontrollprozess eine extreme Zielabweichung und es kommt zu einem sofortigen Ändern der Maßnahmen.

Arten von Informationsgewinnung

Um eine Kontrolle an einer Einsatzstelle durchführen zu können, ist die jeweilige Einsatzkraft auf Informationen angewiesen. Nur so kann das gedankliche SOLL mit dem IST abgeglichen werden. Diese Informationsgewinnung kann auf unterschiedlichste Weise erfolgen.

- Rückmeldung: Bei der Informationsgewinnung spielen Rückmeldungen eine wichtige Rolle. Durch Rückmeldungen kann nicht nur die aktuelle Situation der eingesetzten Kräfte überwacht werden (wie z. B. Standort, Atemluftvorrat usw.), sondern auch der Erreichungsgrad ihres gesteckten Zieles. Um auch hier einen sicheren Informationsfluss aufrecht zu halten, sollte der Nachrichtenempfänger den Empfang der Information bestätigen und wichtige Teile wiederholen oder eventuelle Rückfragen stellen.
- Visuelle Wahrnehmung: Ein zweites Standbein der Kontrolle ist die visuelle Wahrnehmung. Jede Führungskraft verbindet mit den gestellten Einsatzaufträgen ein bestimmtes Bild im Kopf. Jegliche sichtbare Veränderung an

Bild 116: ***Die Auswirkungen der Brandbekämpfung sind visuell erkennbar.***

der Einsatzstelle gibt auch Informationen über den Einsatzverlauf weiter. Diese Veränderungen können durch Einsatzkräfte verursacht sein oder auch über äußere Einflüsse (wie z. B. Wind) hervorgerufen werden. Aber selbst eine stabile Lage ohne Veränderungen ist eine wichtige Information für Einsatzleiter. Diese visuellen Informationen müssen erfasst werden und in die Kontrolle mit einfließen.

6.4.2 Delegieren von Kontrolle

Einsatzstellen können sehr komplex sein und sich auch räumlich weit erstrecken. Somit ergeben sich auch viele Ziele, die möglichst gleichzeitig erreicht werden müssen. Dieses hat auch zur Folge, dass viele Informationen vom Einsatzleiter aufgenommen und verarbeitet werden müssen. Allerdings ist unsere kognitive Leistungsfähigkeit endlich. Die Definition von kognitiven Fähigkeiten ist einfach gesagt die Fähigkeit, Signale aus der Umwelt wahrzunehmen und diese weiterzuverarbeiten. So ist der Mensch z. B. nur in der Lage gleichzeitig 7 ± 2 Informationseinheiten (Chunks) im Kurzzeitgedächtnis präsent halten zu können. An Einsatzstellen kann diese Zahl durch äußere Einflüsse (wie z. B. heiße Lage, Befragungsergebnisse, visuelle Wahrnehmung und Rückmeldungen) schnell überschritten werden. Aus diesem Grund werden in komplexeren Situationen Einsatzabschnitte gebildet und somit auch Kontrolle delegiert.

Sicherheitsassistent

Sicherheit für die eigenen Einsatzkräfte sollte das oberste Ziel jedes Einsatzleiters sein. Somit besitzt der Faktor »Sicherheit« bei der Kontrolle einen übergeordneten Stellenwert. Natürlich können nicht alle Gefahren in einer Einsatzsituation eliminiert oder damit umgangen werden. Ein gewisses Restrisiko bleibt immer. Trotzdem kann es sinnvoll sein, diesen besonderen Punkt der Kontrolle zu delegieren. Somit kann sich eine hierfür beauftragte Einsatzkraft speziell um die Informationsgewinnung und Bewertung kümmern. In anderen Ländern (wie z. B. den USA, Australien, Frankreich oder der Schweiz) ist dieser sogenannte »Safety Officer« schon Standard und erhält auch bei uns immer mehr Einzug. Der Sicherheitsassistent wird als eine Art Stabsfunktion unterhalb des Einsatzleiters angesiedelt und kümmert sich um alle Aspekte der Sicherheit an der Einsatzstelle.

»10 Sekunden für 10 Minuten«

Ein bereits bekannter Zeitansatz im Feuerwehrwesen sind die 10-Minuten-Abschnitte aus der Atemschutzüberwachung. Angelehnt an das 10-für-10-Prinzip aus dem CRM (Rall, Glavin, Flin 2008) ist es möglich, regelmäßige Besprechungen bei größeren bzw. komplexeren Einsatzstellen mit allen eingesetzten Führungskräften abzuhalten. Zu vergleichen ist »10-für-10« mit einem Timeout aus dem Sport. Im sportlichen Wettkampf wird ein Timeout genutzt, um Fehlentwicklungen vorzubeugen und zu verhindern, dass wichtige Dinge übersehen oder unterschätzt werden. Im Grunde genommen verhält es sich im operativen Einsatz nicht anders. Viel schwerwiegender ist die Tatsache, dass sich der Einsatz aus einer Ad-Hoc Situation entwickelt hat. Bedeutet: Die an der Einsatzstelle tätige Feuerwehr hatte keine Möglichkeit, sich im Vorfeld den »Gegner« genau anzuschauen und das Spielfeld, auf dem sich die Lage entwickelt, in Ruhe vorab zu erkunden. Ausnahmen sind die Objektbegehungen bzw. OTS von Liegenschaften mit erhöhtem Gefährdungspotential (▶ Kapitel 6.1 »Erkundung«).

M	Meldende Person	
E	Einsatzstelle	
L	Lage	
D	Durchgeführte Maßnahmen	
E	Einheiten im Einsatz	
N	Nachforderungen	

Bild 117: ***MELDEN-Schema (Quelle: EINSATZ:Mensch)***

Ein Werkzeug, welches anstatt des »10-für-10« verwendet werden kann, ist das sogenannte MELDEN-Schema. Mit dieser Struktur ist ein Soll/Ist-Vergleich der Einsatzstelle möglich.

- Welche Kräfte sind vor Ort?
- Welche Gefahren bzw. Wirkungen müssen wo als Erstes bekämpft werden?
- Wer führte welche Gefahrenabwehrmaßnahmen durch?
- Reichen die Kräfte aus?

So können das Restrisiko (untypische Bedingungen/lokale Auslöser) und die momentan stattfindenden aktiven Fehler rechtzeitig erkannt werden und schwere Unfälle verhindert bzw. reduziert werden.

Apropos Unfälle:

Sobald mit Zeitstempel (mehr oder weniger regelmäßig) Timeouts mit »10-für-10« durchgeführt werden, ist auch eine rechtssichere Einsatzstellendokumentation möglich. Hier bietet es sich an, sich an dem Fahrzeug zu treffen, an dem diese Führungsunterstützung durchgeführt wird.

Je nach Größe der Einsatzstelle werden Lagebesprechungen mit einer Lagedarstellung kleineren oder größeren Ausmaßes durchgeführt. Wichtig dabei ist eine übersichtliche, klare und verständliche Darstellung. Die Lagedarstellung in diesem Sinn wächst mit der Einsatzstelle mit. Primär (zur ersten visuellen Einordnung der Lage) bieten sich Schreibmappen an. Im weiteren Verlauf können die bereits beschriebenen taktischen Arbeitsblätter genutzt werden (▶ Kapitel 6.2 »Planung«). Die Lagedarstellung kann auch digitalisiert werden. Vor allem der Einsatz von Drohnen sorgt dafür, eine klarere Übersicht über die Schadenlage zu bekommen, die Wirksamkeit von eingeleiteten Maßnahmen zu evaluieren und Gefahren der Einsatzstelle frühzeitig erkennen zu können.

Unerlässlich für eine strukturierte Kontrolle und Lagebesprechung in 10-Minuten-Kaskade ist vor allem die strukturierte sachliche Kommunikation, in der Vorteile und Nachteile abgewogen werden, um das Einsatzziel nicht aus den Augen zu verlieren. Mit jeder Kaskade verändert sich die Verfügbarkeit von Technik und Personal. I. d. R. wird initial ein massives Missverhältnis zwischen anfallenden Aufgaben und verfügbarem Personal herrschen. Im Verlauf werden weitere Kräfte nutzbar sein, die zielgerichtet aus einem Bereitstellungsraum heraus eingesetzt werden.

6.4.3 Kommunikation/CRM als Kontrollmöglichkeit

Erkundungsergebnisse lassen sich auf vielfältige Weise erlangen. Je nach Feuerwehr und Meldebild fahren Führungsfahrzeuge 1/0/0, 1/1/0 oder 1/0/1 Einsatzstellen als Erste an, um einen kleinen, aber sehr relevanten Zeitvorteil beim Erkunden zu haben. Dass Führungsfahrzeuge voraus fahren ist aber nicht immer gegeben. So ist die Bandbreite der Möglichkeiten, Erkundungsergebnisse zu erhalten, sehr groß – im gleichen Zuge aber auch die Bandbreite der Missverständnisse. Eine Führungskraft, die allein erkundet, nutzt ihre visuelle und auditive Wahrnehmung zur Erkundung. Werden allerdings mehrere Kräfte zum Erkunden eingesetzt, kann es Missverständnisse geben. Eine strukturierte und einheitliche Kommunikation sollte in diesen Fällen obligat sein.

Durch die hohe Verantwortung und den damit verbundenen Handlungsdruck sind Feuerwehren in ganz besonderer Weise an Einsatzstellen gefordert. Der Einsatzleiter muss Entscheidungen treffen, die über das Erreichen des Einsatzzieles entscheiden. Um sicher zu sein, dass alle Kräfte die Befehle verstanden haben, werden sie wiederholt. Ein Wiederholen des Befehls gibt dem Einsatzleiter diese Sicherheit. Hier setzt unter anderem auch das Crew Ressource Management (CRM) an. Individuelle kognitive Elemente und Team-Management inklusive Kommunikation sind die beiden Säulen. CRM beschränkt sich selbstverständlich nicht nur auf Befehlswiederholung. Im CRM werden 15 Leitsätze definiert (Rall und Gaba 2009):

1) Kenne deine Arbeitsumgebung.
2) Antizipiere und plane voraus.
3) Hilfe anfordern, lieber früher als später.
4) Übernimm die Führungsrolle oder sei ein gutes Teammitglied mit Beharrlichkeit.
5) Verteile die Arbeitsbelastung (10-Sekunden-für-10-Minuten).
6) Mobilisiere alle verfügbaren Ressourcen (Personen und Technik).
7) Kommuniziere sicher und effektiv – sag was dich bewegt.
8) Beachte und verwende alle vorhandenen Informationen.
9) Verhindere und erkenne Fixierungsfehler.
10) Habe Zweifel und überprüfe genau (»double check«, nie etwas annehmen).
11) Verwende Merkhilfen und schlage nach.
12) Reevaluiere die Situation immer wieder (wende das 10-für-10-Prinzip an).
13) Achte auf gute Teamarbeit (andere unterstützen und sich koordinieren).
14) Lenke deine Aufmerksamkeit bewusst.
15) Setze Prioritäten dynamisch.

Diese Leitsätze wurden entwickelt um typische Probleme der menschlichen, nicht-technischen Fehlerfaktoren abzudecken. Ganz bewusst überdecken sich manche Leitsätze, damit ein doppelter Boden vorhanden ist, für den Fall einer Missachtung. Alle fünf Elemente der menschlichen Faktoren finden sich hier wieder. Aufgabenmanagement, Situationsbewusstsein, Teamwork, Entscheidungsfindung und der »Klebstoff« Kommunikation charakterisieren die menschlichen Faktoren.

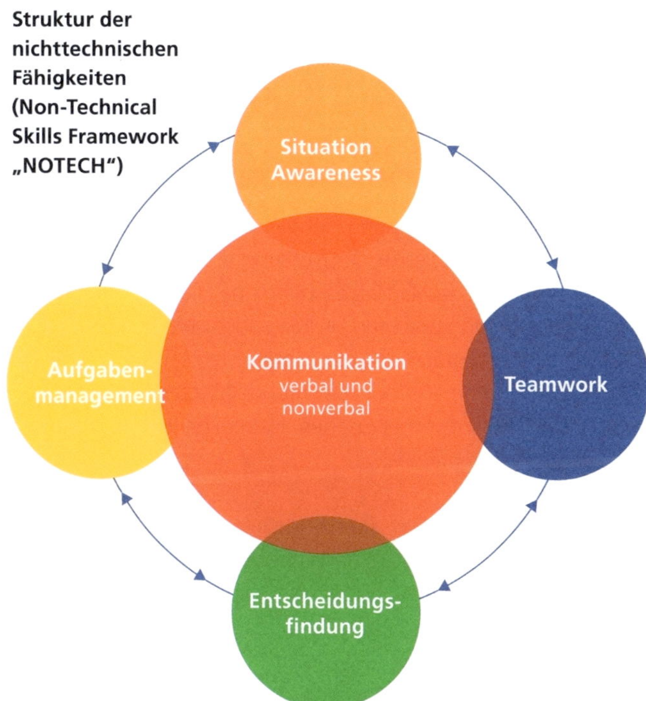

Bild 118: ***Struktur der nichttechnischen Fähigkeiten (Quelle: Drehleiter.info)***

Voraussetzung für die Einführung des CRM im eigenen Wirkungsbereich ist eine bereits vorhandene positive Sicherheitskultur. Vor allem das Bewusstsein und die Bereitschaft dahingehend sollte gut ausgeprägt sein. Im Folgenden sind die Leitsätze aus dem CRM näher beschrieben, die eine besondere Relevanz für den Einsatz der Feuerwehr haben.

»Kenne deine Arbeitsumgebung.«

Im Bereich der Feuerwehren treffen wir stets auf wechselnde Einsatzorte. Wir bringen allerdings unser Material mit, welches wir beherrschen müssen. Vor allem aber der einsatztaktische Wert der Einsatzmittel sollte jedem operativen Entscheidungsträger bekannt sein. (»Wie ist meine Einsatzbreite bzw. -tiefe? Bis zu welcher geodätischen Höhe oder Tiefe kann ich tätig werden?«) Um sicher zu gehen, dass auch die Mannschaft ihre Arbeitsumgebung kennt, ist es von Vorteil, in der Aus- und Fortbildung Prioritäten zu setzen. Der absolute Mindeststandard sollte die Kompetenz sein, die Beladung der Erstangriffsfahrzeuge, inklusive des Verlastungsortes, zu kennen.

»Antizipiere und plane voraus.«

Antizipation bedeutet in diesem Kontext: die Vorwegnahme oder Erwartung eines zukünftigen Verhaltens und Erlebens. Unter Berücksichtigung gewisser Informationen aus dem Erkundungsprozess, lassen sich unter Umständen auch bei Feuerwehren Einsatzverläufe vorhersagen. Sei es beispielsweise im Rahmen der Gebäudebeurteilung oder bei der Anwendung der Gefahrenmatrix. Wie oben beschrieben können die Größe, der Typ, die Art der Nutzung und das Baujahr eines Bauwerkes Einfluss auf den Verlauf des Einsatzes nehmen. Die Gefahrenmatrix hilft jeder Einsatzkraft, auf Gefahren zu achten. »Holz spricht bevor es bricht, Stahl nicht!« ist z. B. beim Einsturz/Absturz ein bekannter Merksatz, um materialabhängige Brandverläufe zu erkennen. Gerade bei Brandeinsätzen sind Führungskräfte gefordert, einen Einsatzverlauf vorherzusehen. Hierbei helfen vor allem Kenntnisse aus dem Bereich der Thermodynamik.

»Hilfe anfordern, lieber früher als später.«

Reichen meine Kräfte aus? Eine wichtige Frage, die bei aller Gefahrenbeurteilung und Einsatzschwerpunktfestlegung nicht zu kurz kommen darf. Teilweise ist auf der Anfahrt schon klar, ob die nach AAO alarmierten Kräfte ausreichen oder nachgefordert werden muss. Auch hier sind wieder Kenntnisse über die einsatztaktischen Werte der verfügbaren Einsatzmittel notwendig. Hier gilt es, nicht mit einem minimalen Kräfteansatz heldenhaft den Einsatz zu bestreiten, sondern nüchtern die Lage zu beurteilen und bedarfsgerecht Hilfe zu holen. Kirchturmdenken sollte in dieser Situation keine Rolle spielen. Wird nachgefordert, muss eine wichtige Komponente sichergestellt sein: der Bereitstellungsraum. Dieser sollte je nach Lage schon auf der Anfahrt festgelegt werden. Die Erfahrungen aus der Praxis zeigen immer wieder, wie wichtig die Ordnung des Raumes ist. Insbesondere wenn Hubrettungsfahrzeuge im innerstädtischen Bereich eingesetzt werden sollen.

»Kommuniziere sicher und effektiv – sag was dich bewegt.«
Befehlswiederholungen sind nicht nur bei Feuerwehren obligat. In der Fliegerei wird das CRM schon länger angewendet. Hier wird die Wiederholung »Read-Back back-Green« genannt. Dieses Prinzip ist so wichtig, da eine Kontrollebene vorhanden ist. Sprich der Sender kann überprüfen, ob das Gesagte auch bei dem Empfänger angekommen ist. Positiver Nebeneffekt ist, dass die vom Empfänger wiederholte Botschaft sich in dessen Gehirn regelrecht »einbrennt«. Insbesondere die üblichen Kommunikationsregeln sorgen für einen sicheren und effektiven Botschaftstransfer. Den Empfänger direkt anzusprechen und anzusehen ist dabei genauso wichtig, wie möglichst nicht zu schreien. Außerdem sollten durchgeführte Tätigkeiten kommuniziert werden. So lassen sich mögliche Handlungsfehler aufdecken oder Maßnahmen ergänzen.

»Habe Zweifel und überprüfe genau (»double check«, nie etwas annehmen).«
Fehler entstehen aus den verschiedensten Gründen. Fehlende Fachkompetenz, mangelnde Konzentration oder ein zu hohes Stresslevel sind einige Fehlerfaktoren. Oftmals sind es die kleinen Versäumnisse, die zu großen Problemen führen. Ist eine Kettenreaktion erstmal ausgelöst, wird es mit fortschreitender Zeit immer schwieriger, den Prozess aufzuhalten. Mithilfe des sog. Double- oder Cross-Check können mögliche Fehler frühzeitig aufgedeckt werden. Hier werden Informationen von verschiedensten Quellen erneut sorgfältig überprüft. Beispielsweise bei einem verunfallten Fahrzeug, welches über einen nachgerüsteten Autogastank verfügt. Der Angriffstrupp erkundete dieses und war der Meinung, das auch so kommuniziert zu haben. Im Verlauf des Einsatzes gab es allerdings keine einsatztaktische Anpassung. Nochmal informiert der Angriffstruppführer den Einheitsführer über die zusätzliche Gefahr. Überrascht über diese Informationen, passt der Gruppenführer die Einsatztaktik der »neuen« Einsatzlage an.

»Verwende Merkhilfen und schlage nach.«
GAMS-Regel, HAUS-Regel oder das MELDEN-Schema sind bekannte Merkhilfen für den Einsatzdienst. Besonders in der Anfangsphase des Einsatzes geben uns Schemata eine gewisse Struktur und Sicherheit. Gerade der Führungsvorgang unterstützt Einheitsführer bei der Entscheidungsfindung. Weder Männer noch Frauen sind zu 100 % multitaskingfähig. Es prasseln viele Einflüsse auf uns ein, die verarbeitet werden müssen. Sich dann auch noch zu orientieren, fällt nicht leicht. Mit einer Struktur fällt die Orientierung deutlich leichter.

7 Vorgehen im Gebäude

7.1 Suchtechnik im Brandraum bei unbekannter Brandstelle

»Angriffstrupp mit »Rechte-Hand-Technik« über die Wohnungstür zur Menschenrettung oder Brandbekämpfung vor!« – Mit Sicherheit haben wir diesen Befehl auf irgendeiner Art und Weise bewusst oder unbewusst schon einmal ausgeübt oder sogar erteilt. Die Frage, die man sich in dem Moment aber stellen muss, ist warum wir uns gerade für »Rechts« oder »Links« entschieden haben. Wäre die »Linke-Hand-Technik« nicht gleichwertig gut?

Entscheidend ist unter dem Strich, ob eine Person oder der unklare Brandherd schnell gefunden wird, oder nicht. Sofern wir also mit der »Rechte-Hand-Technik« vorgehen und beispielsweise eine Person schnell finden, wäre die Wahl dieser »Wandseite« wie in unserem oben genannten Beispiel gut gewesen. Hätte sich die vermisste Person aber mit der entgegengesetzten Wandtechnik schneller finden lassen, wäre unsere Wahl eher schlecht gewesen. Gleiches gilt natürlich auch für die Suche nach einer unklaren Brandstelle.

Bevor wir zu einem Lösungsansatz kommen, erläutern wir, was überhaupt eine »Rechte-Hand- oder Linke-Hand-Technik« ist. Auch müssen wir hervorheben, warum ein Trupp nur durch bereits geöffnete Türen hindurch gehen sollte. Des Weiteren kann eine »Wandtechnik« ausschließlich nur dann zur Anwendung kommen, wenn die Lage der Brandstelle in einem Brandraum (z. B. Wohnung, Keller etc.) völlig unklar ist. Das Primärziel (Suche das Feuer) mit der Taktik »Brandbekämpfung zur Menschenrettung« gilt aber auch hier.

7.1.1 Wahl der richtigen Tür

Nach dem Positionspapier »Brandbekämpfung zur Menschenrettung« des Verbandes der Feuerwehren, der Arbeitsgemeinschaft der Leiter der Berufsfeuerwehren (AGBF) und des Instituts der Feuerwehr Nordrhein-Westfalen (IdF NRW) wird (bestenfalls nach erfolgtem Fensterimpuls) schnellstmöglich der Brandherd aufgesucht und mit der Brandbekämpfung begonnen. Der Vorteil ist ersichtlich, denn sofern das Feuer weniger giftige Rauchgase freisetzt und zudem die Brandintensität reduziert und damit auch die Ausbreitungsgefahr unterbunden ist, nimmt die

Gefährdung für vermisste Personen und vor allem für unsere Einsatzkräfte im Innenangriff ab.

Idealerweise wird diese Vorgehensweise mit einer taktischen Ventilation kombiniert. Hierdurch kann der Einsatzerfolg (die Menschenrettung) beschleunigt werden. Zu beachten sind hierfür allerdings entsprechende Voraussetzungen (Erkundung nach dem Brandraum, Vorhandensein einer geeigneten Zu- und Abluftöffnung, Außenrohr in Bereitstellung oder vor Beginn des Innenangriffs Abgabe eines »Fensterimpulses« in dem Brandraum).

Die Überlebenschancen für vermisste Personen sind im Brandraum am schlechtesten. Etwas besser sind die Chancen in »nur« verrauchten Bereichen und am besten in rauchfreien Bereichen. Daher ist es sinnvoll, zunächst die Brandbekämpfung und Menschensuche im Brandraum einzuleiten. Idealerweise kann ein weiterer Trupp unmittelbar verrauchte Bereiche absuchen, um die Rettung zu beschleunigen. Verschlossene Türen bleiben vorerst geschlossen, um keine Atemgifte in bis dato rauchfreie Bereiche strömen zu lassen. Bestenfalls unterstützt die taktische Ventilation das Vorgehen in dem Maße, dass beispielsweise der Wohnungsflur entraucht ist, bevor die hiervon abgehenden geschlossenen Türen geöffnet werden.

Gleiches gilt auch, wenn wie oben beschrieben die Brandstelle unklar ist. Sobald der Trupp in einem verrauchten Raum vorgeht und diesen vollständig abgesucht hat, sollte dieser nur die Türen nutzen, die schon geöffnet sind oder wurden.

7

Hinweis:

Geschlossene Zimmertüren bleiben bei der Menschenrettung zu, wenn es keine expliziten Hinweise darauf gibt, dass sich die gesuchten Personen dort befinden!

Die Prioritätenreihenfolge ist bei einer bekannten und unbekannten Brandstelle im Innenangriff immer dieselbe:

1) Feuer finden,
2) Feuer löschen,
3) Brandraum nach Personen absuchen,
4) restliche verrauchte Bereiche nach Personen absuchen.

Findet der Trupp die Person vorher, rettet er diese sofort!

Sofern Türen angelehnt oder nur leicht geöffnet sind, muss abgewogen werden, ob sich noch weitere (komplett geöffnete) Türen im Raum befinden. Grundsätzlich wählt der Trupp die Tür, durch die der Rauch ungehindert in den dahinterliegenden Raum dringen konnte. Sofern alle Türen im Raum verschlossen sind, beachtet man die taktischen Hinweise im Abschnitt ▶ 7.7 »Türöffnungs-Prozedur im Innenangriff«. Der Einsatz einer Wärmebildkamera ist hier unerlässlich.

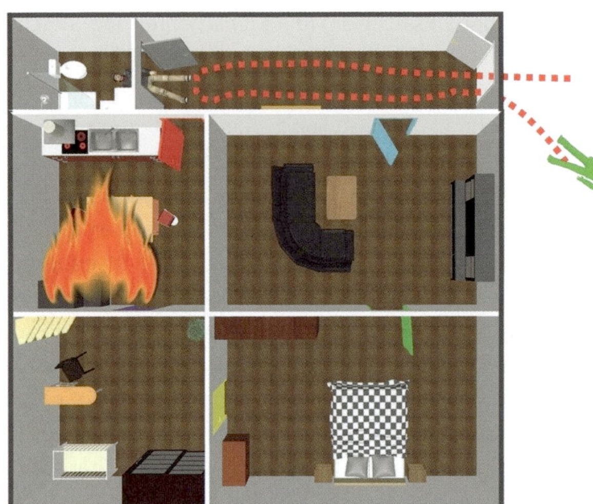

Bild 119: ***Der vorgehende Trupp unterbricht die »Brandbekämpfung zur Menschenrettung«, wenn er eine vermisste Person auffindet! Der Trupp rettet die Person und beginnt nach Abschluss der Menschenrettung bei seinem letzten Ausgangspunkt oder übergibt diesen an den Unterstützungstrupp.***

Hinweis:

Die Kommunikation im Innenangriff unter den Trupps, gezielte Rückmeldungen an den Abschnittsleiter »Innenangriff« oder Einheitsführer sowie die Atemschutzüberwachung sind unerlässlich. Achten Sie hierbei auf Funkdisziplin und geben Sie stets gezielte und entscheidende Informationen weiter.

Info:

Für detailliertere Informationen verweisen wir auf die »Fachempfehlung für die Brandbekämpfung zur Menschenrettung« vom Verband der Feuerwehren in NRW e. V., welche im Internet kostenfrei zum Download erhältlich ist (VdF NRW 2019).

Achtung:

Gerade in Einfamilienhäusern oder modernen Gebäuden (GK 1 und 2), die als Passiv- bzw. als Niedrigenergiehaus über eine zentrale Lüftungsanlage verfügen, ist es möglich, dass sich im Brandfall der Brandrauch (trotz geschlossener Zimmertüren) innerhalb der gesamten Nutzungseinheit oder auch in andere, nicht betroffene Bereiche (andere Nutzungseinheit) ausbreiten kann. Wir verweisen auf das ▶ Kapitel 2.6 »Lüftungsanlagen«.

Besonderheiten in Niedrigenergiehäusern:
Das Vorgehen muss hier entsprechend der Lage angepasst werden. Verfügt z. B. eine Wohnung über eine zentrale Lüftungsanlage, müssen hier alle Räume kontrolliert werden (also auch die Räume hinter einer verschlossenen Tür).

Angepasste Vorgehensweise speziell in energetischen Gebäuden mit Lüftungsanlagen:

1) Der Leitsatz »Feuer suchen und löschen« gilt weiterhin. (Hinweis: Wird während der Suche nach dem Feuer eine Person gefunden, wird diese selbstverständlich gerettet!)
2) Alle Räume kontrollieren und Absuchen (verschlossene Türen öffnen).
3) Ist der Raum hinter einer verschlossenen Tür nicht verraucht, wird die Tür sofort wieder geschlossen und es wird vorerst in verrauchten Räumen weitergesucht.
4) Ist der Raum hinter einer verschlossenen Tür verraucht, wird dieser kontrolliert.

7.2 Grundlegendes zur Technik »Rechte-/Linke-Hand«

Bei der »Rechte-Hand-Technik« geht der Trupp rechts an der Wand entlang vor und sucht unabhängig von diversen Öffnungen (geschlossene oder offene Tür) zuerst den gesamten betroffenen Raum ab. Erst danach verlässt der Trupp den Raum über eine Öffnung (z. B. über eine vorgefundene offene Tür) und wiederholt denselben Prozess, bis alle Räume durchsucht worden sind.

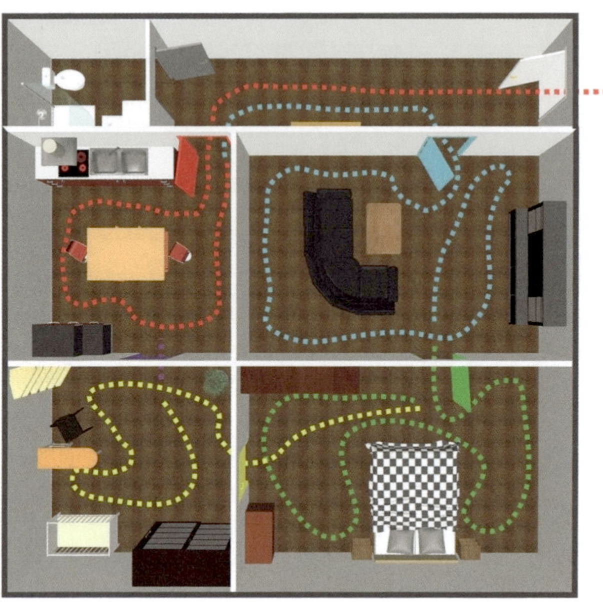

Bild 120: ***»Rechte-Hand«***

Für die »Linke-Hand-Technik« gilt fast dasselbe, wie für die »Rechte-Hand-Technik« – hier startet der Trupp nur links entlang an der Wand.

Hinweis:

Entscheidet der sich vorgehende Trupp bei einer unklaren Lage (die Lage der Brandstelle oder der Aufenthaltsort der Person ist nicht bekannt) für eine bestimmte Wandtechnik (links oder rechts entlang der Wand), wird entlang dieser Wandseite immer erst der gesamtbetroffene Raum durchsucht. Der Trupp geht während seiner Raumabsuche noch durch keine Öffnung (Tür) hindurch.

Achtung:

Ist die Lage der Brandstelle eindeutig bzw. wissen die Einsatzkräfte aufgrund ihrer Erkundungsergebnisse, wo sich diese befindet, geht der Trupp im Innenangriff gezielt zur Brandstelle vor.

7.2.1 Lösungsansatz »linke oder rechte Hand«?

Dass man primär immer erst den gesamten Raum absuchen muss, bevor man diesen wieder verlässt, wurde im oben genannten Verlauf beschrieben. Auch verdeutlicht die Skizze der Nutzungseinheit (NE), was man unter einer konsequenten Wandsuchtechnik (allgemein Suchtechnik) zu verstehen hat. Im weiteren Verlauf muss nun geklärt werden, welche Wandseite eventuell die bessere Option sein könnte. Hierzu gehen wir auf den typischen »Totraum« ein, der sehr oft durch einen Trupp zur Menschenrettung übersehen werden kann. Die Rede ist vom »Totraum hinter dem aufschlagenden Türblatt«. Sofern eine Person vor einem Schadenfeuer flüchtet, bewegt diese sich, sofern sie es noch kann, in den meisten Fällen in Richtung Tür (Ausgang). Oft kollabiert die Person vor der Tür oder kann beim »Aufschlagen dieser Tür« hinter dessen Türblatt liegen. Sofern der Trupp nun mit der vom aufschlagenden Türblatt abgewandten Seite beginnt, wären die Überlebenschance dieser Person um einiges gesunken.

Wenn wir aufgrund dieser Annahme unsere Wandsuchtechnik immer nach dem Totraum ausrichten (»Was befindet sich hinter dem aufschlagenden Türblatt?«), ergibt sich hieraus eine »Regel zur Vorgehensweise«, die uns die Wahl der richtigen

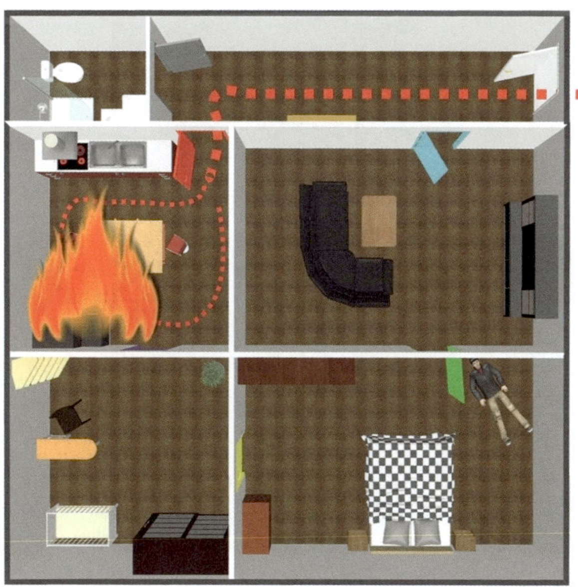

Bild 121: ***Angriff (direkte Brandbekämpfung wird eingeleitet): Sofern der Trupp die Brandstelle erkennt oder weiß, wo sich diese befindet, begibt sich dieser sofort zur Brandstelle und leitet die Brandbekämpfung ein. Eine Suchtechnik ist nicht erforderlich, weil die Lage der Brandstelle eindeutig ist.***

Wandsuchtechnik abnimmt und die Wahrscheinlichkeit, speziell den Totraum zu vergessen, sehr gering macht.

- Beispiel 1: Tür lässt sich nach innen öffnen: Türblatt schlägt nach rechts in den rückwärtigen Raum auf. Ergebnis: Wandsuchtechnik »Rechte-Hand«.
- Beispiel 2: Tür lässt sich nach innen öffnen: Türblatt schlägt nach links in den rückwärtigen Raum auf. Ergebnis: Wandsuchtechnik »Linke-Hand«.
- Beispiel 3: Tür lässt sich nach außen öffnen = Türblatt schlägt nach links in den rückwärtigen Raum auf. Ergebnis: Um der Regel treu zu bleiben, wähle ich die Wandsuchtechnik »Linke-Hand«.

Hinweis:

Die Wahl der richtigen Suchtechnik (bei unbekannter Lage der Brandstelle) orientiert sich stets danach, in welcher Richtung das Türblatt in dem Raum aufschlägt. Wir beachten stets den »Totraum« hinter dem aufschlagenden Türblatt.
Sofern die Brandstelle bekannt oder sichtbar ist, spielt die Öffnung des Türblatts und die damit verbundene Wandsuchtechnik keine Rolle mehr.

Bild 122: ***Fortsetzung der Personensuche***

▶ Bild 122 – das Schadenfeuer wurde bekämpft, der Brandraum nach vermissten Personen durchsucht, der Trupp begibt sich zur nächsten Tür (Farbe Petrol) und wendet bei einer noch vorhandenen Verrauchung (hier fand kein paralleler Lüftereinsatz statt) die Wandsuchtechnik (hier rechte Hand) an.

Hinweis:

Der Einheitsführer und die Atemschutzüberwachung müssen bei einer unklaren Lage wissen, welche Suchtechnik der Trupp gewählt hat. Rückmeldungen durch den Trupp sind unabhängig davon in regelmäßigen Abständen zu geben.

7.3 Erweiterung der Suchtechnik

Um Räume schnell und zielführend absuchen zu können, muss sich der Trupp im Innenangriff möglichst den örtlichen Gegebenheiten anpassen. Hierbei spielen fünf wesentliche Faktoren eine wichtige Rolle:

1) Wie stark ist die Rauchbelastung (Nullsicht – ja oder nein?)
2) Wo gehe ich hinein? (Wie groß ist dieses Gebäude, wie wird es genutzt?)
3) Wie viel Platz habe ich ? (Ist der Bewegungsradius ausreichend oder nicht ausreichend?)
4) Gibt es Öffnungen im Boden? (Absturzgefahr – ja oder nein?)
5) Was passiert über mir? (Thermik der Rauchschicht mit Wärmebildkamera kontrollieren).

Sofern der Trupp seine »Wandsuch-Technik« an diese Faktoren anpasst, kann er seinen Suchradius erweitern und somit schneller Bereiche, speziell nach Personen oder ggf. der Brandstelle, absuchen. Hierzu drei Beispiele:

Beispiel 1: Nullsicht, Wohnbereich im Einfamilienhaus (z. B. mit offenen Wohnbereichen), Bewegungsradius ausreichend, keine Bodenöffnungen, Rauchschicht muss nicht gekühlt werden, Brandstelle unklar.

Lösung: Je nach Türblatt Wahl der Wandsuch-Technik »Rechte- oder Linke-Hand«. Die Truppmitglieder können nebeneinander vorgehen und verlängern die Armlänge mit Hilfe einer Bandschlinge und am äußersten Punkt beispielsweise mit einer Feuerwehraxt. Sofern sich der Bewegungsradius als nicht mehr ausreichend darstellt oder sich andere Faktoren verändern (z. B. eine erforderliche Rauchschichtkühlung), geht der Trupp wieder klassisch hintereinander, entlang der Wandseite, vor.

Beispiel 2: Keine Nullsicht, größere Räume bzw. Suchbereiche, Bewegungsradius ausreichend, keine Bodenöffnungen, Brandstelle unklar.

Lösung: Erweiterung der Suchtechnik, hier Wandsuchtechnik durch aufrechtes Gehen. Der Trupp geht aufrecht vor und durchsucht den Raum. Hierbei kann er sich auch von der Wandseite lösen. Der Trupp bleibt aber stets zusammen und hält engen Sichtkontakt.

Beispiel 3: eher keine Nullsicht, ausgedehntes Gebäude bzw. Suchbereich, Bewegungsradius ausreichend, keine Bodenöffnungen, diffuse Rauchschicht muss nicht gekühlt werden, Lage der Brandstelle bekannt.

Lösung: Erweiterung der Suchtechnik, hier Wandsuchtechnik durch aufrechtes Gehen. Der Trupp begibt sich zum Brandraum, führt die Brandbekämpfung durch und sucht diesen ab. Es folgen sonstige verrauchte und anschließend rauchfreie Räume. Die Erweiterung der Suchtechnik passt sich hierbei selbstverständlich den thermischen Gegebenheiten vor Ort an.

Info:

Alternative Suchtechniken, wie die Taucher- oder Baumtechnik, werden eher im Sonderbau (Industrie- und Gewerbebereich) angewandt. Da die Gebäudebrandbekämpfung in Sonderbauten im vorliegenden Buch nicht berücksichtig wird, verweisen wir gerne auf: Das Feuerwehr-Lehrbuch, 9., erweiterte und überarbeitete Auflage, Verlag W. Kohlhammer, Stuttgart, 2025.

7.4 Kennzeichnung von Räumen

Natürlich kann man nach wie vor durchsuchte Räume in unübersichtlichen Gebäuden als Trupp kennzeichnen. Sofern Räumlichkeiten mehrfach durchsucht werden müssen, können folgende Kennzeichnungen hierbei behilflich sein.

Bild 123: ***Der Raum wurde bereits durchsucht. Die Tür stand offen, der hintere Raum war bzw. ist verraucht. Der Trupp kennzeichnete diesen Raum mit einem Türkennzeichnungsband (ein Knoten) oder einem Strich unterhalb der Klinke (möglichst großflächig). Der nachfolgende Trupp erkennt nun, dass dieser Raum bereits einmal vollständig in Richtung des Türblatts (Rechte-Hand-Technik) abgesucht worden ist.***

Bild 124: ***Der Raum wurde hier zweimal durchsucht. Die Tür stand offen, der hintere Raum war bzw. ist verraucht. Der Trupp kennzeichnete diesen Raum mit einem Türkennzeichnungsband (zwei Knoten) oder einem zweiten Strich unterhalb der Klinke (möglichst großflächig). Der nachfolgende dritte Trupp erkennt nun, dass dieser Raum bereits zweimal vollständig in Richtung des Türblatts (Rechte-Hand-Technik) abgesucht worden ist.***

Hinweis:

Machen Sie sich an Ihrem Standort mit den technischen Möglichkeiten vertraut, wie man durchsuchte Räume ggf. kennzeichnet. Bei der Wahl der alternativen Suchtechniken ist es sehr wichtig, diese im Rahmen von trockenen Einsatzübungen mehrfach zu trainieren.

7.5 Umgang mit Hindernissen (speziell Treppen)

Oft kann ein Trupp im Innenangriff auf diverse Hindernisse stoßen. Diese können beispielsweise Einrichtungsgegenstände oder Treppenstufen sein. Sofern der Trupp die Wärmebildkamera einsetzt (▶ Kapitel 9.1 »Die Wärmebildkamera«) oder sich durch ständiges Ertasten versucht zu orientieren, müssen diese Hindernisse kein Problem darstellen. Wichtig ist aber, dass man sich nach kurzen zeitlichen Abständen versucht, neu zu orientieren und mit seinem Truppmann- oder Truppführer kommuniziert. Sofern der Trupp auf eine Treppe als Hindernis stößt und diese aus taktischen Gründen hinunterlaufen muss, sollte dieser die Treppe nach Möglichkeit rückwärts, nach vorne zur Stufe gebeugt (Körperschwerpunkt ist zur Stufe gerichtet) hinunterlaufen (ggf. auch bei guter Sicht). Eine genaue Erkundung der Rauchschicht durch den Einsatz einer Wärmebildkamera ist unabdingbar. Der Trupp muss sich darüber im Klaren sein, dass er sich beim Abstieg ggf. in einem Strömungspfad befindet. Eine Rauchschichtkühlung sollte also, sofern erforderlich, vorher und nicht im Nachhinein eingeleitet werden.

In den unten angefügten Tabellen nennen wir die Vor- aber auch die Nachteile, die ein Rückwärtslaufen bei Treppen rechtfertigen. Gegenüberstellen möchten wir auch die Vor- und Nachteile beim Vorwärtslaufen.

Achtung:

Beim Treppenabstieg gilt der Leitsatz: Sicherheit vor Schnelligkeit!

Tabelle 14: ***Treppe rückwärts***

Vorteil	Nachteil
Kontrollierter Abstieg durch besseres Gleichgewicht, Körperschwerpunkt ist zur Stufe gerichtet.	Strahlrohr im Abstieg nicht einsatzfähig.
Pressluftatmer (Flaschenventil) wird nicht mechanisch belastet oder kann sich verstellen.	Ungewohnte Position bzw. Bewegung des Trupps.
Abtasten mit Füßen möglich.	Trupp sieht nicht, was sich vor ihm befindet.
Fokus wird ausschließlich auf den sicheren Treppenabstieg gesetzt.	

Tabelle 14: ***Treppe rückwärts – Fortsetzung***

Vorteil	Nachteil
Trupp befindet sich in Boden- bzw. Stufennähe und neigt nicht dazu, sich einem heißen Strömungspfad auszusetzen (z. B. durch spontanes Aufrichten des Oberkörpers).	

Tabelle 15: ***Treppe vorwärts***

Vorteil	Nachteil
Strahlrohr bleibt eingeschränkt einsatzfähig.	Flaschenventil kann sich an Treppenstufen zudrehen, oder ggf. beschädigt werden.
Rauchschicht kann unter Umständen gekühlt werden.	»Schildkröten-Position«, Trupp kann bei ggf. einem extremen Brandverhalten nicht schnellen Rückzug antreten.
Der Trupp sieht, was vor ihm passiert.	Absturzgefahr durch Gewichtsverlagerung des Atemschutzgerätes, Körperschwerpunkt wird nicht optimal genutzt.
	Trupp wird ggf. verleitet aufrecht zu gehen, hierdurch erhöht sich die Unfallgefahr.
	Eine Rauchschichtkühlung im direkten Strömungspfad ist eher uneffektiv, der sich bildende Wasserdampf schadet dem Trupp mehr, als dass er ihm hilft.

Hinweis:

Eine Treppe, dessen untere Treppenabsätze bereits in Brand stehen, ist als Angriffs- und damit auch als Rückzugsweg ungeeignet. Eine Rauchschichtkühlung von einer Treppe aus (solange sich der Trupp in der Abluftströmung befindet), kann unter Umständen für den Trupp zu einer massiven thermischen Belastung durch Wasserdampf führen (Positionen im Strömungspfad sind lebensgefährlich).

7.6 Einsatz einer Wärmebildkamera (WBK) im Innenangriff

Bei einer »Türöffnungs-Prozedur«, einer »Menschenrettung« oder aber bei der gezielten »Brandbekämpfung« kann es ein großer Vorteil für den vorgehenden Trupp sein, über eine geeignete Wärmebildkamera zu verfügen. Eine WBK sollte und muss zur Standardausrüstung eines Trupps im Innenangriff und auch eines Einheitsführers gehören. Über eine Wärmebildkamera kann man nicht nur vermisste Personen schneller erkennen, sondern auch besser Gefahrenpotenziale von Rauchschichten abschätzen. Brandphänomenen beispielsweise kann man im Vorfeld durch Kühlung des Raumes oder der Rauchschicht entgegenwirken. Hierbei muss der Trupp im Innenangriff aber auch abschätzen können, wann diese Gefahr drohen kann.

Einen verlässlichen Temperatur-Wert können wir an dieser Stelle leider nicht nennen, da Brandrauch, je nachdem aus welchen Bestandteilen er sich zusammen-

Bild 125: ***Die Aufnahmen zeigen eine WBK im Modus Brandbekämpfung (rechts) und dasselbe Bild im Original (links). Klar zu erkennen ist hier eine massive thermisch aufbereitete Rauchschicht und im Hintergrund die Brandstelle (brennender Tannenbaum). Sofern die Brandstelle nicht vorhanden wäre (hier wäre eine direkte Brandbekämpfung sinnvoll), sondern nur der thermisch aufbereitete Rauch, müsste der vorgehende Trupp dem Rauch Energie entziehen (Raumkühlung durch Vollstrahl oder Rauchkühlung durch Voll-/Sprühstrahl).***

setzt, schon unterhalb von 100 °C durchzünden kann. Hier muss der Trupp anhand seiner Wärmebildkamera das Bild als Momentaufnahme kurz beurteilen und dann eine Entscheidung treffen. Die Bilder zeigen eindrucksvoll, wie aufschlussreich eine WBK sein kann. Die heiße Rauchschicht und die Brandstelle stechen mit den Farben Gelb und Rot hervor, sodass der Trupp von einer massiven thermischen Gefahr ausgehen muss.

Hinweis:

Nähere technische und taktische Informationen zur Wärmebildkamera entnehmen Sie bitte dem Werkzeugkasten in Kapitel ▶ 9.1 »Wärmebildkamera«.

7.7 Türöffnungs-Prozedur im Innenangriff

Nachdem wir in ▶ Kapitel 3 »Grundlagen Raumbrand« darüber gesprochen haben, was »Energie« überhaupt ist und wie sich diese in einem Raum mit und ohne Zuluftöffnung verhält, wissen wir nun, was willkürlich oder unwillkürlich geschaffene Öffnungen für Auswirkungen haben können. Fakt ist auch, dass sobald man eine Zuluftöffnung schafft, diese sich i. d. R. auch auf den Strömungspfad auswirken kann. Doch was heißt das nun genau für unsere Taktik im Innenangriff? Zunächst muss man auch hier wieder den Grundsatz verfolgen, dass geschlossene Türen, sofern die Taktik »Brandbekämpfung zur Menschenrettung« angewendet wird, zunächst nicht geöffnet werden. Sofern aus taktischen Gründen dennoch eine verschlossene Tür geöffnet werden muss (Niedrigenergiehaus mit zentralem Belüftungssystem), gilt für den Trupp im Innenangriff dasselbe, was auch draußen für den Einsatzleiter gilt, nämlich zu »Erkunden«.

Hinweis:

Eine Türöffnungs-Prozedur muss nicht vor jeder verschlossenen Tür durchgeführt werden. Der Trupp muss im Rahmen seiner Erkundung die Situation beurteilen und einen Entschluss treffen. Erfahrungswerte des vorgehenden Trupps spielen hierbei natürlich auch eine große Rolle.

In den vergangenen Jahren wurden Türöffnungs-Prozeduren immer wieder unterschiedlich trainiert bzw. angewandt. Setzen noch heute die meisten Feuerwehren auf drei bis fünf Sprühimpulse in die obere Rauchschicht hinter der Tür (die Tür wird hierbei kurz geöffnet und nach Abgabe der Sprühimpulse wieder geschlossen), setzen die Autoren in diesem Fachbuch auf ein völlig anderes und neues Verfahren, welches im unteren Abschnitt kurz erläutert wird.

7.7.1 Türöffnungs-Prozedur

Tabelle 16: ***Ablaufschema***

Mobilen Rauchverschluss setzen ja/nein	Was muss ich zurückhalten (Rauch, Zuluft, etc.?)
Öffnen	Hören, Sehen, Fühlen?
Prüfen	Wärmebildkamera einsetzen und beurteilen
Türimpuls ja/nein	Vollstrahl unter der Decke (wenige Sekunden)
Gehe weiter	Der Trupp öffnet die Tür und geht hindurch

Mobilen Rauchverschluss setzen – ja/nein?

Ein mobiler Rauchverschluss kann gerade bei der Gebäudebrandbekämpfung sehr sinnvoll sein. Neben Rauch oder thermischen Gefahren, kann dieser auch Zuluft zum Brandherd erheblich minimieren. Der Standort des Trupps im Innenangriff ist also entscheidend dafür, ob der mobile Rauchverschluss zum Einsatz kommt oder nicht.

Öffnen

Türen, egal ob es sich um eine einfache Zimmer- oder um eine Wohnungstür handelt, leiten i. d. R. sehr schlecht Wärme. Weder durch Tasten mit der bloßen Hand noch mit einem Sprühstrahleinsatz an der Türzarge kann man eindeutige Ergebnisse erzielen. Dass eine Tür aus Stahl eher Wärme leiten kann als eine Tür aus Holz, dürfte klar sein. Aber auch hier sind die Aussagen über die vorhandene Wärme hinter der Tür eher ungenau. Versuchsreihen einer Studie des Karlsruher Institutes für Technologien (KIT) haben genau diese Ergebnisse bewiesen und konnten zudem belegen, dass sich der Einsatz einer Wärmebildkamera gerade vor dem »Öffnen einer Tür« eher lohnt als alle anderen Maßnahmen, die in der Vergangenheit vielerorts zur Anwendung kamen. Um die Wärme hinter der verschlossenen Tür prüfen zu können, muss diese so weit geöffnet werden, wie es für eine vernünftige Beurteilung erforderlich ist.

Prüfen

Hören, Sehen und Fühlen kennen wir bereits aus dem Bereich »Erste-Hilfe«. Unsere Sinne sollten wir auch im Innenangriff, gerade bei der Öffnung einer verschlossenen Tür einsetzen. Anzeichen wie eine erhöhte Temperatur, dichter und pulsierender Rauch, ggf. Flammenzungen (welche man bei Nullsicht auch mit Hilfe einer Wärmebildkamera gut erkennen kann) oder aber niedrige Temperaturen und kein massiver Rauchaustritt helfen bei dem weiteren Entscheidungsprozess, einen Türimpuls abzugeben oder weiterzugehen. Sicherlich spielen hierbei auch Erfahrungswerte eine wichtige Rolle, aber auch schlichtweg logischer Menschenverstand.

Türimpuls – ja/nein?

Pyrolysegase können bereits ab Temperaturen unterhalb von 100 °C durchzünden. Es wäre also an dieser Stelle fatal, sich auf eine bestimmte Temperatur festzulegen. Sofern der Trupp klare Anzeichen wahrnimmt, die auf ein beginnendes, oder sich anbahnendes Brandphänomen schließen lassen, muss ein »Türimpuls« (ähnlich Fensterimpuls) unterhalb der Decke im Raum mittels Vollstrahleinsatzes (hohe Literzahl) für wenige Sekunden abgegeben werden. Im Anschluss ist die Tür für eine kurze Zeit (z. B. 10 Sekunden) vollständig zu schließen, nach einer erneuten »Prüfung« setzt der Trupp seinen Angriffsweg fort oder wiederholt ggf. den Prozess.

Gehe weiter

Hat sich der vorgehende Trupp für einen »Türimpuls« entschieden, kann er nach erneuter Prüfung ggf. seinen Angriffsweg fortsetzen. Sollten alle oben genannten Beurteilungswerte und Vorgehensweisen (Türimpuls) im Rahmen der »Prüfung« negativ ausfallen (z. B. niedrige Temperaturen, geringe Rauchentwicklung) oder nicht zur Anwendung kommen, setzt der Trupp ebenfalls seinen Angriffsweg fort.

Info:

Zum Thema »Türimpuls« finden Sie ein kurzes Video im digitalen Anhang dieses Buches. Zugriff unter dl.kohlhammer.de/978-3-17-041100-5 oder einfach per QR-Code.

Hinweis:

Beachten Sie, dass sofern es Anzeichen für eine Rauchexplosion gibt (z. B. pfeifendes Geräusch beim Öffnen der Tür, Rauch pulsiert unter der Türzarge, ölige Ablagerungen), die Tür sofort wieder zugezogen oder gar nicht erst geöffnet wird. Erst nach einer externen Ableitung (z. B. durch eine Fensteröffnung von außen) darf der

Trupp seinen Weg fortsetzen. Ggf. muss ein alternativer Angriffsweg oder eine andere Taktik (▶ Kapitel 9.3) zur Anwendung kommen.

Tabelle 17: ***Auszug Brandphänomene nach DIN 14011***

Brennstoffkontrollierte Brandphänomene	**DIN 14011**
Rauchdurchzündung (Rollover)	Durchzündung entzündlicher Pyrolyseprodukte und Schwelgase, die sich i. d. R. als Rauchschicht in einem Raum ansammeln.
Raumdurchzündung (Flashover)	Schlagartige Ausbreitung eines Brandes auf alle thermisch aufbereiteten Oberflächen brennbarer Stoffe in einem Raum.
Ventilationskontrollierte Brandphänomene	**DIN 14011**
Rauchexplosion (Backdraft)	Explosion der Pyrolyseprodukte und Schwelgase in einem Brandraum mit unzureichender Sauerstoffkonzentration nach Vermischung mit plötzlich zugetretener Luft.
Rauchschichtexplosion	Explosion der Pyrolyseprodukte und Schwelgase in der Rauchschicht nach zugetretener Luft.

7.8 Schlauchmanagement

Bevor man eine Brandwohnung oder ein Gebäude als Angriffstrupp betritt, sollten die Einsatzkräfte besonders viel Wert auf das »Schlauchmanagement« legen. Ist einmal die Rauchgrenze erreicht, kann es im Nachgang sehr kräftezehrend und vor allem auch ein zeitlicher Mehraufwand sein, Schlauchreserven mühsam nachzulegen. Auch spielt in jedem Einsatz, gerade bei der Gebäudebrandbekämpfung, die Anzahl der Schlauchleitungen eine entscheidende Rolle.

Bild 126: ***Verlegung einer Schlauchleitung über die Treppe (links) und über das Treppenauge (rechts)***

Faustregel (ab Treppenraum)

Anzahl der C-Schläuche beim Verlegen über »Treppenabsatz«:

- 1 C-Schlauch (15 m) pro Geschoss (bei Verlegung über Treppenstufen).
- Je nach Einsatzbereich mind. 1 bis 2 C-Schläuche (15 m) für den direkten Innenangriff.

Anzahl der C-Schläuche beim Verlegen durch das »Treppenauge«:

- 1 C-Schlauch (15 m) für max. 3 Etagen (Verlegung über Treppenauge).
- Je nach Einsatzbereich mind. 1 bis 2 C-Schläuche (15 m) für den direkten Innenangriff.

Hinweis:

Die oben genannte Faustregel kann i. d. R. nur in klassischen Wohnhäusern mit einer Deckenhöhe je Geschoss von 2,50 m bis max. 3 m zur Anwendung kommen. Bei notwendigen Fluren, unübersichtlichen Gebäuden oder Zuwegungen, müssen die Schlauchreserven entsprechend angepasst werden.

Wichtige Details zum Schlauchmanagement im Treppenraum

Beim Schlauchmanagement kommt es immer darauf an, dass der Trupp möglichst kraftschonend und einfach über seine benötigte Schlauchlänge verfügen kann. Sofern sich einmal ein Schlauch verhakt oder die Reserve nicht ausreichend ist, kann dies den gesamten Einsatzverlauf behindern bzw. verzögern. Nimmt man sich also im Vorfeld für das Verlegen von Schlauchmaterial ein wenig mehr Zeit, zahlt sich dies im Nachgang beim »Innenangriff« wieder aus.

Schlauchmanagement über die Treppe

Schließen Sie Stolperfallen aus und verlegen Sie den Schlauch durch das Treppenauge. Sichern Sie den letzten Schlauch am oberen Ende mit einem Schlauchhalter oder mit Hilfe eines kurzen Bindestricks. (Achten Sie auf Ihre Schlauchreserve!) Sofern Schläuche über die Stufen verlegt werden müssen, verlegen Sie diese möglichst immer zur Treppenraum-Wand hin. Bedenken Sie, dass die Schlauchleitung auch Ihren Rückzugsweg sichert. Nutzen Sie den Treppenabsatz, sofern möglich, oberhalb der Brandwohnung für Ihre Schlauchreserve aus. Die Schlauchreserve kann jetzt kraftschonender nachgezogen werden.

3-Schlaufen-Technik

Sofern sich Ihr »Schlauchtragekorb« öffnen lässt, kippen Sie diesen je nach Platzbedarf auf Höhe des Eingangsbereichs aus. Um eine Schlauchreserve zu verlegen, werden nun mittig drei Schlaufen gebildet und an diesen so lange gezogen, bis die Schläuche vollständig ausgebreitet sind. Ihre Schlauchreserve liegt nun ordentlich bereit.

Bild 127: ***3-Schlaufen-Technik beim Ausziehen und das Ergebnis, nachdem der gesamte Tragekorb (3-C-Längen) auseinandergezogen worden ist. Wichtig ist ein ausreichender Abstand zwischen den Schlaufen. Das System kennt man auch unter dem Begriff 7-2-GO (hierbei werden die Schlaufen aber nicht willkürlich gewählt, sondern sind bereits im Tragekorb an den 3-C-Längen integriert bzw. wurden vorbereitet).***

Nebeneinander liegende Rollschläuche

Sofern Sie Rollschläuche benutzen, achten Sie auf eine möglichst nebeneinander liegende Verlegung der Schläuche. Das Ergebnis ist in etwa dasselbe wie bei dem System der 3-Schlaufen-Technik. Sofern Sie den Schlauch senkrecht zum Eingangsbereich verlegen, ist es einfacher, den Schlauch ins Gebäude nachzuziehen. Allerdings können ggf. Aufstellflächen, speziell für die Drehleiter, beeinträchtigt werden. Bei einer Verlegung der Schlauchleitung parallel zur Hauswand haben Sie den Vorteil, dass die Flächen vor dem Gebäudeeingang nicht blockiert werden. Das Nachziehen der Angriffsleitung erweist sich hierbei allerdings als etwas schwieriger.

Alternative Techniken, speziell für den Innenbereich

Schlauchpaket: I. d. R. werden Angriffsleitungen im Treppenraum mit Hilfe eines Tragekorbes verlegt. Vor der Brandwohnung werden dann die entsprechenden Schlauchreserven über den nächsthöheren Treppenabsatz gelegt, damit die Reserve der Erdanziehungskraft entsprechend beim Vorgehen nachrutschen kann. Als sinnvolle Alternative kann auch ein Schlauchpaket zur Anwendung kommen. Bei dem Schlauchpaket hat der Trupp den Vorteil, dass sofern das Schlauchpaket unter Druck steht, dieses hochkant gegen die Wand gelehnt werden kann. Auch kann das gesamte kreisförmige Schlauchpaket, oder auch »Loopsystem« genannt, mit in die Brandwohnung gerollt werden.

Hinweis:

Der Umgang mit dem Schlauchpaket, gerade im Treppenraum, erfordert ein gewisses Training. Üben Sie daher den sicheren Umgang. Für detaillierte Informationen zum Schlauchpaket verweisen wir auf den Werkzeugkasten (▶ Kapitel 9.5).

Bild 128: ***Schlauchpaket (Quelle: Feuerwehr Altwarmbüchen)***

Angriffstrupp-Tasche: Tragekörbe haben nicht nur Vorteile, sondern auch gewisse Nachteile. Gerade im Treppenraum können Sie für den vorgehenden Trupp schwer und unhandlich sein. Eine einfache Alternative bieten hier sogenannte »Schlauchtragetaschen« für den Angriffstrupp. Hierbei können bis zu drei C-Längen einfach (und vor allem handlich) geschultert über das Treppenauge oder den Absatz verlegt werden (▶ Kapitel 9.5 »Schlauchpaket«).

Bild 129: ***Angriffstrupptasche***

7

7.9 Angriff vs. Verteidigung (Riegelstellung im Innenangriff)

Ein Trupp im Innenangriff geht niemals an einem Feuer vorbei! Ein Leitsatz, der noch heute gilt und immer berücksichtig werden muss, gerade im Innenangriff. Im Rahmen einer Brandbekämpfung (Taktik Angriff) wird das Feuer gelöscht, bei einer »Riegelstellung« (Taktik Verteidigen) wird das Feuer eher kontrolliert bzw. überwacht, damit ein bestimmter Bereich (der bedrohte Bereich) geschützt wird (siehe Beispiele in ▶ Tabelle 18).

Hinweis zum Innenangriff:

Im Rahmen einer Brandbekämpfung ist der Brandherd nur dann sicher, wenn er vollständig gelöscht ist. Bei einer Riegelstellung erfolgt i. d. R. keine sofortige Brandbekämpfung. Das Hohlstrahlrohr ist aber stets einsatzbereit.

Einsatzbeispiel zur Riegelstellung

Ein klassisches Beispiel hierfür bildet ein Kellerbrand ohne eine vermisste Person im Keller mit einer Rauchausbreitung im Treppenraum ab. Hier ist es unabdingbar, dass der untere Bereich (gemeint ist hier der Zugang zum Keller) durch eine Riegelstellung gesichert werden muss. Erst dann oder zeitgleich, kann ein weiterer Trupp mit der Suche im verrauchten Treppenraum beginnen. Alternativ kann das erkannte Schadenfeuer direkt bekämpft werden. Das eigentliche Grundprinzip des Schutzes der Einsatzkräfte oberhalb des Feuers wird aber auch hier eingehalten, da der Trupp im verrauchten Treppenraum nicht mehr Gefahr läuft, durch das Feuer im Keller (Riegelstellung oder Brandbekämpfung im Keller) überrascht zu werden. Mit einer Ventilation kann die Menschenrettung und/oder Brandbekämpfung im Treppenraum und ggf. auch im Keller unterstützt werden.

Tabelle 18: ***Riegelstellung***

Riegelstellung (innen)	Riegelstellung (außen)
Ein Trupp verhindert an einer Öffnung, wie beispielsweise einer Wohnungstür oder Kellertür, die Ausbreitung von Feuer und Rauch auf einen angrenzenden Bereich. Dies kann mittels Hohlstrahlrohr und dem Setzen eines mobilen Rauchverschlusses und/oder durch ggf. zuziehen der Kellertür erfolgen. Hierdurch wird dort der Rückzugsweg für andere Trupps gesichert.	Ein bedrohter Bereich (z. B. ein noch nicht vom Feuer betroffener Brandabschnitt) wird von außen über z. B. Werfer und/oder durch Personal im Außen- und ggf. auch im Innenbereich (Riegelstellung innen) geschützt. Das zielführend abgegebene Löschwasser wehrt hierbei das sich ausbreitende Feuer ab oder kühlt bedrohte Objekte.

Hinweis:

Eine Riegelstellung ist kein Löschangriff im eigentlichen Sinne. Je nach Lage: zielführender Löschwassereinsatz.

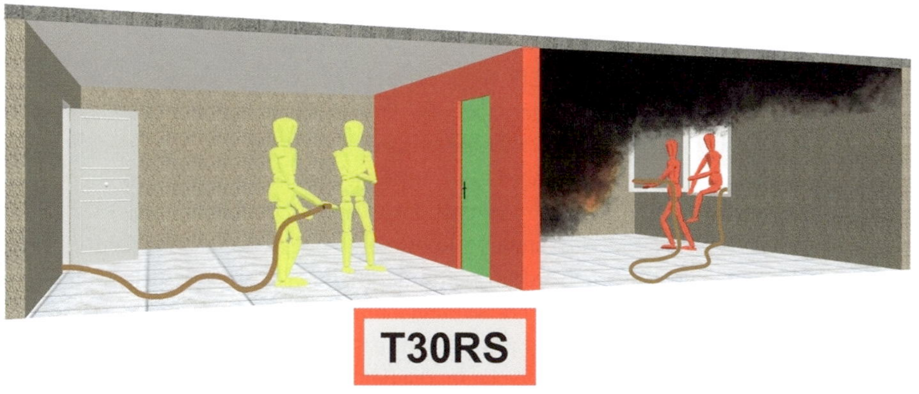

Bild 130: ***Typische Riegelstellung eines Trupps hinter einer verschlossenen Tür (T30-RS). Im dahinterliegenden Raum findet parallel eine Brandbekämpfung statt.***

Hinweis:

Muss eine Riegelstellung von außen eingeleitet werden, z. B. bei ausgedehnten Gebäudebränden (landwirtschaftliche Anwesen), kann der Einsatz einer Drohne aufschlussreiche Informationen liefern. Werfer bzw. Strahlrohre können so besser positioniert werden und die Riegelstellung optimieren.

8 Brandszenarien

In diesem Kapitel wollen wir uns einige für Gebäudebrände typische Brandereignisse genauer ansehen. Vom Keller über das Erdgeschoss, die Obergeschosse bis ins Dachgeschoss, betrachten wir die besonderen Merkmale, die Besonderheiten, die wesentlichen Unterschiede aber auch mögliche Gemeinsamkeiten bei Bränden im jeweiligen Geschoss und die möglichen taktischen Abwägungen. Bewusst betrachten wir nicht die Brandausbreitung über mehrere Geschosse oder den Gebäudevollbrand. Sind beim Gebäudevollbrand die Merkmale, Besonderheiten und taktischen Abwägungen ganz andere, so kann man bei Bränden über mehrere Geschosse die Besonderheiten und Merkmale der jeweils beteiligten Geschosse durchaus als gegeben annehmen und kombinieren. Die Betrachtung der Brände in den einzelnen Geschossen erfolgt nur beispielhaft für das beschriebene Szenario und ist nicht allgemeingültig und abschließend. Dafür sind die Gegebenheiten in realen Einsätzen zu unterschiedlich und vielschichtig.

Gebäudebrände in mehrgeschossigen Gebäuden können je nach Meldebild viel Komplexität mit sich bringen. Die Alarmierungen reichen von »Unrat-Bränden« (wie z. B. Sperrmüll, Müllcontainer, Kinderwagen etc.) außerhalb bzw. am Gebäude, bis zu ausgedehnten Kellerbränden mit Beteiligung des Treppenraums innerhalb von Gebäuden. Vielen ist der verheerende Einsatz in London am Grenfell Tower in Erinnerung geblieben, der auch Einfluss auf die Sensibilisierung deutscher Feuerwehren zum Thema Wärmedämmverbundsystem hatte. Mit steigender Zunahme der Bevölkerungsdichte und der damit verbundenen Wohnraumknappheit wird es in Zukunft mehr Bebauung auf geringerer Grundfläche geben. Versiegelung von Böden, Zunahme von Rohstoffpreisen, höhere Erschließungskosten und Grundstücksknappheit (vor allem in urbanen Bereichen) sind nur einige Faktoren die dazu führen, dass nur noch in eine Richtung gebaut werden kann: in die Höhe!

Die ersten 10 Minuten

Die erste 10-Minuten-Kaskade der Brandszenarien ist geprägt von der Aufgabe, eine Struktur an der Einsatzstelle zu schaffen. Aufträge und Befehle zur richtigen Zeit, am richtigen Ort, an die richtigen Kräfte mit den richtigen Mitteln setzen eine ganzheitliche Erkundung voraus. Ein kognitiv entlastendes Schema ist das ORTEN-Schema (▶ Kapitel 6.1 »Erkundung«). Mit diesem Schema kann in kurzer Zeit eine räumliche und taktische Struktur geschaffen werden, die von einem Orientierungspunkt aus beginnt. In den USA wird dieses »Size-Up« schon viele Dekaden erfolgreich angewendet. So werden Missverständnisse vermieden und operative Entscheidungen klar an die Teileinheiten übermittelt. In vielen Schulungen werden die ersten 10 Minuten auch gerne als Chaosphase bezeichnet. Warum ist das so? Empfinden wir bei Eintreffen immer Chaos? Ist die Feuerwehr als Hochverantwortungsteam (vgl. Hagemann 2011) nicht dafür da, Ruhe ins Chaos zu bringen? Ist die Bezeichnung der Chaosphase gar eine Entschuldigung für knappe Erkundung und fehlende taktische Entscheidungen?

Ein Ansatz, der in manchen Bundesländern geschult wird, ist eine vorläufige Fahrzeugaufstellung deutlich vor der Einsatzstelle zu wählen. Unabhängig von der Art des ersteintreffenden Einsatzmittels kann der Einsatzleiter sich nach einer ersten, u. U. auch nur kurzen Erkundung, die jeweiligen Mittel mit dem höchsten einsatztaktischen Wert an den optimalen Ort koordinieren. Am Ende dieser ersten 10 Minuten bietet sich eine kurze 10-für-10-Besprechung nach dem MELDEN-Schema an, um alle Einheitsführer auf einen einheitlichen Informationsstand zu bringen (▶ Kapitel 6.4 »Kontrolle«).

X-Faktor Zivilisten

»Feuer – Menschenleben in Gefahr, Hauptstraße 23, mehrere Personen an Fenstern, Mehrfamilienhaus, mehrgeschossig.«

Jede Einsatzkraft ist bei so einem Meldebild noch sensibilisierter als sonst. Viele Menschen auf einer vergleichsweise geringen Grundfläche und größeren Höhe erfordern einen großen Ansatz an Kräften. Die Mehrdeutigkeit ist bewusst gewählt. Nach einer ersten groben Einschätzung der Führungskräfte (durch Erkunden der Lagemeldung) sind eine große Anzahl von Menschen in dem Objekt erwartbar. Vor allem, wenn man mit offenen Augen durch das eigene Einsatzgebiet geht, vielleicht sogar das Objekt aus vorangegangen Einsätzen kennt. Eine weitere Führungsunterstützung kann eine EMA-Abfrage der Leitstelle sein. Mit dieser Abfrage ist es möglich, die Anzahl der grundsätzlich gemeldeten Personen in dem Objekt zu ermitteln. Die reale, zu erwartenden Personenanzahl ergibt sich aus dem zeitlichen Faktor. Am Wochenende oder nachts ist es sehr viel wahrscheinlicher, dass sich viele Menschen in dem Objekt aufhalten, als werktags zwischen 8 und 16 Uhr.

Das Erfahrungswissen der Autoren dieses Werkes, die alle im operativen Einsatzdienst tätig sind, spiegelt eine gewisse Veränderung in der Gesellschaft im Hinblick auf die Stressresilienz wider. Außergewöhnliche Ereignisse führen dazu, dass Menschen Stress empfinden. Untrainierte oder nicht belastbare Menschen reagieren darauf i. d. R. mit triebhaften Reaktionsmustern. Dem US-amerikanischen Physiologen Walter Cannon zufolge reagieren Menschen mit Flucht oder Starre auf plötzliche

Gefahrensituationen. Die Wahrnehmung einer Gefahr wird im Stammhirn mit visuellen Reizen verarbeitet. Für ausgiebiges Denken bleibt keine Zeit, der Körper übernimmt weitere Reaktionen. Erlebter Stress ist quasi ein Überlebensprogramm, um Gefahr für Leib und Leben unversehrt zu überstehen. Davon betroffen können dann auch alle Fähigkeiten sein, die im Alltag gut abzurufen sind (wie z. B. die Orientierungsfähigkeit oder logische Handlungsweisen beim Verlassen eines Gebäudes). Panikreaktionen sorgen unter anderem dafür, dass Türen offengelassen oder auch Mitmenschen vergessen werden.

Zivilisten können aber auch eine sehr wichtige Informationsquelle für die Einsatzleitung sein. Im Rahmen der Erkundung (genauer gesagt beim Befragen von Personen) ist es sinnvoll, sich außerhalb des Brandobjektes Details über das Gebäude, die Aufteilung von Räumen oder besondere Gefahren in Brandabschnitten nennen und visualisieren zu lassen. Eine Möglichkeit ist es, Bewohner auf einem Whiteboard, Taktikfolie bzw. einem Blatt Papier aufzeichnen zu lassen, wie die Gegebenheiten im Objekt sind. Geeignete bzw. verlässliche Informationsquellen werden unter Umständen auch mit Menschenkenntnis und Empathie nutzbar. Einsatzkräfte sollten Verständnis für die Extremsituation aufbringen, die Menschen in so einer Situation erleben. Mitunter sind unbezahlbare Erinnerungen oder das Hab und Gut unwiederbringlich zerstört.

Lebensraum des Menschen (Exkurs O. R. B. I.T vs. TIBRO)

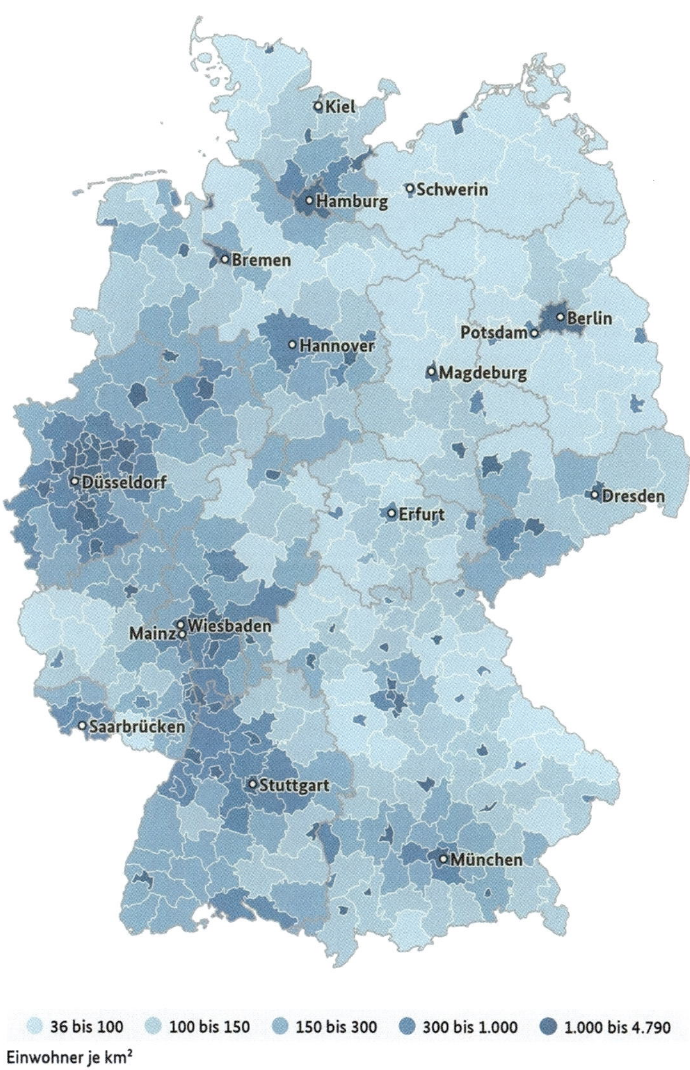

Bild 131: ***Bevölkerungsdichte***

Mit der Zunahme der Bevölkerungsdichte in Städten geht ein erhöhter Platzbedarf der Menschen einher. Wo Nutzungseinheiten als Wohnraum genutzt werden, ist auch der Bedarf an Raum groß. Raum zum Leben, zum Schlafen oder auch heutzutage zum Arbeiten bzw. Lernen. Mit den komplexeren Wohnverhältnissen gehen besondere Anforderungen für die Feuerwehr einher. Einen Handlungsbedarf zur Optimierung der Leistungsfähigkeit der Feuerwehren wurde schon 1978 mit der O. R. B. I. T.-Studie erkannt. Damals sollten zumindest Feuerwehrfahrzeuge dahingehend optimiert werden, um rechtzeitig Einsatzstellen zu erreichen. Die wissenschaftliche Datenbasis war ausschließlich das Maß der CO-Vergiftung, welches bei 65 Brandtoten analysiert wurde. Daraus resultierte die CO-Summenkurve, aus der sich eine Erträglichkeitsgrenze von 13 und eine Reanimationsgrenze von 17 min ergeben hat. Diese Zeiten gelten auch noch heute als Maßstab für die Bedarfsplanung von Feuerwehren in Städten. Die CO-Summenkurve wird allerdings nicht mehr als maßgebend anerkannt, da u. a. auch Logikfehler aufgedeckt worden sind (Luttermann 2020). In einer Novellierung der Qualitätskriterien für die Bedarfsplanung von Feuerwehren in Städten aus 2015 verändern sich die Zeiten nicht, sondern werden als empirische Erkenntnis so weiter übernommen.

Die Funktionsstärke wird mit dem Einsatzerfordernis und der Erreichungsgrad mit dem politischen Beschluss (aufgrund eines politischen Willens) begründet. Somit ist die ORBIT-Studie als Begründung für die Erfordernisse der Bedarfsplanung entfallen. Die Ablösestudie ist die sogenannte TIBRO-Studie. Ausgeschrieben »Taktisch-Strategischer Brandschutz auf Grundlage Risikobasierter Optimierungen« war TIBRO eine Studie des Bundesministeriums für Bildung und Forschung (BMBF) mit den Projektpartnern Bergische Universität Wuppertal als Verbundkoordinator (BuW), der Branddirektion Frankfurt am Main, der Otto-von-Guericke-Universität Magdeburg (OvG) und der Vereinigung zur Förderung des deutschen Brandschutzes (vfdb). Das Ziel war, »die Planungsgrundlagen des Systems Feuerwehr zu evaluieren und eine aktualisierte Grundlage für Entscheidungsmöglichkeiten zu liefern« (Deseyve et al. 2015).

Ein Teil der Studie waren Realbrandversuche aufgrund der veränderten Möblierung in modernen Wohn- bzw. Nutzungseinheiten. Dazu wurde das Bundesamt für Materialforschung (BAM) beauftragt, das dementsprechende Brandverhalten der Brennstoffe zu überprüfen. Eine Erkenntnis war, dass moderne Räume mit weniger organischen und höheren synthetischen Anteilen schneller in den Vollbrand übergehen und mit höherer Intensität abbrennen (TIBRO Realbrandversuche der BAM im Auftrag der OvG-Universität Magdeburg). Gepaart mit der vorangegangenen Erkenntnis, dass immer mehr Menschen auf weniger Grundfläche wohnen und somit auch viele Lebensgüter in kleinen Räumen komprimiert, sowie extremere Brandverläufe zu erwarten sind, ergibt sich ein höheres Risiko der Lebensgefährdung.

Die Verwendung von moderner Technik in Haushalten bringt viele Vorteile mit sich: effizientere Geräte, sicherere Elektronik, weniger elektrische Leistung, geringere Betriebstemperaturen. Diese Beispiele stellen die technische Entwicklung der letzten Jahre dar, die die Anzahl der Brände in Deutschland tendenziell reduzieren. Mit der Weiterentwicklung der mobil nutzbaren Technik kommt allerdings eine neue Gefahr dazu: die Akkutechnik.

Akku von E-Bike fängt in Wohnung Feuer – Ein Verletzter

In einer Wohnung an der Johannesstraße im Stuttgarter Westen ist am Samstagnachmittag aus bislang unbekannter Ursache der Akku eines E-Bikes in Brand geraten. Nach Angaben der Polizei entstand dabei ein Schaden in Höhe von rund 7 000 Euro. Durch das Feuer, das gegen 14 Uhr im Zimmer einer 47-jährigen Frau ausbrach, gerieten auch das Stromkabel einer Stehlampe und der Boden der Wohnung in Brand.

Die Feuerwehr hatte die Flammen jedoch schnell unter Kontrolle und konnte so Schlimmeres verhindern. Ein 82-jähriger Bewohner musste mit Verdacht einer Rauchgasvergiftung in ein Krankenhaus gebracht werden.

(StN, jor, 23.10.2022)

Mittlerweile werden viele Alltagsgegenstände mit Hochleistungsakkus betrieben, um lange Zeit autark unterwegs arbeiten oder konsumieren zu können. Am Abend werden dann sämtliche Geräte wieder aufgeladen, auch gerne im Schlafzimmer am Bett. Neben Smartphones und Tablets werden auch bei Fortbewegungsmitteln Akkus genutzt, um schneller bzw. komfortabler eine gewisse Strecke zu bewältigen. Die Brandgefahr der (i. d. R.) verwendeten Lithium-Ionen-Akkus wird in zahlreichen Publikationen beschrieben und ist mittlerweile im Fokus vieler Feuerwehren.

Weitere Hinweise zum Brandszenario

Bei Brandeinsätzen ist nicht nur die Feuerwehr im Rahmen der Gefahrenabwehr beteiligt. Eine Zusammenarbeit mit einer Vielzahl anderer Personen ist erforderlich. Der Rettungsdienst übernimmt die medizinische Versorgung verletzter Personen inklusive verunfallter Einsatzkräfte. Die Polizei kommt u. a. für die Brandursachenermittlung zur Einsatzstelle. Der oder die verschiedenen Energieversorger werden ggf. für die Abschaltung von Strom oder Gas benötigt. Das Technische Hilfswerk kann z. B. einsturzgefährdete Gebäude absichern. Das Sozialamt sorgt ggf. für die Unterbringung der durch ein Feuer obdachlos gewordenen Personen. Außerdem möchten Vertreter der Presse von dem Brandereignis berichten. Die Zusammenarbeit sollte stets wertschätzend und respektvoll erfolgen. Der gegenseitige Austausch ist extrem hilfreich für einen positiven Einsatzverlauf. Gleiches gilt auch für Spontanhelfende. Im Gegensatz zu Vertretern der zuvor genannten Bereiche haben diese keine oder nur sehr wenig Erfahrung mit Brandeinsätzen.

Spontanhelfende sind Personen, die sich bereits an der Einsatzstelle befinden oder hinzukommen. Sie bieten ihre Hilfe an oder werden im Verlauf des Einsatzes zur Hilfe herangezogen. Es ist auch möglich, dass sie selbst die Initiative ergreifen, um behilflich zu sein. Sie tun dies i. d. R. in der guten Absicht, der oder den in Not geratenen Personen zu helfen – ihr Handeln ist allerdings nicht immer zielführend. Trotzdem können Sie möglicherweise wertvolle Informationen liefern oder haben bereits die Erstversorgung oder Betreuung sich selbst geretteter Personen eingeleitet. Vielleicht haben sie im Gespräch mit den Betroffenen Hinweise auf weitere Betroffene beziehungsweise vermisste Personen erhalten. Wenn sie einen Bezug zum Brandobjekt haben, wissen sie wie viele Personen sich wo aufhalten können und sind gegebenenfalls in der Lage, einen Grundriss aufzuzeichnen, falls dieser benötigt wird. Darüber hinaus könnten sie einen eigenen Objektschlüssel besitzen oder andere Informationen zum Objekt preisgeben. Spontanhelfern ist somit eine besondere Beachtung zu schenken. Auch wenn sie vielleicht sehr aufgeregt sind, können sie dennoch extrem hilfreich sein.

8.1 Szenario 1 | Feuer Keller

8.1.1 Merkmale und Besonderheiten

Der Kellerbrand ist eine der größten Herausforderungen im gesamten Spektrum der Brandbekämpfung. Durch seine besondere Lage unter der Erdoberfläche und der oftmals sehr unterschiedlichen Gestaltung und Nutzung, stellt der Keller die Einsatzkräfte vor extreme Aufgaben bei der gezielten Brandbekämpfung.

Grundsätzlich muss man erstmal die vorrangige Nutzung unterscheiden. Neben der wahrscheinlich am häufigsten anzutreffenden Nutzungsvariante als Lagerraum und Abstellmöglichkeit werden Kellergeschosse häufig auch als kleine Werkstatt oder Büro bis hin zu reinem Wohnraum genutzt. Sollte die Nutzung als Wohnraum vorgesehen sein, so unterliegt das Geschoss nach der Musterbauordnung aber anderen Anforderungen als bei der Nutzung als reiner Lagerraum. In dem folgenden Kapitel wird sich nur mit dem Kellergeschoss als Lagerfläche oder Werkstatt (Hobby-

Bild 132: ***Kellerbrand von außen und nach dem Brand (Quelle: J. Hoyer)***

raum) beschäftigt, da diese Art der Nutzung für die Feuerwehren die am meisten anzutreffende und problematischste Ausgangslage ist.

Hinweis:

Für Kellerräume, die als Wohnraum genutzt werden, gelten die gleichen Brandschutzanforderungen, wie für Geschosse über der Erdoberfläche.

8.1.1.1 Musterbauordnung zum Kellergeschoss

In der Musterbauordnung findet man einige Aussagen und Anforderungen über Kellergeschosse. Diese Anforderungen sollen der Feuerwehr ein vereinfachtes Vorgehen und mehr Sicherheit bei der Brandbekämpfung ermöglichen. Dabei ist aber immer zu bedenken, dass es sich um die aktuelle Version der MBO handelt. Somit fallen viele Altbauten noch unter den Bestandsschutz und sind meistens nicht so ertüchtigt. Gerade im Bereich der Türen zwischen Treppenräumen und Kellergeschossen ergeben sich oftmals erhebliche Probleme in Bezug auf Rauchdichtigkeit und Selbstschließung. Laut Musterbauordnung sind Geschosse, die im Mittel weniger als 1,4 m mit der Deckenoberkante über der Geländeoberfläche liegen als Kellergeschosse zu bezeichnen. Sollte hierbei der Fluchtweg über einen notwendigen Treppenraum geführt werden, so ist der Kellerbereich durch eine mind. feuerhemmende, rauchdichte und selbsttätige Tür zu trennen. Hierbei ist aber immer zu beachten, dass die Anforderungen sich auf »Neubauten« beziehen. Gerade im Altbau kann die vorhandene Substanz stark von den Forderungen abweichen. Die baulichen Anforderungen an Keller werden auch im SAFE-Schema mit aufgeführt. Nähere Informationen befinden sich im gleichnamigen ► Kapitel 2.5.

8.1.1.2 Typische Aufbauten von Kellern

Kellergeschosse zeichnen sich durch einen sehr unberechenbaren Aufbau aus. Alle Gebäudeteile, die oberhalb der Erdoberfläche liegen, kann man immer anhand ihrer ersichtlichen Geometrie abschätzen. Treppenräume in Mehrfamilienhäusern sind z. B. meistens klar zu erkennen. Gerade in mehrgeschossigen Gebäuden ähnelt sich die Geometrie der einzelnen Stockwerke sehr stark. Dies erleichtert dem Einsatzleiter die Planung und der Mannschaft die Umsetzung der einzelnen Maßnahmen. Beim Kellerbrand verhält es sich nicht so einfach: Zum einen kann man die Dimensionen des Kellers nicht sehen. Man kann also ohne eine genauere Erkundung von innen nichts über die Größe sagen. Zum anderen ist die Aufteilung der einzelnen Räume häufig anders als in den Stockwerken oberhalb der Erdoberfläche. In den folgenden Abschnitten werden typische Aufbauten von Kellergeschossen vorgestellt. Weiterhin werden unterschiedliche Zugangsmöglichkeiten und Fenstersituationen besprochen.

Abtrennungen innerhalb vom Kellergeschoss

Einen typischen und standardisierten Aufbau von Kellergeschossen findet man in Deutschland eigentlich nicht. Oftmals dienen Kellerbereiche als Lagerflächen unterschiedlichster Güter für Bewohner oder auch als Werkstätten (Hobbyraum). Dabei sind die Aufteilungen der Kellergeschosse oft sehr unterschiedlich. Gerade in Bereichen alter Bausubstanzen (Altbau) sind Kellerbereiche meistens sehr ausgedehnt und erstrecken sich teilweise über mehrere Häuser. In Mehrfamilienhäusern geht dies von der Unterteilung in kleine Parzellen bis hin zu gemeinschaftlich genutzten Raumeinheiten wie z. B. Waschkeller und gemeinsamer Fahrradkeller. Kellergeschosse unter Einfamilienhäusern teilen sich meistens in mehrere unterschiedlich große Räume auf, mit jeweils unterschiedlicher Nutzung. Neubauten haben derweil immer seltener einen Keller, da die Baukosten hierfür sehr hoch sind. In solchen Fällen wird die benötigte Lagerfläche oftmals über Nebengebäude wie z. B. Garagen geschaffen.

Bild 133: ***Abtrennung von einzelnen Parzellen mittels Draht oder Holzverschlägen.***

Ein großes Problem, gerade bei Altbauten, ist die meistens ungenügende Abtrennung zwischen einzelnen Kellerparzellen. Oftmals werden hier die Parzellen nur durch Drahtgeflecht oder durch Holzlattenwände getrennt. Dieses hat im Brandfall zur Folge, dass sich neben der ungehinderten Rauchausbreitung auch das Feuer schneller ausbreiten kann, da hierbei potenzielle Brandlasten der Kellerinhalte nahe und ungeschützt nebeneinanderstehen oder sogar die Holzabtrennungen zusätzlichen brennbaren Stoff liefern.

Hinweis:

In älteren Mehrfamilienhäusern (Altbau) sind Kellerverschläge oftmals nur durch Holzlatten oder Gitter getrennt, was eine schnelle Brandausbreitung ermöglicht.

Moderne, nach aktuellem Stand der MBO errichtete Keller, haben hingegen raumabschließende Wände um die einzelnen Parzellen. Weiterhin sind die jeweiligen Parzellen durch feuerhemmende und rauchdichte Türen zum Fluchtweg hin abgetrennt. Hier kann sich ein potenzieller Brand nicht so schnell ausbreiten und bleibt meistens auf eine Parzelle begrenzt. In Einfamilienhäusern stellt sich oft das Problem, dass die einzelnen Räume zwar durch Wände getrennt sind, die Türen aber meistens zum Flur hin offenstehen. Hier kann sich im Brandfall die Wärme und vor allem der Rauch ungehindert im gesamten Keller ausbreiten.

Zugänge und Fenster

Da Kellergeschosse per Definition schon unterhalb der Erdoberfläche liegen, führen somit auch jegliche Kellerzugänge nach unten. Hierbei muss man beim Zugang grundsätzlich zwischen

- Zugängen vom Freien,
- Zugängen aus einen Treppenraum oder
- Zugängen aus einem Flur- oder Wohnbereich

unterscheiden. Ein Keller, der nicht als Wohnraum genutzt wird, muss nur über einen Zugang verfügen. Es können auch mehrere Zugänge vorhanden sein.

Bild 134: ***Kellerzugang von außen (links), vom Treppenraum (mitte) und von Flur/Wohnbereich (rechts)***

Hinweis:

Sollte bei der Erkundung ein Zugang von außen erkannt werden, ist zusätzlich mit einem weiteren Zugang innerhalb des Gebäudes zu rechnen.

Der Zugang erfolgt im Normalfall über Treppen, im Außenbereich auch teilweise über Rampen. In Mehrfamilienhäusern kann es auch Fahrstuhlanlagen geben, die bis ins Kellergeschoss führen können. In diesem Fall muss aber zusätzlich mind. eine weitere notwendige Treppe vorhanden sein. Die Treppen und Rampen im Außenbereich sind eigentlich immer aus nichtbrennbaren Materialien (wie z. B. Stein oder Beton) gefertigt und bieten im Brandfall einen sicher begehbaren Angriffs- oder auch Fluchtweg. Nur bei Nässe oder Frost muss hier mit glatten Oberflächen gerechnet werden.

Die Treppen im Innenbereich von Gebäuden können entweder aus nichtbrennbaren Materialien (wie Stein oder auch Metall) bestehen. Allerdings sind oftmals auch Holztreppen verbaut. Gerade die brennbaren Materialien stellen für die Einsatzkräfte ein erhöhtes Gefahrenpotential dar. Durch Wärme- oder Brandbeaufschlagung könnten diese selbst anfangen zu brennen und somit den Flucht- und Rettungsweg unpassierbar machen.

Neben den Treppenräumen findet man in Kellergeschossen meistens auch Fenster. Diese sollen im Normalfall für Lichteinfall oder auch zur Belüftung der Räume dienen. Die Fenster sind je nach Kellersituation unterschiedlich angeordnet. Liegt das Geschoss nicht komplett unter der Erdoberfläche, so sind die Fenster

Bild 135: ***Kellerfenster ganz über der Erde (links), Lichtschacht mit Fenster (rechts)***

meistens zumindest teilweise über der Erdoberfläche angeordnet und führen direkt ins Freie. Bei Kellergeschossen, die komplett unter der Erdoberfläche liegen, sind die Kellerfenster über einen Lichtschacht mit der Erdoberfläche verbunden. Dieser Schacht ist im Außenbereich durch einen Rost gesichert, damit keiner hinein fallen kann.

Die Abmaße der Kellerfenster sind im Normalfall so klein, dass sie nicht als Rettungs- und Angriffsweg nutzbar sind. Auch sind Fenster meistens zusätzlich gegen Einbruch gesichert. Diese Sicherung kann unterschiedlich aussehen. Teilweise besteht sie aus nicht entfernbaren Elementen (wie z. B. einem Gitter vor dem Fenster), teilweise auch aus Sicherungen, die von innen geöffnet werden müssen. Gerade in Altbauten kann man oftmals eine Art Metallplatte mit Lochmuster vor den Kellerfenstern ausmachen. Seltener anzutreffen sind Fenster mit einbruchhemmenden Glasscheiben. Diese sind aber auf den ersten Blick nicht von normalen Glasscheiben zu unterscheiden.

Bild 136: ***Fenster mit Gitter (links) und mit Metallplatte (rechts)***

8.1.1.3 Wärmeströmung beim Kellerbrand

> **MBO § 37.4**
>
> **»Jedes Kellergeschoss ohne Fenster muss mind. eine Öffnung ins Freie haben, um eine Rauchableitung zu ermöglichen. Gemeinsame Kellerlichtschächte für übereinanderliegende Kellergeschosse sind unzulässig.«**

Durch die Vorgaben in der Musterbauordnung (MBO) soll gewährleistet werden, dass es immer eine Abluftöffnung zur Entrauchung und taktischer Ventilation gibt. Diese

Öffnungen sind in der Realität auch immer vorhanden, aber oftmals schwer zugänglich oder durch Einbruchsicherungen nur schwer zu bedienen.

Bild 137: ***Zugestelltes Kellerfenster im Hintergrund***

Somit kommt es auf eine genaue Erkundung und Befragung an, um Zugänge zu identifizieren. Wenn diese Zugänge dann gefunden sind, muss vor der Öffnung überlegt werden, wie sich hier die Strömungsverhältnisse ändern können. Nicht jede zusätzliche Öffnung erleichtert den vorgehenden Trupps die Arbeit. Im Extremfall können sie sogar dadurch gefährdet werden. Hierauf wird näher im ▶ Kapitel 4 »Strömungspfade« eingegangen.

8.1.1.4 Brände in gefangenen Räumen

Ein Raum wird als gefangener Raum bezeichnet, wenn es nur eine Zugangsmöglichkeit in dem Raum gibt und auch keine zusätzlichen Öffnungen wie z. B. Fenster vorhanden sind. Bei einem Brandereignis in einem gefangenen Raum dient somit der Raumzugang dem Feuer immer als Zu- und Abluftöffnung. Somit kann auch der bei der Brandbekämpfung entstehende Wasserdampf nur über diese Öffnung entweichen und somit die Einsatzkräfte gefährden.

Hinweis:

Gefangene Räume sollten nur für eine Menschenrettung und dann möglichst ohne parallele Brandbekämpfung betreten werden.

Die Brandbekämpfung sollte von der Zugangstür des Raumes aus durchgeführt werden. Durch einen Vollstrahl unter die Decke wird durch den hierbei entstehenden Sprinklereffekt oftmals schon der ganze Raum abgedeckt. Wenn dieser Löschimpuls gesetzt ist, sollte die Tür geschlossen werden, um den entstehenden Wasserdampf in dem Raum zu halten und die Einsatzkräfte zu schützen. Auf diese Löschtaktik (Türimpuls) wird näher im Kapitel ▶ 7.7 »Türöffnungs-Prozedur im Innenangriff« eingegangen. Weiterhin sollte bei der Brandbekämpfung in einem gefangenen Raum nicht ventiliert werden. Da in diesem keine Abluftöffnung vorhanden ist, können sich in dem Raum Verwirbelungen bilden und somit brennbare Gase mit Frischluft vermischen. Dies kann nicht nur zu einer rasanten Brandausbreitung im Raum selbst, sondern auch zu Brandphänomenen direkt am Raumzugang führen.

Achtung:

Keine offensive Ventilation bei Brandereignissen in gefangenen Räumen!

8.1.1.5 Flucht und Rettungswegsituation

Bei der Flucht- und Rettungswegsituation muss man grundsätzlich unterscheiden zwischen Kellergeschossen, welche als Aufenthaltsräume (Wohnräume) genutzt werden und Kellerräume, die nicht als solche ausgelegt sind. Sollte der Keller baurechtlich als Aufenthaltsraum genutzt werden, so sind an ihn bezüglich der Rettungsweglänge und der Forderung nach einem zweiten Rettungsweg die gleichen Auflagen gestellt, wie auch an jede andere Wohneinheit. Wird der Keller hingegen nicht als Aufenthaltsraum, sondern z. B. als Lagerraum genutzt, so entfallen diese Anforderungen teilweise. Gerade der hier beschriebene zweite Fall stellt die Einsatzkräfte immer wieder vor Probleme. Sollten sich noch Personen im Keller befinden, so bleibt oftmals nur die Rettung über den notwendigen Treppenraum.

Bei Brandereignissen in Kellergeschossen ist die »Rundumerkundung« daher besonders wichtig. Hierbei muss verstärkt auf die Rettungswegsituation geachtet werden. Während man in Wohngebäuden eigentlich davon ausgehen kann, dass es im Erdgeschoss und in den Obergeschossen weitere Fenster gibt, ist dies in Kellergeschossen nicht unbedingt gegeben. Somit muss bei der Erkundung besonders darauf geachtet werden.

- Sind Kellerausgänge direkt ins Freie vorhanden?
- Gibt es Fenster oder Lichtschächte, die als Rettungsweg oder zur Belüftung genutzt werden können?
- Ist der interne Kellerzugang (soweit vorhanden) zu den restlichen Wohneinheiten durch eine Tür gesichert?
- Ist der Treppenraum über dem Kellergeschoss noch rauchfrei?

8.1.2 Brandlasten im Keller

Eine Besonderheit im Kellerbrand stellt auch immer die vorhandene Brandlast dar. Hier muss bei der Brandbekämpfung mit einer großen Spannbreite gerechnet werden. Je nach der Art der Nutzung des Kellers/Kellerraumes gestaltet sich auch die dort anzutreffende Brandlast. Grundsätzlich muss in einem Kellerbereich immer mit der Lagerung von Druckgasbehältern gerechnet werden. Das kann von der kleinen Farbspraydose bis hin zu Arbeitsgasen (z. B. Propan, Sauerstoff, Acetylen) alles sein. Genauere Aussagen können hier nur durch eine Befragung getroffen werden.

Weiterhin ist in als Lagerraum genutzten Kellern oftmals viel brennbares Material bis unter die Decke eingelagert. Dies macht eine Brandbekämpfung schwierig, da hierbei große Rauch- und Wärmemengen freigesetzt werden, die durch wenige und kleinere Öffnungen schlecht abgeführt werden können. Weiterhin ist es auch häufig schwierig, an den eigentlichen Brandherd zu gelangen, da der Zugang durch weiteres Lagergut versperrt ist, das erst beiseite geräumt werden muss. Diese Maßnahmen machen einen Kellerbrand zusätzlich personal- und zeitaufwändig. Die folgende Aufzählung stellt eine nicht abschließende Liste von möglichen Brandlasten und Besonderheiten in Kellerräumen mit unterschiedlicher Nutzung dar.

Lagerraum:

- Viel brennbare Stoffe
- Kartons ohne Beschreibung des Inhalts (Umzugskartons)
- Einlagerung bis unter die Decke
- Kleinmengen an Druckgasbehältern

Werkstatt:

- Brennbare Flüssigkeiten (z. B. Bremsenreiniger, Farben, Lacke)
- Druckgasbehälter (unterschiedliche Größen und Mengen)
- Scharfe Gegenstände (Messer, Sägen, ...)

Wäschekeller:

- Waschmaschine, Wäschetrockner
- Wäscheständer, Wäscheleinen (Stolperfallen)
- Wäsche

Partykeller:

- Leicht brennbare Dekoration
- Druckgasflasche bei Zapfanlage

Hinweis:

Brandlasten im Keller sind oftmals schwer abzuschätzen. Es muss immer von größeren Mengen an leicht brennbarem Material ausgegangen werden. Auch Gefahrstoffe und Druckgasbehälter in kleinen Mengen sind häufig anzutreffen.

8.1.2.1 Aufputz verlegte Installationen

In Kellergeschossen wird oftmals auf eine Aufputzinstallation von Versorgungsleitungen zurückgegriffen.

Elektroleitungen

Was im Alltag das Verlegen und Umlegen gerade von Stromleitungen sehr vereinfacht und preisgünstig macht, stellt Einsatzkräfte bei Brandereignissen oftmals vor Probleme. Die Leitungen werden oftmals in Kunststoffleerrohren verlegt oder sogar direkt mit Kabelschellen an der Wand befestigt. Die bei einem Kellerbrand entstehende Wärme wirkt somit direkt auf die Stromleitungen ein und führt dazu, dass diese sich längen. Die Kabel hängen dann von der Decke herab und stellen Hindernisse dar, in denen sich vorgehende Trupps verfangen können.

Weiterhin ist durch die Längung des Kabels nicht ausgeschlossen, dass dieses noch unter Spannung steht, die Isolierung durch die Längung aber nicht mehr vorhanden ist. Somit würde das Kabel teilweise blank liegen und die Gefahr eines Stromunfalls erhöhen (z. B. durch Berühren des Kabels oder durch den Einsatz von Wasser ohne den nötigen Sicherheitsabstand laut VDE 0132).

Bild 138: ***Herabhängende Kabel (Quelle: Feuerwehr Erkrath)***

INFO

Info:

Die DIN VDE 0132 beschreibt Maßnahmen zur Brandbekämpfung und technischen Hilfeleistung bei elektrischen Anlagen. Hierfür definiert die Norm unter anderem Vorgaben zu Sicherheitsabständen bei der Brandbekämpfung (Tabelle 10 nach DIN VDE 0132). Beachten Sie, dass die Abstände zwischen dem Strahlrohr und den unter Spannung stehenden Anlagenteilen i.d.R. für klassische Mehrzweckstrahlrohre gelten. Bei Hohlstrahlrohren verweisen wir auf die Herstellerangaben.

Ursprünglich bezog sich die DIN VDE 0132 nur auf Mehrzweckstrahlrohre. Inzwischen hat sich aber der Einsatz von Hohlstrahlrohren im Einsatzdienst bewährt. Diese haben in den letzten Jahren das Mehrzweckstrahlrohr abgelöst. Um diesem Umstand Rechnung zu tragen, wurde die DIN um die Hohlstrahlrohre erweitert. Somit konnten für die Brandbekämpfung in Niederspannungsanlagen auch Mindestabstände ermittelt werden.

Um sich vor dieser Gefahr bestmöglich zu schützen, müssen die Decken vom vorgehenden Trupp möglichst mit einer Wärmebildkamera überprüft werden. Mithilfe der Kamera können herabhängende Leitungen selbst unter »Nullsichtverhältnissen« erkannt und damit umgangen werden. Der im Wärmebildkamerabereich oftmals gelehrte »Würfelblick« hilft Hindernisse (wie z. B. herabhängende Stromleitungen) zu erkennen. Dies wird auch in ▶ Kapitel 9.1 »Die Wärmebildkamera« näher erläutert.

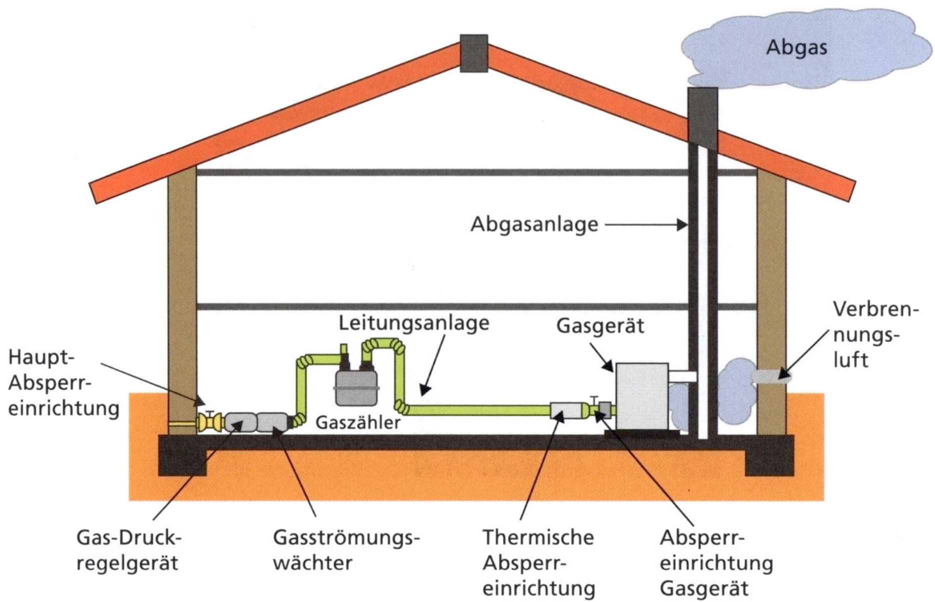

Bild 139: ***Schematische Darstellung einer Gasleitung mit Sicherheitseinrichtungen***

Gasleitungen

Aufputz verlegte Gasleitungen weisen gleich zwei Gefahrenschwerpunkte auf: Da die Leitungen beim Kellerbrand den Flammen ausgesetzt sein können, besteht hier die Gefahr der Leitungsbeschädigung und somit der Austritt von brennbarem Gas. Mit den technischen Regeln für Gas-Installationen 2008 wurde in der Frage nach der Brandsicherheit von Leitungen und Verbindungen eine Konkretisierung von Sicherheitsstandards vorgenommen. Hieß es hier früher, dass von den Leitungen im Brandfall keine Explosionsgefahr ausgehen darf, wird nun ergänzt, dass es bei einer äußeren thermischen Beanspruchung von bis zu 650 °C nicht zur Bildung gefährlicher Gas-Luft-Gemische kommen darf. Diese Forderung erscheint logisch, denn im Temperaturbereich unter 650 °C ist die Zündtemperatur des Erdgases (ca. 645 °C) nicht erreicht. Im Kellerbrand muss aber bei einer direkten Brandbeaufschlagung von Gasleitungen immer mit höheren Temperaturen gerechnet werden.

Ein Versagen von Leitungsverbindungen und der daraus resultierende Gasaustritt führen nicht zu einer Gasansammlung, da das Gas sofort verbrennt. Hinzu kommt, dass der entstandene freie Leitungsquerschnitt zur Auslösung einer weiteren Sicherheitseinrichtung führt. Der sogenannte Gas-Strömungswächter schließt die Gaszufuhr automatisch bei unkontrolliertem Gasaustritt. Bei Neuinstallationen und bei der Umrüstung (TRGI 2008) von Bestandsanlagen ist er Pflicht. Trotz dieser zwei Sicherheitsstandards muss immer mit einem Gasaustritt gerechnet werden. Daher sollte beim Kellerbrand in einem Gebäude mit Gasanschluss immer die Gaszufuhr am Haupthahn unterbrochen werden. Wenn Gas brennend austritt, gilt es, die Flammen (wenn möglich) nicht zu löschen, um ein unkontrolliertes Ausströmen von Gas zu verhindern und somit eine potenzielle Explosionsgefahr zu vermeiden. Hier gilt es, den Haupthahn zu schließen.

Hinweis:

Bei Bränden in unmittelbarer Nähe von Gasleitungen muss immer mit einer Beschädigung der Leitung gerechnet werden. Um die Gefahr zu beseitigen, sollte der Hauptgashahn geschlossen werden.

Das zweite Problem einer Aufputz verlegten Gasleitung ist die Wärmeleitung. Da Gasleitungen im Haus meistens aus Metall bestehen, kann bei einer Wärmebeaufschlagung der Leitung eine Brandausbreitung durch Wärmeleitung (z. B. in den Nachbarkeller) entstehen. Diese Gefahr kann durch das Beobachten der Leitung mittels einer Wärmebildkamera gut eingeschätzt werden. Bei Bedarf kann die Leitung dann mit Wasser gekühlt werden.

Einspeisung von Versorgungsenergie (Hausanschlussraum)

Mögliche Gefahren durch alternative Energien sind schon in ▶ Kapitel 2 »Baukunde« angesprochen worden. Moderne Akkuspeicher, aber auch die altbewährten Energien wie Gas und Heizöl, können die Feuerwehren im Brandfall vor große Probleme stellen. Häufig befindet sich der sogenannte »Hausanschlussraum« im Kellerbereich. Diese Räume werden so bezeichnet, da hier die Energieversorgung (wie z. B. Gas, Strom und Fernwärme) von außen ins Gebäude geleitet und Energiemedien (wie z. B. Heizöl, Strom und Warmwasser) gespeichert werden. Die Wärme wird durch Thermen oder ähnliches für die Gebäude erzeugt. Neben den Einspeisepunkten für die Energie sind hier auch meistens die Absperreinrichtungen für das gesamte Objekt verbaut. Oftmals befindet sich auch der Hauptsicherungskasten in diesem Raum. Somit ergeben sich eine Reihe von Gefahren für die Feuerwehr bei Brandereignissen in oder neben diesen Räumen.

Um auf diese Gefahren vorbereitet zu sein, gehören bei der Erkundung und Befragung von Anwohnern immer folgende Fragestellungen hinzu:

- Welche Energieversorgung hat das Gebäude?

- Wird mit alternativen Energien gearbeitet?
- Verfügt das Gebäude über Akkuspeicher? Und wenn ja, wo?
- Wo befindet sich der Hausanschlussraum?
- Besitzen Sie einen Schlüssel für den Hausanschlussraum?

Sollte der Raum nicht vom Feuer betroffen sein gilt es, diesen möglichst zu schützen. In dem Fall können auch noch eventuelle Absperreinrichtungen genutzt werden. Hierbei ist zu beachten, dass die Hausanschlusssicherungen für Strom nur durch eine unterwiesene Fachkraft mit der dementsprechenden Ausrüstung entfernt werden dürfen. Hier muss im Bedarfsfall möglichst schnell der zuständige Energieversorger alarmiert werden.

Sollte der Hausanschlussraum bereits vom Feuer betroffen sein, so sind Löschmaßnahmen nur unter größter Vorsicht und mit möglichst großem Abstand durchzuführen. Idealerweise sollte der Raum bei der Brandbekämpfung nicht betreten werden. Weiterhin sollte die Brandbekämpfung über Löschimpulse an die Decke durchgeführt werden. So kann die Gefahr minimiert werden, dass das Löschwasser direkt in die Elektroverteilung gerichtet wird. Auch die Brandeinwirkung auf die im Hausanschlussraum verbaute Akkutechnik birgt die Gefahr eines »thermischen Durchgangs« der Zellen. Dies geht mit einer schnellen und großen thermischen Energiefreisetzung (▶ Kapitel 2.10 »Lithiumionenspeicher«) einher. Hier ist ein Aufenthalt in der Nähe sehr gefährlich. Sollten die Akkus bei einem Brand betroffen oder auch nur gefährdet sein, so gilt es, diese mit großen Mengen an Wasser aus der Deckung und mit Abstand zu kühlen.

Hinweis:

Bei Bränden in Hausanschlussräumen sollte der Raum nicht betreten werden und die Brandbekämpfung aus der Deckung mit möglichst großem Abstand durchgeführt werden.

8.1.3 Taktische Abwägungen

Grundsätzlich unterscheidet sich die Taktik beim Kellerbrand nicht groß von der Taktik beim Wohnungsbrand. Trotzdem sind hier ein paar Details zu beachten. Diese müssen bei der Erkundung berücksichtigt werden und dann in die Planung mit einfließen. Obwohl sich die eigentliche Vorgehensweise für den Angriffstrupp nicht groß ändert, gehört der Kellerbrand mit zu den gefährlichsten Einsatzszenarien in der Brandbekämpfung. Dies ist den erschwerten Randbedingungen geschuldet, welche im vorherigen Abschnitt schon beschrieben wurden. Wie diese erschwerten Bedingungen nun in der Praxis mit in die Planung und Umsetzung einfließen können, wird im folgenden Abschnitt beschrieben.

8.1.3.1 Erkundung nach SAFE-Schema

Wie bei jedem Gebäudebrand, so auch beim Kellerbrand ist es für die taktischen Abwägungen sinnvoll, eine grobe Einschätzung der baulichen Struktur zu treffen. Hierfür kann man gut auf das im ▶ Kapitel 2.5 beschriebene SAFE-Schema zurückgreifen.

Einordnen des Gebäudes in GK 1 bis 5, Informationsgewinnung nach SAFE:

- **S**ystem Rettungsweg
- **A**nforderungen Treppenraum
- **F**euerwiderstand tragender Teile
- **E**insatzrelevante Infos für die Feuerwehr

Für den Kellerbrand ist hier im Besonderen unter dem Buchstaben F für »Feuerwiderstand« der Feuerwiderstand von tragenden Teilen, Trennwänden und Decken zu finden. Während man in den GK 1 und 2 im Kellerbereich mit mind. F30 rechnen kann, so sind diese Bauteile in den GK 3 bis 5 in F90 auszuführen. Gerade wenn man bedenkt, dass Kellerbrände oft langwierig sind und große Wärmemengen freigesetzt werden, sind die GK 1 und 2 eher als kritisch zu betrachten. Weitere Informationen zum SAFE-Schema sind dem ▶ Kapitel 2.5 zu entnehmen.

Achtung:

Das SAFE-Schema gilt überwiegend für moderne Gebäude (Neubauten).

8.1.3.2 Besonderheiten bei der Erkundung

Anhand von Erkundungsergebnissen plant der Einsatzleiter sein taktisches Vorgehen. Im Szenario Kellerbrand gibt es einige Punkte, auf die der Einsatzleiter bei der Erkundung besonders achten sollte. An oberster Stelle steht hier, wie bei jedem Brandereignis, die Wahrscheinlichkeit von Personen im betroffenen Bereich. Hierfür ist es sinnvoll, über Befragungen oder visuelle Erkundung, die Nutzungsart des Kellers zu erfahren. In Mehrfamilienhäusern werden Kellerbereiche fast ausschließlich als

Lagerflächen und eventuell noch als Waschkeller verwendet. In Einfamilienhäusern können die Nutzungen aber sehr unterschiedlich sein. Dies kann vom Lagerraum bis hin zum Büro oder sogar bis zum Wohnbereich gehen. Ideal wäre in diesem Fall natürlich die Befragung von ortskundigen Personen.

Über die Art der Nutzung des Kellers können dann auch Rückschlüsse auf das Brandgut gezogen werden. Bei der Nutzung als Wohnraum oder als Büro kann von einer ähnlichen Brandlast, wie bei einem Wohnungsbrand ausgegangen werden. Sollte der Keller aber als Lagerraum genutzt werden, muss man hier von einer höheren Brandlast ausgehen. Meistens sind Lagerräume stark mit vielen brennbaren Materialien gefüllt. Auch ist bei der Nutzung als Lagerraum oder Werkstatt mit Druckgasbehältern und brennbaren Flüssigkeiten zu rechnen (z. B. Spraydosen und Reinigungsmittel bis hin zu Arbeitsgasen). Auf diese Gefahr sollte der Angriffstrupp explizit hingewiesen werden.

Ein weiterer wichtiger Informationspunkt bei der Erkundung ist die Zugänglichkeit des Kellerbereiches. Gibt es nur einen Zugang oder sind es mehrere? Weiterhin ist es wichtig zu erfahren, wo die Zugänge liegen. Sollten ein Zugang innerhalb eines Objektes z. B. über einen Treppenraum vorhanden sein, so ist in Erfahrung zu bringen, ob dieser Zugang einen wirksamen Verschluss (z. B. Tür) zum restlichen Gebäude aufweist. Auch dies lässt sich idealerweise durch eine Befragung und eine visuelle Erkundung durchführen. Neben den Zugängen über Treppen muss auch die Lage von Fenstern und somit potenziellen Abluftöffnungen ermitteln werden. Hier ist neben der Lage auch die Nutzbarkeit zu erkunden. Können eventuelle Abdeckgitter, oder andersartige Fenstersicherungen von außen geöffnet oder sogar entfernt werden? Dies ist eine wichtige Fragestellung im Hinblick auf eine taktische Ventilation.

Im nächsten Schritt erfolgt die Informationsgewinnung über den Verrauchungszustand und die Lage der Rauchgrenze. Hierbei ist es wichtig in Erfahrung zu bringen, ob sich die Verrauchung nur auf den Kellerbereich oder bereits auf angrenzende Bereiche erstreckt. Ist letzteres der Fall, so sind bei der taktischen Planung zusätzliche Punkte zu berücksichtigen. Sollte sich die Rauchausbreitung nur auf den Keller erstrecken, so ist es noch interessant, ob es den gesamten Keller oder nur gewisse Bereiche betrifft. Wenn der Keller mehrere Fenster hat, so kann z. B. erkundet werden, ob sich hinter jedem Fenster Rauch befindet und somit ein Rückschluss auf die Ausbreitung der Verrauchung gezogen werden. Kann der Keller bis zur Rauchgrenze betreten werden, können neben Rauchausbreitung auch bereits Informationen über den Aufbau des Kellergeschosses gesammelt werden.

Weiterhin ist die Lage von Energieeinspeisungen ins Gebäude zu lokalisieren. Hier kann z. B. über eine Befragung von Ortskundigen die Art und die Lage der externen

Energieeinspeisung in Erfahrung gebracht werden. Ist keine Befragung möglich, kann eine Erkundung von außen auch zu näheren Erkenntnissen führen. Ist das Haus an das Gasnetz angeschlossen, so sollte der Einspeisepunkt durch eine gelbe Markierung an der Hauswand gekennzeichnet sein. Diese Kennzeichnung der Gashausanschlüsse fordert der Deutsche Verein des Gas- und Wasserfaches (DVGW) in seinem Regelwerk. Allerdings kann man nie genau sagen, ob diese Kennzeichnung noch vorhanden oder vielleicht mittlerweile zugewachsen ist.

Bild 140: ***Gelbe Markierung an der Hauswand bei Gasanschlüssen***

Außerdem sollte erkundet werden, ob das betroffene Objekt über eine Photovoltaik Anlage verfügt. Ist dies der Fall, kann der hierfür benötigte Wechselrichter oftmals auch im Keller sitzen (▶ Bild 33). Es muss immer öfters auch mit dem Vorhandensein von größeren Speicherbatterien für die gewonnene Solarenergie gerechnet werden, was die Gefahr eines Batteriebrandes im Kellerbereich verbirgt.

Hinweis:

Die Erkundung ist ein zentraler Teil jeder Brandbekämpfung. Sie sollte daher sorgfältig und möglichst umfangreich durchgeführt werden.

8.1.3.3 Taktische Umsetzung der Erkundungsergebnisse

Rauchausbreitung minimieren

Eine Hauptaufgabe bei der Bekämpfung von Kellerbränden ist auch die Freihaltung der Flucht- und Rettungswege. Gerade in Mehrfamilienhäusern endet der Kellerbereich meistens im notwendigen Treppenraum. Auch wenn es nicht unbedingt notwendig und auch sinnvoll ist, das Gebäude immer sofort komplett zu räumen, gilt es doch, die Rettungswege für eventuelle Lageänderungen zu sichern. Nur so kann auch verhindert werden, dass Brandrauch aus dem Keller in die darüberliegende Wohnung eindringen kann.

Dieses Ziel kann durch unterschiedliche Maßnahmen erreicht werden. Die einfachste Möglichkeit wäre die Nutzung eines Angriffsweges über einen Außenzugang zum Keller. Sollte bei der Erkundung festgestellt werden, dass ein solcher Zugang vorhanden ist, so sollte dieser auch genutzt werden. Hierbei muss dann zusätzlich noch sichergestellt werden, dass der Zugang zum Treppenraum verschlossen ist oder geschlossen werden kann.

Sollte kein Außenzugang vorhanden sein, bleibt im Normalfall nur der Zugang über den Treppenraum. Hierbei gilt es dann, die Rauchausbreitung in den Treppenraum möglichst gering zu halten. Vorhandene Türen zum Kellerbereich sollten immer nur so weit wie nötig geöffnet werden (im Idealfall ist es eine Schlauchbreite). Zusätzlich sollte in diesem Fall immer ein mobiler Rauchverschluss eingesetzt werden. Zusätzlich zur Verringerung des Rauchaustritts aus dem Kellerbereich kann eine taktische Ventilation vorgenommen werden. Dazu müssen vor dem Hauseingang ein Lüfter positioniert und innerhalb des Treppenraums Abluftöffnungen im oberen Bereich geschaffen werden. Zusätzlich sind noch Abluftöffnungen im Kellerbereich zu schaffen. Dies ist notwendig, da eine offensive Ventilation nur durchgeführt werden darf, wenn auch Abluftöffnungen in ausreichender Größe vorhanden sind.

Hinweis:

Die Sicherung von Flucht und Rettungswegen ist eine der ersten Aufgaben bei der Brandbekämpfung. Sie dient dem Schutz der Bewohner und der Einsatzkräfte.

Taktische Ventilation im Keller

Gerade die offensive taktische Ventilation ist im Kellerbereich immer schwierig durchzuführen. Grundsätzlich ergeben sich immer folgende Fragestellungen vor dem Start der Ventilation:

- Ist der Brand lokalisiert?

- Befindet sich der Brand in einem gefangenen Raum?
- Sind Abluftöffnungen im Keller vorhanden?
- Können die Abluftöffnungen von außen oder nur von innen geöffnet werden?
- Besteht ein gesicherter Strömungskanal?

Besonders durch die geringe Größe von Abluftöffnungen (wie z. B. Fenstern) ist die Rauchabführung durch eine taktische Ventilation schwierig. Trotzdem stellen sie meistens die einzige Möglichkeit zur gezielten Entrauchung dar. Hierbei muss beachtet werden, dass bei einer Ventilation möglichst alle Hindernisse vor dem Fenster entfernt werden müssen. Das trifft sowohl für die großflächigen Fenstersicherungen als auch für die Lichtschachtabdeckungen zu. Weitere grundlegende Informationen zur taktischen Ventilation sind dem ▶ Kapitel 5 »Taktische Ventilation« zu entnehmen.

Brandbekämpfung im Keller (Wasser/Schaum)

Auch im Kellerbrand setzt man auf das bei der Feuerwehr gängigste Löschmittel: das Wasser. Gerade im Wohngebäudebereich hat man es zumeist mit der Brandklasse A zu tun. Aber auch die im Keller verbauten oder eingelagerten Kunststoffprodukte der Brandklasse B können mit Wasser problemlos bekämpft werden. Problematisch beim Einsatz von Wasser im Kellerbrand ist hauptsächlich der entstehende Wasserdampf. Da es aus Kellerbereichen wenig Öffnungen nach draußen gibt, kann die durch das Brandereignis entstandene Wärme schlechter abziehen und heizt die Raumtemperatur schnell und hoch auf. Diese höheren Temperaturen führen dazu, dass aus einem Liter Wasser wesentlich mehr Wasserdampf entsteht.

Wasserdampf

Ein Liter Wasserdampf ergibt bei 100°C wie viele Liter Wasserdampf?

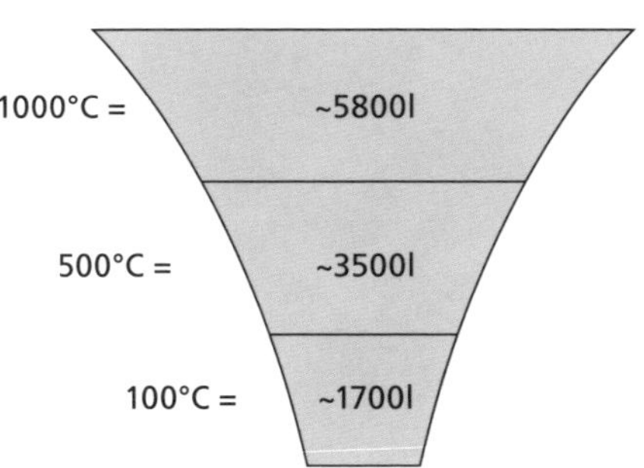

Bild 141: ***Wasserdampfbildung bei unterschiedlichen Temperaturen, gilt allerdings nicht nur für den Kellerbrand.***

Dieser nun entstandene Wasserdampf kann durch die wenigen Öffnungen schlechter abziehen und hält sich somit länger im Kellerbereich. Neben der hierdurch erhöhten Löschwirkung durch die Inertisierung der vorhandenen brennbaren Gase, besteht aber auch eine höhere Verletzungsgefahr für die eingesetzten Trupps durch einen Wasserdampfdurchschlag bei der Feuerschutzkleidung. Daher gilt es, beim Innenangriff auf eine gezielte und durchdachte Wasserabgabe zu achten. Je weniger Abluftöffnungen vorhanden sind, desto behutsamer muss das Wasser abgegeben werden. Idealerweise wartet man nach einer kurzen ersten Wasserabgabe einen Moment ab, um die Wasserdampfbildung und Auswirkungen des Wasserdampfes abschätzen zu können. Weiterhin sollte man beim Kellerbrand (genauso wie auch beim Wohnungsbrand) möglichst die Wurfweite vom Strahlrohr ausnutzen und viel Platz zwischen sich und dem Ort der Wasserdampfbildung schaffen. Nach dieser ersten Beurteilung kann nun entschieden werden, ob eine Brandbekämpfung möglich und auch verhältnismäßig sicher ist oder ob sich der Trupp zurückziehen und eine andere Möglichkeit zur Brandbekämpfung gesucht werden muss. Natürlich sollten auch vorhandene Türen zum Brandraum genutzt werden. Ist eine Tür vorhanden, so kann man mit dem »Türimpulsverfahren« arbeiten. Dies wird im ▶ Kapitel 7.7 »Türöffnungs-Prozedur im Innenangriff« näher beschrieben.

Ein anderes Löschmittel zur Brandbekämpfung von Kellerbränden stellt der Schaum dar. Zu bedenken ist aber, dass für die Produktion von Schaum neben dem Schaummittel und dem Wasser auch »saubere« Umgebungsluft nötig ist. Somit ist die Schaumproduktion im Innenangriff so gut wie unmöglich. Ein effektiver

Bild 142: ***Schaumangriff durch Kellerfenster (Quelle: Feuerwehr Detmold/M. Schweiger)***

Schaumeinsatz beim Kellerbrand kann deshalb nur durch das Einbringen von Schaum durch eine Abluftöffnung erfolgen. Ob hierbei auch gezielt gelöscht werden kann, ist in den meisten Fällen als sehr fraglich zu beurteilen. Zusammenfassend kann man sagen, dass der Schaumangriff von außen eher als taktische Alternative zu betrachten ist, wenn ein Innenangriff nicht mehr möglich oder zu gefährlich ist.

8.2 Szenario 2 | Feuer Erdgeschoss

Bild 143: ***Feuer Erdgeschoss (Quelle: Stefan Gietman, FW Kleve)***

8.2.1 Merkmale und Besonderheiten

Es gibt viele verschiedene Möglichkeiten, wie sich ein Brand im Erdgeschoss und die damit einhergehenden Rauchgase auf andere Gebäudebereiche ausbreiten können. Einige der Ausbreitung von Feuer und Rauch begünstigenden Faktoren werden im Folgenden erläutert. Damit wird das Ziel verfolgt, der ersteintreffenden Führungskraft Hinweise für die Erkundungsmaßnahmen aufzuzeigen.

Geöffnete Wohnungseingangstür zum notwendigen Flur oder notwendigen Treppenraum:
Ein Ziel des vorbeugenden Brandschutzes ist es, einen Brand ausreichend lang auf eine Nutzungseinheit zu begrenzen und somit der Ausbreitung von Feuer und Rauch auf andere Gebäudebereiche (Nutzungseinheiten) vorzubeugen. Eine geschlossene Tür verhindert, dass Rauch und im weiteren Verlauf auch das Feuer in dahinter befindliche Bereiche vordringen. Dabei können Türen unterschiedliche Anforderungen aus Sicht des Brandschutzes erfüllen. Es gibt Türen, die keinerlei Anforderungen erfüllen müssen. Türen können dichtschließend mit und ohne selbstschließende Funktion ausgeführt sein. Ein höheres Level an Schutz bieten Rauchschutztüren und Brandschutztüren. Welche Anforderungen an welche Tür gestellt werden, ist in der Musterbauordnung geregelt und wird durch die einzelnen Bundesländer spezifiziert.

Eine flüchtende Person denkt in ihrer Ausnahmesituation nicht immer daran, die Wohnungstür hinter sich zu schließen. Wohnungstüren, die selbstschließend sind, fallen nach dem Durchqueren von allein wieder zu. Bleibt die Wohnungstür jedoch geöffnet, verraucht der an die Wohnung anschießende notwendige Flur oder der notwendige Treppenraum. Dadurch werden Personen, die über diesen Weg flüchten wollen, massiv durch die Rauchgase gefährdet. Der erste bauliche Rettungsweg aus den Obergeschossen ist nicht mehr als Rettungsweg nutzbar.

Offene interne Treppen und Galerien
Ein Feuer kann sich nicht nur in andere Nutzungseinheiten ausbreiten, sondern natürlich auch innerhalb der betroffenen Nutzungseinheit. Einfachstes Beispiel ist ein Einfamilienhaus: Dies hat, wenn es mehrgeschossig ist, eine interne Treppe. An die Türen werden in diesem Objekt keine Anforderungen gestellt. Darüber hinaus sind mitunter einige Türen in dem Gebäude ohnehin häufig geöffnet. Der Rauch kann sich folglich vom Brandraum in andere, auch höher gelegene Räume ausbreiten. Außerdem kann sich das Feuer von einem Raum zum nächsten Raum fortentwickeln. Anders als bei einem notwendigen Flur oder einem notwendigen Treppenraum, die idealerweise brandlastfrei sein sollten, sind hier zumeist in jedem Raum Brandlasten

zu finden. Ähnlich verhält es sich bei einer Galerie. Über den Luftraum, der zu einer Galerie gehört, strömt der Rauch in ein höheres Geschoss. Dem zur Folge kommt es zu Verrauchungen in geöffneten Räumen.

Fenster in der aufgehenden Fassade

In dem Moment, in dem Flammen aus einem geöffneten oder geborstenen Fenster schlagen, stellt sich die Frage, ob der Bereich direkt über diesem Fenster gefährdet ist. Möglicherweise droht das Feuer ins Dach überzugreifen oder durch ein darüber befindliches Fenster eine andere Nutzungseinheit ebenfalls in Brand zu setzten. Ähnlich verhält es sich mit dem Rauch: Sind Fenster anderer Nutzungseinheiten geöffnet, kann Rauch in diese eindringen und dort Menschen und Tiere gefährden. Dabei spielt der Wind eine entscheidende Rolle. Der Rauch zieht nicht immer gerade am Gebäude hoch. Unter Umständen zieht er auch erst um eine Gebäudeecke und dringt dann in das Gebäude ein.

Je nachdem, wie das Gebäude (nachträglich) gedämmt worden ist, kann sich das Feuer in der Dämmschicht ausbreiten. Von außen nicht erkennbare Brandriegel (abhängig von Gebäudehöhe) sollen eine Fortentwicklung des Feuers z. B. durch einen nichtbrennbaren Streifen verhindern. Allerdings müssen nicht bei jedem Gebäude Brandriegel eingebaut werden (vgl. ▶ Kapitel 2.7 »Wärmedämmverbundsysteme«). Eine ähnliche Problematik kann bei vorgehängten Fassaden auftreten. Hier besteht die Gefahr, dass sich das Feuer in dem Spalt zwischen dem Mauerwerk und der vorgehängten Fassade unbemerkt ausbreitet.

Mangelhaft ausgeführter Raumabschluss (Schottungen)

Im Rahmen der Haustechnik ist es erforderlich, verschiedene Leitungen oder Rohre durch Öffnungen in Wänden und Decken zu verlegen. Diese Öffnungen müssen nach der Installation wieder fachgerecht verschlossen werden, so dass die brandschutztechnische Qualität des Bauteils erhalten bleibt. Dies wird als Schottung bezeichnet. Erfolgt dies nicht, kann sich der Rauch durch so eine Öffnung in einen anderen Raum und somit auch in eine andere Nutzungseinheit ausbreiten. Im einfachsten Fall ist eine nicht vorhandene oder unzureichende Schottung daran zu erkennen, dass das Licht aus dem angrenzenden Raum erkennbar ist.

Konsequenzen der Brandausbreitung auf andere Gebäudebereiche

Die Brandausbreitung auf andere Gebäudebereiche ist nicht immer sofort ersichtlich. Flammen, die aus einem Fenster hinausschlagen und in ein anderes Fenster hinein züngeln, sind ebenso gut erkennbar wie Rauch, der an der Fassade entlang zieht und an anderer Stelle wieder in das Gebäude hineinströmt. Anders verhält es sich mit der verdeckten Brandausbreitung hinter einer abgehangenen Fassade oder in einer Fassadendämmung. Diese ist häufig nur mit Hilfe einer Wärmebildkamera erkennbar. Anhand des Bildes der Wärmebildkamera ist ersichtlich, bis wo hin sich das Feuer bislang ausgebreitet hat. Eine Rauchausbreitung über mangelhafte oder nicht vorhandene Schottungen ist möglicherweise anfangs so gering, dass sie bei der ersten Erkundung nicht erkannt wird. Spätestens nach der Einleitung der Erstmaßnahmen bei einem Feuer, welches vermeintlich nur auf eine Nutzungseinheit begrenzt ist, sollte eine genauere Erkundung der angrenzenden Einheiten erfolgen. Mitunter ist es hilfreich, die Einsatzstelle mit etwas Abstand zu betrachten um sich darüber im Klaren zu werden, wie sich das Feuer im Gebäude ausbreiten kann. Davon hängt ab, wo Menschen und Tiere in welchem Maße gefährdet sein können. Je nachdem, ob und wo sich eine Ausbreitung bestätigt, kann sich die Prioritätenreihenfolge der erkannten Gefahren verändern.

Personen im Brandobjekt

Die Anzahl der zu erwartenden Personen hängt von verschiedenen Faktoren (wie z. B. der Größe des Gebäudes, der Anzahl und Art der Nutzungseinheiten sowie der Tageszeit) ab. Die Einwohnermeldeabfrage kann einen wertvollen Hinweis über die Anzahl der in diesem Objekt gemeldeten Personen liefern. Voraussetzung hierfür ist einerseits, dass die aktuell dort lebenden Bewohner eine Wohnhaft bei dem örtlich zuständigen Einwohnermeldeamt geltend gemeldet haben und andererseits eine Ummeldung der Fortgezogenen vollzogen wurde. Das Ergebnis der Einwohnermeldeanfrage ist stets auf seine Plausibilität hin zu prüfen. Nicht berücksichtigt werden hierbei Personen, die sich kurzzeitig im Gebäude aufhalten wie beispielsweise Gäste oder Handwerker.

Personen, die sich selbst aus dem brennenden Erdgeschoss retten, können dies über den ersten baulichen Rettungsweg und ohne den Einsatz von Geräten der Feuerwehr über Fenster durchführen. Das Betreten des Gebäudes durch die Feuerwehr kann ebenfalls auf verschiedenen Wegen erfolgen. Durch eine Personenbefragung kann ermittelt werden, welche Zugänge es in das Gebäude gibt und ob hierfür Schlüssel vorhanden sind. Möglicherweise gibt es Verbindungen zu angrenzenden Gebäuden, die ebenfalls als Zugänge genutzt werden können. Des Weiteren können auf diesen Wegen Personen versucht haben, das Gebäude zu verlassen.

8.2.2 Taktische Abwägungen

Beschreibung des Brandszenarios

In diesem beispielhaften Szenario soll ein Brandereignis im Erdgeschoss eines Mehrfamilienwohnhauses betrachtet werden. Hierzu wird folgendes Schadensbild zugrunde gelegt: Im Erdgeschoss des dargestellten Gebäudes ist es in der Erdgeschosswohnung zu einem Brandereignis gekommen. Ein Sofa ist in Brand geraten (▶ Bild 144). Die freigesetzten Rauchgase breiten sich innerhalb der Wohnung aus. Infolgedessen ist eine Verrauchung der gesamten Wohnung zu erwarten.

Bild 144: ***Brennendes Sofa im Wohnzimmer***

Bild 145: ***Linkes Wohnzimmerfester (am Esstisch) durch die FW von außen geöffnet, AT steigt ein, SiTr steht außen am geöffneten Fenster bereit***

Zum Zeitpunkt der Alarmierung der örtlich zuständigen Feuerwehr ist nicht bekannt, ob sich Personen in der Brandwohnung befinden. Darüber hinaus liegen ebenfalls keine Erkenntnisse bezüglich des Aufenthalts weiterer Personen innerhalb des Gebäudes vor. Befinden sich Menschen und/oder Tiere in einem brennenden Gebäude, ist zu bewerten, ob und wie diese gefährdet sind. Daraus resultierend werden die verschiedenen Möglichkeiten zur Rettung gefährdeter Menschen und/oder Tiere gegeneinander abgewogen. Zunächst wird der Fall betrachtet, bei dem das Brandereignis auf eine geschlossene Nutzungseinheit im Erdgeschoss begrenzt ist.

Ist beim Eintreffen der Feuerwehr das Fenster des Brandraumes bereits geborsten, kann als Erstmaßnahme unmittelbar Wasser durch dieses Fenster auf das Feuer abgegeben werden. Diese Maßnahme (der so genannte Fensterimpuls) reduziert die Brandintensität erheblich und verschafft dadurch der Feuerwehr und den zu Rettenden mehr Zeit. Der Fensterimpuls wird im Vollstrahl ca. 10 bis 30 Sekunden durchgeführt. Dabei wird mit dem Wasser unter die Decke gezielt und der Strahl nach vorne und hinten, links und rechts gelenkt. Der Wasserstahl bricht sich unter der Decke und das Wasser rieselt wie bei einem Sprinklerkopf hernieder. Die Länge des

Impulses richtet sich nach der Intensität des Feuers. Solange Flammen zu sehen sind wird weiter Wasser abgegeben. Durch den Fensterimpuls wird auch die weitere Ausbreitung des Feuers in dem Gebäude verhindert; die Temperatur im Brandraum sowie in angrenzenden Räumen mit geöffneter Tür sinkt zum Teil erheblich. Der größte Temperaturabfall mit mehreren 100 °C tritt im Brandraum ein. Je weiter weg sich Räume befinden, die eine offene Verbindung zum Brandraum haben, desto geringer ist der Temperaturabfall.

Das Feuer kann auf diese Art in höher liegenden Geschossen selten vollständig gelöscht werden, sodass eine Innenbrandbekämpfung erforderlich ist. Gerade im Erdgeschoss ist es jedoch teilweise möglich, im nächsten Schritt von außen zielgenau zu löschen – insbesondere wenn es sich um bodentiefe Fenster oder Türen handelt. In diesen Fällen kann vom Fensterimpuls nahtlos zur Innenbrandbekämpfung übergegangen werden (▶ Kapitel 7 »Vorgehen im Gebäude« sowie Video 6 »Fensterimpuls« im Downloadbereich).

Alternativ kann der Innenangriff über die Haus- oder Wohnungstür der betroffenen Nutzungseinheit durchgeführt werden. Dass sich während des Fensterimpulses kein Trupp im Brandraum befinden darf, versteht sich von selbst. Vielmehr hat der Angriffstrupp während des Fensterimpulses Zeit, seinen Löschangriff vorzubereiten. Kommt es dabei zu Verzögerungen und das Feuer lodert wieder auf, kann der Fensterimpuls erneut durchgeführt werden. Zusätzlich kann das Vorgehen des Angriffstrupps durch eine taktische Ventilation unterstützt werden. Diese hat zur Folge, dass der Trupp mit zunehmend guter Sicht zum Brandraum vordringt und die Temperaturen durch den Luftstrom geringgehalten werden. Das Feuer nimmt durch die Ventilation zwar wieder an Intensität zu, aber aufgrund des erleichterten Vorgehens erreicht der Trupp den Brandraum schneller und leitet die Brandbekämpfung ein. Darüber hinaus erhalten Menschen, die sich im Ventilationskanal befinden und noch atmen, wieder mehr Luft anstelle von Rauch. Für eine Menschenrettung ist es hilfreich, unmittelbar einen zweiten Trupp in die Brandwohnung zu schicken. Während der erste Trupp im Brandraum die Brandbekämpfung und eine eventuelle Menschenrettung durchführt, sucht ein zweiter Trupp die verrauchten Bereiche nach Personen ab.

Soll der Zugang zur Brandwohnung klassisch über die Hauseingangstür und im Weiteren über die Wohnungseingangstür erfolgen, kann es zu Problemen beim Öffnen der Türen kommen. Einige Türen erfüllen hohe Anforderungen an den Einbruchschutz. Dies ist für die Feuerwehr problematisch und kann sehr zeitintensiv werden, sofern kein Schlüssel vorhanden ist. Generell ist abzuwägen, ob der Zugang über ein Fenster schneller und mit weniger Aufwand erfolgen kann. Besonders bei

Bild 146: ***Lüfter vor der Haustür, Abluftöffnung im Wohnzimmer am Feuer, mobiler Rauchverschluss in der Wohnungstür, AT geht durch den Treppenraum, SiTr steht außen bereit (aber nicht neben dem Lüfter!)***

einer reinen Brandbekämpfung muss abgewogen werden, ob eine zerstörte Tür oder ein zerstörtes Fenster mehr oder weniger zur Schadensbilanz beiträgt. I. d. R. sind Fenster kostengünstiger als Türen. Wird die Tür als Angriffsweg gewählt, ist eine Rauchausbreitung in den Treppenraum zu verhindern. Dieses Problem wird beim Vorgehen über ein Fenster umgangen. Der Einsatz des Sicherheitstrupps ist bei einem erdgeschossigen Fenster mit einem etwas erhöhtem Aufwand als bei einer Tür anzusehen, da der Trupp über die Fensterbrüstung steigen und ein bspw. verunfallter Atemschutzgeräteträger dort hinübergetragen werden muss. Eine geschlossene Wohnungstür ist eine Barriere für Rauchgase, auch wenn sie nicht rauchdicht ist. Sie dämmt folglich die Ausbreitung des Rauches in den Treppenraum ein. Gibt diese Tür aufgrund des Feuers nach oder wird geöffnet, kommt es zu einer teils massiven Schadensausweitung. Menschen, Tiere und Sachgüter, die bis dato geschützt waren, werden nun gefährdet.

Das Eindringen von Rauch in den Treppenraum kann beim Vorgehen über die Tür mittels der oben bereits erwähnten taktischen Ventilation verhindert werden. Voraussetzung hierfür ist allerdings, dass der Ventilationspfad weitestgehend bekannt ist und beispielsweise nicht im Treppenraum mehrere Fenster vollflächig geöffnet sind. Darüber hinaus kann Wind, der in das Fenster des Brandraumes und damit in die vermeintliche Abluftöffnung weht, nur begrenzt entgegengewirkt werden.

Neben der taktischen Ventilation ist zusätzlich auch der mobile Rauchverschluss ein wirksames Mittel, um die Rauchausbreitung zu einem Großteil zu verhindern. Mobiler Rauchverschluss und taktische Ventilation widersprechen sich nicht – sie ergänzen einander. Steht der Ventilationspfad noch nicht oder reißt er während der Ventilation ab, weil beispielsweise eine Tür zuschlägt, verhindert der mobile Rauchverschluss die Rauchausbreitung. Während der Ventilation weht der Vorhang mit der Luftströmung und kann bei Bedarf hochgeschlagen werden. Anhand des mobilen Rauchverschlusses lässt sich vom Trupp gut erkennen, ob die Ventilation wie gewünscht funktioniert:

- Weht der mobile Rauchverschluss in Richtung Feuer, steht der Ventilationspfad in die richtige Richtung.
- Hängt der mobile Rauchverschluss gerade nach unten, besteht derzeit kein Ventilationspfad.
- Weht der Rauchverschluss vom Feuer weg, ist ggf. die Windlast von außen stärker als die von der Feuerwehr gewünschte Ventilation.

Ein mobiler Rauchverschluss kann im Zusammenhang mit einer taktischen Ventilation als Rückfallebene für den Fall gesehen werden, dass die Ventilation abbricht.

Ist der Treppenraum beim Eintreffen der Feuerwehr bereits verraucht, ist dieser Fluchtweg für Personen aus höher liegenden Geschossen nicht mehr nutzbar. In Gebäuden, in denen es nur einen baulichen Rettungsweg gibt, sind die Personen durch den Rauch in ihren Wohnungen vorerst gefangen. In Stresssituationen handeln Menschen nicht immer rational. Sinnvoll würden sie an einem Fenster ihrer Wohnung auf die Feuerwehr warten. Es besteht aber die Gefahr, dass sich Personen selbst retten wollen, indem sie versuchen, durch den verrauchten Treppenraum zu flüchten. Die dort befindlichen Atemgifte können jedoch in Abhängigkeit ihrer Konzentration und Dauer der Inhalation zur Bewusstlosigkeit oder bis zum Herz-Kreislauf-Stillstand führen. Ähnlich verhält es sich, wenn die Personen die Wohnungstür zum verrauchten Treppenraum öffnen und zurück in ihre Wohnung flüchten, dabei aber die Wohnungstür geöffnet lassen. Dies hat zur Folge, dass ihre Wohnung verraucht. Durch die Atemgifte im Brandrauch kommen sie womöglich bewusstlos oder infolge eines Herz-Kreislauf-Stillstandes in ihrer Wohnung zu Fall. Eventuell schaffen es die Personen, an ein Fenster zu flüchten und können so auf sich aufmerksam machen. Bestenfalls haben sie die Zimmertür hinter sich geschlossen, damit der Rauch nicht zu ihnen gelangt.

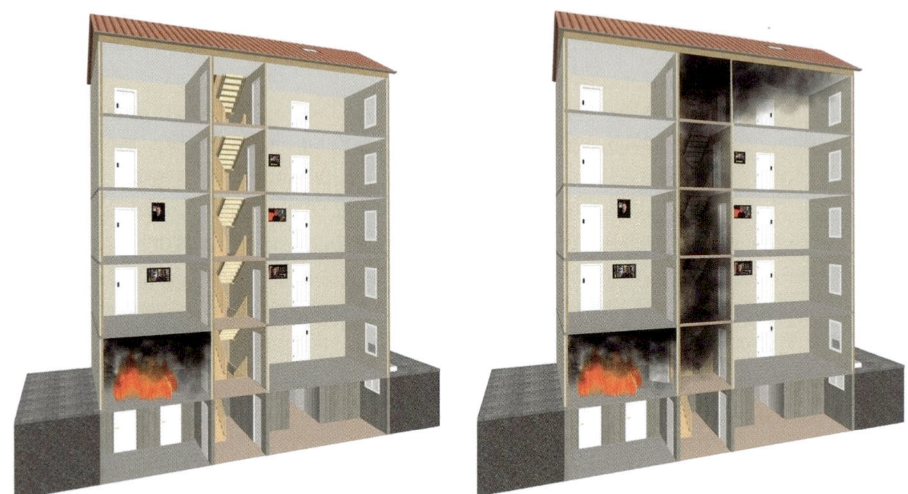

Bild 147: ***Links: nur Brandwohnung gefährlich; rechts: Brandwohnung, Treppenraum und Wohnung(en) gefährlich***

Im Rahmen der Erkundung ist festzustellen, wo sich Personen aufhalten können und wie stark diese durch Feuer und Rauch gefährdet sind. In Abhängigkeit davon muss geplant werden, wer, wo, wen, wie rettet und welche zeitlichen Abläufe dabei zu beachten sind. Kann sicher ausgeschlossen werden, dass sich in der Brandwohnung noch Personen aufhalten, kann der Ausbreitung von Rauch in den Treppenraum beispielsweise durch Schließen der Wohnungstür vorgebeugt werden. Für diese sogenannte Riegelstellung ist ein Trupp erforderlich, der stets die Tür hinsichtlich ihres Wiederstandes kontrolliert und gegebenenfalls kühlt oder zusätzlich einen mobilen Rauchverschluss setzt. Damit schützt er auch die Einsatzkräfte, die zur Rettung von Personen und Tieren an der Brandwohnung und damit am Feuer vorbeigehen müssen.

Während der Riegelstellung entwickelt sich ein gut ventiliertes Feuer jedoch fort und nimmt an Umfang und Intensität zu. Daher ist eine aktive Brandbekämpfung mit Verhinderung des weiteren Rauchaustritts in den Treppenraum eine Alternative. Einige Treppenräume haben eine Öffnung zur Rauchableitung an ihrer obersten Stelle, die mittels eines Druckknopfes im Eingangsbereich des Gebäudes geöffnet werden kann. Der Brandrauch wird durch diese Öffnung aus dem Treppenraum abgeleitet. Eine geöffnete Haustür (als Zuluftöffnung) unterstützt diesen Vorgang. Bei Wohnhäusern ohne Öffnung zur Rauchableitung können händisch zu öffnende

Fenster im Bereich der Treppenabsätze diesen Effekt erzielen. Hierdurch wird eine höhere thermische Belastung im Treppenraum verhindert beziehungsweise reduziert und Rauchgase werden abgeleitet. Handelt es sich bei dem Objekt um ein dreigeschossiges Mehrfamilienhaus nach derzeit aktueller Bauordnung, können nach dem zuvor beschriebenen Safe-Schema für GK 3 folgende bauliche Gegebenheiten in die taktische Abwägung einfließen:

S – System Rettungsweg

Der erste Rettungsweg ist baulich, während der zweite Rettungsweg in unserem Beispiel-Mehrfamilienhaus über Geräte der Feuerwehr sichergestellt wird. Bei einer Menschenrettung aus dem Erdgeschoss sind keine Leitern oder bei Hochparterre nur ein Element der Steckleiter mit A-Teil erforderlich. Ist der Rauch vom Entstehungsort im Erdgeschoss in höhere Geschosse vorgedrungen oder ist es bei der Brandbekämpfung zu einer ungewollten Rauchausbreitung gekommen, müssen gegebenenfalls Menschen über tragbare Leitern oder Hubrettungsfahrzeuge gerettet werden. Verraucht in einem Mehrfamilienhaus der Treppenraum, sind die Personen im Gebäude darauf angewiesen, dass der Weg durch die Feuerwehr entraucht wird oder sie über den zweiten Rettungsweg gerettet werden.

A – Anforderungen an den Treppenraum

Die Wände des notwendigen Treppenraums haben mind. die Feuerwiderstandsklasse F30. An die Wohnungstüren wird jedoch lediglich die Anforderung gestellt, dass sie dicht- und selbstschließend sind. Das bedeutet, dass die Türen die Schwachstellen sind. Ist die Wohnungstür der Brandwohnung geschlossen und soll vorerst auch geschlossen bleiben, ist die Tür fortlaufend zu kontrollieren, um ein Versagen frühzeitig zu bemerken. Besonders fatale Folgen kann es haben, wenn sich Angriffstrupps oberhalb des Brandes befinden und dann die Tür der Brandwohnung unbemerkt versagt. Dem Trupp ist dadurch der Rückzugsweg abgeschnitten. Bestenfalls bemerkt der Trupp dies schnell und kann mit seiner eigenen Leitung die Flammen zurückdrängen und die Brandwohnungstür Richtung Haustür passieren. Dramatisch wird es, wenn der Trupp kein Wasser mitführt und womöglich auch ohne Atemschutz vorgegangen ist, da der Treppenraum zum Zeitpunkt des Gebäudebetretens komplett rauchfrei war.

Im Treppenraum muss es eine Öffnung zur Rauchableitung geben. Diese kann über Fenster sichergestellt werden. Wird diese Öffnung zur Rauchableitung geöffnet, können Rauchgase aus dem Treppenraum strömen. Unterstützt wird dies noch durch eine geöffnete Haustür, die als Zuluftöffnung fungiert. Auf diese Art werden die thermodynamischen Eigenschaften von heißem Brandrauch genutzt (bspw. Auftrieb von heißen Gasen). Des Weiteren kann dieser Effekt durch einen Lüfter unterstützt werden. Beim Einsatz eines Verbrennungslüfters sollte schnellstmöglich ein Abgasschlauch angeschlossen werden, um giftige Brandgase nicht durch giftige Abgase zu ersetzen. Die Rauchableitung ermöglicht bestenfalls, dass der Trupp aufrecht gehen und nicht die niedrigste Gangart wählen muss. Dadurch kommt er schneller voran. Personen, die aufgrund der Atemgifte im Treppenraum bewusstlos geworden sind, erhalten durch eine Rauchableitung wieder atembare Luft. Wenn sie noch atmen, verbessert dies ihre Lage ungemein. Zudem werden Personen im Treppenraum bei besser werdenden Sichtverhältnissen durch abgeleiteten Rauch deutlich schneller gefunden. Dies erhöht die Überlebenschancen erheblich. Die geringeren Temperaturen erleichtern zudem die Brandbekämpfung.

F – Feuerwiderstand tragender Bauteile, Trennwände und Decken

Die tragenden Bauteile sind, ebenso wie Trennwände und Decken zwischen Nutzungseinheiten, in GK 3 in F30 auszuführen. Dies gilt auch im Dachgeschoss, wenn sich darüber ein Aufenthaltsraum befindet. Im Keller gibt es die Besonderheit, dass die Decke sowie die tragenden Bauteile in F90 ausgeführt sein müssen. Der Keller ist dementsprechend gegenüber dem Rest des Gebäudes besonders gut baulich abgetrennt. Für ein Feuer im Erdgeschoss ist dies jedoch i. d. R. irrelevant. Die Bezeichnung F30 besagt, dass die Bauteile mind. 30 min lang dem Feuer standhalten müssen. Bei gemauerten Wänden und Betondecken kann jedoch von einer längeren Widerstandsfähigkeit ausgegangen werden. Je nachdem wie intensiv eine Wohnung brennt und wie schlecht sie zu löschen ist, muss bei fortschreitender Einsatzdauer an die Gefahr des Einsturzes gedacht werden. Besonders Altbauten mit Holzeinschub- oder Lehmdecken können bei einer großen Menge an Löschwasser ihre Stabilität einbüßen.

E – Einsatzrelevante Infos für die Feuerwehr

Das beschriebene Beispiel-Mehrfamilienhaus weist keine Besonderheiten auf. Es ist nicht so ausgedehnt, dass eine Unterteilung in Brandabschnitte erforderlich wäre. Darüber hinaus sind keine Rauchabschnitte, Brandmeldeanlagen oder Löschanlagen vorhanden.

8.3 Szenario 3 | Feuer Obergeschoss

8.3.1 Merkmale und Besonderheiten

Bei einem Brand im Obergeschoss gelten i. d. R. dieselben Merkmale und Bedingungen wie bei einem Brand im Erdgeschoss eines Mehrfamilienhauses. Ergänzende und prägnante Merkmale und Bedingungen sollen hier allerdings noch einmal besonders hervorgehoben werden.

Gebäude mit mehreren Obergeschossen unterliegen i. d. R. anderen baulichen Anforderungen. Den prägnantesten Punkt bildet sicherlich hierbei der notwendige Treppenraum, der je nach entsprechender GK einen Feuerwiderstand bis F90 (feuerbeständig für 90 min) erreichen kann. Auch Zugangstüren zu den einzelnen Nutzungseinheiten können besondere Anforderungen von dicht- bis dicht- und selbstschließend erfüllen. Ein mögliches Feuer kann also bei einer intakten und geschlossenen Zugangstür sowie intakten Fenstern zunächst nicht in andere Bereiche des Gebäudes gelangen. Öffnung zum Rauchabzug, Feuerwehraufstellflächen für Drehleitern oder Flächen für tragbare Leitern können bei mehrgeschossigen Gebäuden baurechtlich gefordert werden. An dieser Stelle verweisen wir erneut auf das SAFE-Schema in ▶ Kapitel 2.5, um nähere Informationen zum baulichen Brandschutz zu erfahren.

Hinweis:

Ein Brand in einem Obergeschoss kann sich auf die betroffene Nutzungseinheit begrenzen! Bei einer zerstörten oder geöffneten Wohnungstür ist aber auch eine Brandausbreitung in den notwendigen Treppenraum oder über diverse Öffnungen (Fenster, Balkone, Lüftungssysteme etc.) auf darüber liegende Geschosse möglich.

Angriffswege

Jedem Einsatzleiter sollte klar sein, dass beispielsweise bei einem Brandereignis im 6. Obergeschoss die zeitliche Spanne von der vorangegangenen Planungsphase bis zum Eintreffen des Angriffstrupps sehr groß sein kann. Die im Einsatz tätigen Kräfte müssen ihre ganze physische und psychische Leistungsfähigkeit investieren, um am richtigen Ort, mit dem richtigen Mittel und zur schnellstmöglichen Zeit ihr Einsatzziel zu erreichen. Neben der reinen Wegstrecke, die zu überbrücken ist, muss auch die Höhe überwunden werden. Das geschieht im Brandeinsatz i. d. R. über Treppenräume. Im 6. OG kann mitunter eine Höhe von ca. 18 bis 20 m erreicht werden, je nach Geschosshöhe.

Um zeitoptimiert vorgehen zu können, ergeben sich für die jeweiligen Einheitsführer verschiedene Möglichkeiten:

- Je nach Ausstattung und Taktik der jeweiligen kommunalen Feuerwehr ist der ersteintreffende Einheitsführer des ersten wasserführenden Fahrzeugs an der Rauchgrenze mit oder ohne Atemschutz ausgestattet. Somit ist es für diesen auch möglich, beispielsweise einen mobilen Rauchverschluss zum Zielgeschoss mitzuführen und anzubringen.
- Basierend auf dem Führungssystem kann der Einheitsführer auch als »Abschnittsleiter Innenangriff« eingesetzt werden. Ein höherer Kräfteansatz, sprich mit mehreren Trupps vorzugehen, sorgt dafür, dass die Arbeitsbelastung gesenkt und die Einsatzbreite im Zielgeschoss erhöht wird.
- Nutzung von Hubrettungsfahrzeugen zur Einsatzunterstützung für den Transport von Material und Personal bei vorhandenen, frei befahrbaren Zufahrten und Aufstellflächen. Moderne technische Systeme haben sehr kurze Rüstzeiten und ermöglichen kürzeste Reaktionszeiten auf dynamischen Lagen.

Um einen Zugang in das Gebäude auch ohne Schlüssel zu ermöglichen, halten die Feuerwehren eine große Bandbreite an Zugangstechniken vor. Von der Türöffnungsnadel über das Halligan-Tool oder der Ramme, bis hin zum hydraulischen Kombispreizer mit Akkutechnik. Neben den offensichtlich vorhandenen Türen wird die Erkundung von Fenstern, Terrassen-/Balkontüren, Lichtschächten und Luken immer wichtiger. Die Sicherheitstechnik der Türen entwickelt sich weiter, sodass es die Einsatzmittel der Feuerwehr langfristig gesehen nicht mehr in adäquater Zeit schaffen werden, zum Erfolg zu führen.

Rauchgase vs. Treppenraum

Die größte Aufmerksamkeit an Einsatzstellen in mehrgeschossigen Gebäuden, in denen viele Menschen leben, gilt der bewussten Wahrnehmung und Steuerung der Rauchgase innerhalb der Gebäudestruktur. Aufgrund der hohen Anzahl von Menschen im Gebäude ist dort eine hohe Dynamik zu erwarten. Mit einer hohen Dynamik werden auch dementsprechend viele Gebäudeöffnungen innerhalb und außerhalb des Objekts geschlossen oder geöffnet sein. Selbst kleine Veränderungen des Türöffnungswinkels nehmen Einfluss auf den Strömungspfad. Daher sind auch hier das Situationsbewusstsein und die Kommunikation sehr wichtige Faktoren für die erfolgreiche Einsatzabwicklung.

Hinweis:

Das ORTEN-Schema lässt sich dafür verwenden, eine situationsbewusste und strukturierte Kommunikation zu ermöglichen. Wir verweisen hier auf das ▶ Kapitel 6 »Operative Taktik«.

Entwicklung über den Treppenraum

Um als Trupp das höher liegende Geschoss möglichst schnell und kraftschonend erreichen zu können, muss ein besonderes Augenmerk auf das Verlegen von Schläuchen im Treppenraum gelegt werden. Idealerweise verlegt der vorgehende Trupp, sofern möglich, die Angriffsleitung über das vorhandene Treppenauge (▶ Kapitel 7.8 »Schlauchmanagement«). Dies spart Zeit, Kraft und verhindert unnötige Stolperfallen. Nicht vergessen werden darf, dass in bestimmten Gebäuden auch Wandhydranten zur Verfügung stehen. Beispielsweise kann dies bei einer Mischnutzung aus Verwaltungs- und Büroflächen vorkommen. Die GK ist hier nicht immer entscheidend, sondern vor allem die Art der Nutzung.

Aufgrund längerer Angriffswege kann es vorkommen, dass der Trupp seinen Lungenautomat zeitverzögert, also unterhalb der Rauchgrenze anschließen muss. Sofern er dies nicht tut, könnte der Luftvorrat zur Brandbekämpfung und/oder Menschenrettung nicht mehr ausreichend sein. Die Sicherheit des Trupps und das blinde Beherrschen des Pressluftatmers haben aber hierbei immer oberste Priorität.

Hinweis:

Der Angriffsweg zum Zielfeuer kann bei einem Brand im Obergeschoss länger sein als bei einem Feuer im Erdgeschoss. Die Rauchgrenze kann auch unterhalb vom Brandgeschoss beginnen (beachte die Schwerkraftströmung).

Ebenfalls kann als Besonderheit ausgelegt werden, dass Geschosse mit mehr als vier Wohnungen über notwendige Flure verfügen. Diese wiederum sind über Rauchschutztüren mit dem notwendigen Treppenraum verbunden. Hier kann das Setzen eines Lüfters (im Treppenraum, vor dem notwendigen Flur oder vor der Brandwohnung) entscheidend sein. Gegebenenfalls muss sich der Einsatzleiter durch seinen eingesetzten Trupp ein geeignetes Lagebild verschaffen, von welchem Ausgangspunkt (Haustür, Wohnungstür etc.) er seinen Lüfter einsetzen möchte. Auch kann ein Treppenraum über eine Öffnung zum Rauchabzug mit einem Auslöseelement (im EG/höchstes Geschoss) verfügen. Die Aktivierung kann sich wiederrum positiv sowie auch negativ auf Strömungspfade auswirken. Wir verweisen an dieser

Stelle auf ▶ Kapitel 4 »Strömungspfade« sowie auf ▶ Kapitel 8.2 »Szenario 2 | Feuer Erdgeschoss«.

Hinweis:

Notwendige Treppenräume (ab GK 5) oder innenliegende Treppenräume (ab GK 4) verfügen nach der Musterbauordnung über ein Auslöseelement (Öffnung zum Rauchabzug) an niedrigster und höchster Stelle. Geschosse mit mehr als vier Wohnungen verfügen über notwendige Flure.

Bild 148: ***Die beiden Bilder zeigen den Zugang zu einer Nutzungseinheit in einem Mehrfamilienhaus (GK 5) sowie die Öffnung zum Rauchabzug.***

Gut zu erkennen ist das Auslöseelement im notwendigen Treppenraum (höchstes Geschoss) und das dazugehörige Fenster zur Rauchableitung. Auch im Erdgeschoss befindet sich ein Auslöseelement.

Rettung über Rettungsgeräte der Feuerwehr

Bei einem Feuer im Obergeschoss kann der Angriffsweg über ein Fenster oder gar einen Balkon bis hin zur Brandstelle erfolgen. Auch eine Menschenrettung über tragbare Leitern kann bei einem Feuer im Obergeschoss möglich und auch sinnvoll sein. Wichtig ist hierbei die Erkundung nach »anleiterbaren« Stellen. Auch Drehleiteraufstellflächen können bei Gebäuden mit mehreren Geschossen gefordert werden; entscheidend ist hier die Höhe der Fußbodenoberkante der höchst gelegenen Nutzungseinheit. Der Einsatz eines Sprungpolsters (als letzte Instanz) kann in Erwägung gezogen werden, sofern sich Personen massiv panisch verhalten und sich bereits in einem absturzgefährdeten Bereich befinden.

Hinweis:

Bei einem Brand in einem Obergeschoss kann und muss über alternative Angriffs- und Rettungswege (Einsatz von tragbaren Leitern/Drehleitern) nachgedacht werden, bzw. kommen diese öfters zum Einsatz.

8.3.2 Taktische Abwägungen

Beschreibung des Brandszenarios

In diesem beispielhaften Szenario soll ein Brandereignis in einem Obergeschoss (3. OG) eines Mehrfamilienhauses (GK 4) betrachtet werden. Hierzu werden drei unterschiedliche Schadensbilder zum Szenario betrachtet (isoliertes Feuer, verrauchter Treppenraum, vermisste Person(en) in brennender Nutzungseinheit mit verrauchtem Treppenraum).

Brennt es in einem Mehrfamilienhaus, so kann bei der ersten Erkundung der Feuerwehr häufig nicht abschließend geklärt werden, ob sich noch Personen im Gebäude befinden. Mitunter gibt es zu einzelnen Nutzungseinheiten definitive Aussagen über die dort befindliche Personenanzahl aufgrund einer Personenbefragung. Höchste Priorität sollte die Kenntnis darüber haben, ob sich in der brennenden Nutzungseinheit noch Personen befinden. Mit Hilfe des SAFE-Schemas lassen sich zunächst bauliche Anforderungen für die Feuerwehr herausfiltern. (Die Anwendung wurde bereits in ▶ Kapitel 8.2 »Szenario 2 | Feuer Erdgeschoss« erklärt. Wir verweisen zudem auf das ▶ Kapitel 2 »Baukunde«.) Ebenfalls kann man sich der GAUBE-Regel für die kalte Lage und dem ORTEN-Schema für eine situationsbewusste und strukturierte Kommunikation bedienen.

Anwendungs-Beispiel zum Szenario:

Kalte Lage:

- **G** – viergeschossiges Gebäude, unterkellert, 12 Wohneinheiten
- **A** – Massivbauweise, keine Öffnung zur Rauchableitung vorhanden
- **U** – 80er-Jahre nicht modernisiert (kein WDVS)
- **B** – ausschließlich Wohnraum
- **E** – Gas über das Stadtnetz, regulärer Hausanschluss

Allgemeine Lage:

- Herbst, Windstill, kein Regen, 15 °C, 10.30 Uhr, werktags

Warme Lage:

- Bestätigtes Feuer im 3. OG (viertes Geschoss), Flammen und Rauch sichtbar im vierten Geschoss aus einem Fenster (0,90 m × 1,20 m), keine Menschenleben in Gefahr in Brandwohnung.

- **O** – Orientierungspunkt KdoW
- **R** – A (KdoW), C (Fenster mit Flammen)
- **T** – Angriff A-Seite
- **E** – HLF, BBK, viertes Geschoss von A nach C
- **N** – Nachfrage! Antwort korrekt?

Bei einem Brand in einem Obergeschoss können mehrere Faktoren eine wichtige Rolle spielen, wie sich die Lage im Brandgeschoss selbst, vor allem aber im gesamten Gebäude entwickeln kann. Zu jedem Schadensbild werden Lösungsansätze beschrieben und wichtige Details genannt, die man beachten sollte. Die hier beschriebenen Schadensbilder sind nach Meinung der Autoren die prägnantesten bzw. die bei einem Brand in einem Obergeschoss am häufigsten vorkommenden.

Isoliertes Feuer

Sind sowohl das Feuer als auch der Rauch auf eine Nutzungseinheit begrenzt und kann definitiv ausgeschlossen werden, dass sich darin Personen befinden, ist der einsatztaktische Schwerpunkt auf die Schadenbegrenzung (Ausbreitung von Feuer und Rauch auf andere Gebäudeteile) zu legen. Dazu gehört die Verhinderung der Brandausbreitung – beispielsweise durch einen Feuerüberschlag in ein darüber befindliches Geschoss oder auf die Fassade – ebenso wie die Verhinderung der Rauchausbreitung in den Treppenraum durch geöffnete Türen.

Wird bereits beim Eintreffen am Brandobjekt festgestellt, dass ein Fenster des Brandraumes durch Feuer geborsten ist, kann eine sofortige Brandbekämpfung mit einem Fensterimpuls eingeleitet werden. Dieser Verhindert einen Flammenüberschlag in ein darüber liegendes Geschoss oder auf die Fassade und reduziert nachweislich die Intensität des Feuers aufgrund des Energieentzugs durch das Löschmittel Wasser.

Die Tatsache, dass sich das Feuer nicht im Erdgeschoss befindet, spricht einem Fensterimpuls nicht entgegen. Erstes, zweites und manchmal auch drittes Obergeschoss können mit einem bodengeführten C-Rohr für den Fensterimpuls erreicht werden. Die Nutzung einer Drehleiter für die Durchführung eines Fensterimpulses ist sehr zeitintensiv. Dies ist weniger mit der Rüstzeit der Drehleiter zu begründen, sondern mehr mit dem Herstellen einer Wasserversorgung für die Brandbekämpfung aus dem Drehleiterkorb. Daher ist die Maßnahmen eines Fensterimpulses aus dem Korb der Drehleiter unter Berücksichtigung von Sicherheit, Schnelligkeit, Erfolgsaussicht, Aufwand und Gesamtwirkung abzuwägen.

Im Anschluss an den durchgeführten Fensterimpuls kann ein Trupp zur Brandbekämpfung vorgehen. Die Rauchausbreitung in den Treppenraum kann durch das Setzten eines mobilen Rauchverschlusses in die Tür der betroffenen Nutzungseinheit reduziert werden. Mit Hilfe einer taktischen Ventilation lässt sich der Treppenraum ggf. besser rauchfrei halten. Die Kombination aus Rauchschutzvorhang und taktischer Ventilation ist aus einsatztaktischer Sicht in den meisten Fällen sehr wirksam und zielführend (vgl. hierzu ▶ Kapitel 5 »Taktische Ventilation«).

Sollte im Rahmen der Erkundung festgestellt werden, dass die Fenster des Brandraumes intakt sind und keine alternativen Abluftöffnungen in der betroffenen Nutzungseinheit vorhanden sind, ist die taktische Ventilation des Angriffswegs vorerst nicht möglich. In den Treppenraum gelangender Rauch kann dann durch geöffnete Fenster im Treppenraum oder eine Öffnung zur Rauchableitung an oberster Stelle abströmen. Unterstützt werden kann dies wiederum durch einen gezielten Lüftereinsatz. Ein raucharmer bzw. rauchfreier Treppenraum ermöglicht der Feuerwehr eine schnellere Brandbekämpfung und/oder Menschenrettung.

Je nachdem in welchem Obergeschoss sich die brennende Nutzungseinheit befindet, ist es zielführend, im Geschoss darunter ein Depot einzurichten. Hier kann auch der Sicherheitstrupp positioniert werden. Falls das Gebäude über eine Steigleitung verfügt, können der Angriffstrupp im Brandgeschoss und der Sicherheitstrupp im Depotgeschoss daran anschließen und Wasser für die Brandbekämpfung entnehmen. Voraussetzung hierfür ist, dass an die nötige Wasserversorgung für das einspeisende Fahrzeug gedacht wird. Außerdem dürfen die Einspeise- oder Entnahmestelle der Steigleitung nicht durch Vandalismus beschädigt sein. Im schlechtesten Fall kann eine beschädigte Steigleitung den Ausgangsdruck am Strahlrohr vehement beeinflussen, so dass Löschmaßnahmen aufgrund von zu geringem Druck nicht mehr möglich sind. Darüber hinaus besteht die Möglichkeit, dass Abgänge in verschiedenen Geschossen mutwillig geöffnet wurden. Wird dies vor dem Befüllen der Steigleitung nicht erkannt, können große Wassermengen ungewollt austreten und für den vorgehenden Angriffstrupp reicht das Wasser nicht mehr aus. Über eine Kontrolle der Entnahmestellen vor Inbetriebnahme der Steigleitung sollte im Einzelfall entschieden werden, damit einerseits wirksame Löschmaßnahmen möglich sind und andererseits ein Wasserschaden von nicht betroffenen Geschossen ausgeschlossen werden kann.

Ist keine Steigleitung in dem Gebäude vorhanden, was in dem beispielhaften Szenario eher wahrscheinlich ist, ist die Überlegung, den Verteiler nicht vor dem Gebäude, sondern im Depotgeschoss zu positionieren, durchaus legitim. Der Vorteil ist, dass nur eine B-Leitung durch den Treppenraum geführt wird und nicht mehrere C-Leitungen. Dadurch nimmt die Stolpergefahr vorgehender Trupps deutlich ab, insbesondere wenn sie eine bewusstlose Person ins Freie bringen.

Verrauchter Treppenraum

Hat das zuvor genannte Brandereignis zu einer Verrauchung des Treppenraumes geführt, ist dieser zwingend auf Personen zu kontrollieren, sofern sie dort nicht sicher ausgeschlossen werden können. Damit der Treppenraum kontrolliert werden kann, sind mind. zwei Trupps im Gebäude erforderlich. Der Sicherheitstrupp ist hier nicht mit einbezogen. Da das Vorbeigehen am Feuer extrem gefährlich ist, muss der Trupp, der den Treppenraum oberhalb oder auf gleicher Höhe des Brandes kontrolliert, durch einen weiteren Trupp vor dem Feuer geschützt werden. Dies kann durch eine aktive Brandbekämpfung oder durch eine Riegelstellung erfolgen. Für die aktive Brandbekämpfung kann wie beim zuvor beschrieben isolierten Feuer vorgegangen werden. Eine Riegelstellung kann beispielsweise durch das Schließen der Tür der brennenden Nutzungseinheit erfolgen. Diese Tür darf jedoch nicht allein gelassen werden, denn das Feuer entwickelt sich dahinter weiter und kann das Versagen der Tür zur Folge haben. Diese Maßnahme kann durch Kühlen der Tür zur Brandwohnung unterstützt werden. Bei zunehmender Leckrate (Rauchausbreitung durch geschlossene Tür) kann ein mobiler Rauchverschluss Abhilfe leisten. Dabei sollte darauf geachtet werden, dass hohe Temperatureinwirkungen zum Versagen eines Rauchschutzvorhanges führen können. Ist dies der Fall, sollte der zerstörte Vorhang besser nicht aus der Zarge genommen, sondern ein neuer direkt dahinter in Position gebracht werden. Der beschädigte mobile Rauchverschluss kann den neuen teilweise schützen, damit dieser länger standhält.

Es besteht zudem die Möglichkeit, die Kontrolle des Treppenraums durch eine taktische Ventilation zu unterstützen. Dies bringt den Vorteil mit sich, dass der kontrollierende Trupp zunehmend bessere Sichtverhältnisse hat und die körperliche Beeinträchtigung durch die heißen Rauchgase abnimmt. Somit kommt er schneller voran und kann bestenfalls aufrecht gehen.

Personen, die im Treppenraum das Bewusstsein verloren haben, können demnach schneller gerettet werden und die Wahrscheinlichkeit von bleibenden körperlichen Schäden aufgrund des Sauerstoffentzugs sinkt. Zweifelsohne ist umgehend für diese Personen eine medizinische Versorgung sicherzustellen. Je nachdem, in welchem Obergeschoss es brennt, könnte in einem darunter befindlichen Depotgeschoss auch der Rettungsdienst auf die Übernahme von Patienten warten oder es stehen Trägertrupps für den Transport zum Ort der Erstversorgung bzw. zur Patientenablage bereit.

Ist die ersteintreffende Einheit nur in Staffelstärke vor Ort, kann ein Trupp zur Brandbekämpfung oder Riegelstellung eingesetzt werden und ein Trupp kontrolliert den Treppenraum. In diesem Fall kann kein Sicherheitstrupp gestellt werden, bis weitere Kräfte eintreffen. Der Verzicht auf eine der beiden Maßnahmen zugunsten eines Sicherheitstrupps hätte entweder die Nichtrettung von Personen im Treppenraum zur Folge oder eine massive Gefährdung eines Trupps durch das Vorbeigehen am Feuer. Der Trupp am Feuer schützt den Trupp im Treppenraum, indem er verhindert, dass das Feuer in den Treppenraum kommt. Einen größeren Schutz kann es bei einer Staffel nicht geben.

Person(en) in der brennenden Nutzungseinheit vermisst und verrauchter Treppenraum

In der nächsten Eskalationsstufe muss nicht nur der Treppenraum kontrolliert werden, sondern es sind auch Menschen aus der brennenden Nutzungseinheit zu retten. Personen, die an Fenstern auf sich aufmerksam machen, sind noch bei Bewusstsein, während Personen, die in verrauchten Bereichen liegen, schlimmstenfalls reanimationspflichtig sind. Die schlechtesten Überlebenschancen bestehen im Brandraum, da hier die Temperaturen am höchsten sind und eine große Menge an Atemgiften vorhanden ist. Danach folgen die Bereiche, die verraucht sind. Die besten Überlebenschancen bestehen hinter geschlossenen Türen in raucharmen bis rauchfreien Räumen. Demzufolge sind die Personen in der Brandwohnung, wenn sie sich nicht in raucharmen Bereichen aufhalten, durch ihre Nähe zum Feuer massiv gefährdet. Je nach Größe der Nutzungseinheit ist es zielführend, direkt zwei oder gar drei Trupps dorthin vorzuschicken. Ein Trupp beginnt schnellstmöglich mit der Brandbekämpfung, um die Überlebenschancen der vermissten Personen zu erhöhen.

Sobald eine Abluftöffnung geschaffen werden kann, ist eine taktische Ventilation zur Unterstützung der Menschenrettung abzuwägen. Der oder die verbleibenden Trupps suchen die verrauchten Bereiche der Nutzungseinheit nach den vermissten Personen ab. Je nach räumlichem Umfang kann es sinnvoller sein, auch bei mehreren vermissten Personen, neben dem Brandbekämpfungstrupp, nur einen weiteren Trupp in die Nutzungseinheit zu schicken. Zu viele Trupps gleichzeitig können sich beispielsweise in einer kleinen Zweizimmerwohnung gegenseitig behindern. Hilfreicher kann es sein, vor der Nutzungseinheit oder im Depotgeschoss ein oder mehrere Trupps für die Übernahme gefundener Personen zu positionieren. Ein positiver Nebeneffekt wäre, dass der suchende Trupp genau weiß, wo er schon abgesucht hat und es nicht zu Schwierigkeiten beim Beschreiben der Örtlichkeiten gegenüber einem anderen Trupp kommt. Dies wäre der Fall, wenn verschiedene Trupps nacheinander zur Menschenrettung vorgehen. Eine gute Kommunikation zwischen den in der Brandwohnung befindlichen Trupps und den Führungskräften ist für den Einsatzerfolg an dieser Stelle maßgebend. Neben der Menschenrettung in der brennenden Nutzungseinheit muss auch der Treppenraum kontrolliert werden. Auch hier ist zu überlegen, ob eine taktische Ventilation hilfreich oder in Verbindung mit der brennenden Nutzungseinheit noch nicht förderlich ist.

Sind zu Beginn des Einsatzes erst zwei Trupps unter PA verfügbar, von denen ein Trupp den Befehl bekommt, die Menschenrettung in der brennenden Nutzungseinheit durchzuführen und ein Trupp die Menschenrettung im Treppenraum durchführt, kann es zeitweise zu einem gefährlichen Defizit kommen: Findet der erstgenannte Trupp eine Person und bringt diese aus dem Gefahrenbereich, befindet sich der andere Trupp ungeschützt über dem Brandherd! Das Feuer könnte sich unbemerkt in den Treppenraum ausbreiten und dem oberhalb des Brandgeschosses befindlichen Trupp den Rückweg versperren. Schlimmstenfalls kann auch der Schlauch durchbrennen, da dieser aufgrund mangelnder Wasserabgabe nicht von innen gekühlt wird.

Ein ggf. zusätzlich vor Ort befindliches Hubrettungsfahrzeug könnte eine Anleiterbereitschaft herstellen. Alternativ kann der Trupp aber auch unter PA im Innenangriff eingesetzt werden. Nur weil ein Hubrettungsfahrzeug vor Ort ist, ist dieses Fahrzeug nicht zwingend einzusetzen. Vielleicht hilft der zusätzliche Trupp an anderer Stelle viel mehr und das Fahrzeug bleibt vorerst ungenutzt.

Durch ein Hubrettungsfahrzeug werden die taktischen Möglichkeiten erweitert. Besonders im Hinblick auf Personen, die sich an Fenstern befinden und ihren baulichen Rettungsweg (erster Rettungsweg) nicht mehr nutzen können. Sind diese Personen erreichbar, ist ein Hubrettungsgerät eine sichere und schnelle Möglichkeit mit einem sehr geringen Kräfteansatz von zwei Personen. Die Voraussetzung für die

Menschenrettung über ein Hubrettungsfahrzeug ist jedoch eine geeignete Feuerwehr-Aufstellfläche. Ist keine Aufstellfläche vorhanden, muss der Einsatz des Hubrettungsfahrzeugs überdacht werden. Gerade im ersten und zweiten Obergeschoss kann die vierteilige Steckleiter jedoch schneller sein. Hierbei sind aber wieder die Aspekte Sicherheit, Schnelligkeit, Erfolgsaussicht, Aufwand und Gesamtwirkung abzuwägen.

Drohen zu rettende Personen zu springen oder abzustürzen, wird schnellstmöglich ein Sprungpolster einsatzbereit gemacht und unter ihnen in Stellung gebracht. Das Aufbauen sollte jedoch nicht unmittelbar unter ihnen erfolgen, da dies die Gefahr mit sich bringt, dass in ein noch nicht vollständig aufgeblasenes Sprungpolster gesprungen wird. Gleichzeitig sollte die Rettung über eine tragbare Leiter oder ein Hubrettungsgerät eingeleitet werden. Ziel muss es sein, die Person sicher und ohne weiteren Schaden aus dem Gefahrenbereich zu bringen. Das Sprungpolster reduziert nur die Verletzungen, die beim Sturz auf den Boden entstehen würden. Hineinfallende Personen können sich durch den Aufprall schwer verletzten! Ohne das Sprungpolster wäre der Aufprall auf den Boden schlimmstenfalls tödlich. Daher wird dazu ermutigt, auf die Leiter oder das Hubrettungsgerät zu warten.

Sofern genug Trupps vorhanden sind und kein Hubrettungsgerät für eine Menschenrettung über Fenster, Balkone oder ähnliches benötigt wird, kann eine Anleiterbereitschaft in verschiedenen Formen die Sicherheit im Gebäude befindlicher Trupps erhöhen. Wird eine Anleiterbereitschaft befohlen, muss deutlich kommuniziert sein, in welcher Form diese durchzuführen ist: nur abgestützt, abgestützt und aufgerichtet, mit dem Korb vor einer bestimmten Öffnung, mit oder ohne Einsatzkraft im Korb? Des Weiteren müssen die im Gebäude befindlichen Trupps darüber Bescheid wissen, um diese im Bedarfsfall auch nutzen zu können.

Eine weitere Einsatzmöglichkeit ist die Kontrolle von Nutzungseinheiten durch die geschlossenen Fenster. Hierbei ist jedoch zu berücksichtigen, dass es sich nur um eine Vorab-Erkundung handelt, da die Einheiten nicht vollständig eingesehen werden können.

8.4 Szenario 4 | Feuer Dachstuhl

8.4.1 Merkmale und Besonderheiten

Ähnlich wie beim Keller-, hält ein Dachstuhlbrand besondere Herausforderungen bereit. Brandverläufe in Dachgeschossen zeigen immer wieder, wie schnell und verheerend diese sein können. Durch die baulichen Gegebenheiten, die i. d. R. grundlegend von anderen Geschossen abweichen, breiten sich Brände in Dachgeschossen im Allgemeinen erheblich schneller aus, führen zu deutlich größeren Sachschäden und einer wesentlich höheren Personengefährdung. Zudem sind Brände dieser Art von außen schwerer zu beurteilen als in anderen Stockwerken. Beim Dachstuhlbrand besteht häufig die Situation, dass eine Dachgeschosswohnung involviert ist, über der es dann i. d. R. noch einen Spitzboden gibt. Selbst hier kann unter Umständen noch eine Nutzung als Wohnraum (auch nur teilweise) vorliegen. Selbst wenn diese Nutzung nicht vorliegt, sind sehr häufig größere Brandlasten vorhanden, wenn dieser Raum als Abstellmöglichkeit genutzt wird.

Ob ein Ausbau über mehrere Dachgeschosse vorliegt, oder es sich z. B. um eine Maisonettewohnung handelt, ist von außen häufig nicht zu beurteilen. Hinzu kommt, dass die Dachkonstruktion normalerweise aus brennbaren Holzwerkstoffen besteht. Bei modernen oder sanierten älteren Gebäuden kommt unter Umständen noch eine Wärmedämmung des Dachstuhls, auch in unbewohnten Bereichen, erschwerend hinzu. Feuer in verdeckten Hohlräumen oder zwischen Dämmung und eigentlicher Dachhaut ist nicht nur schwierig zu finden, zu erreichen und zu bekämpfen, sondern es müssen häufig personal- und zeitaufwändig manuell Zugänge geschaffen werden.

Photovoltaikanlagen erschweren den Zugang von außen und wirken sich im Brandfall auf die Statik des Dachstuhls aus. Die Zugangsmöglichkeiten von innen sind i. d. R. auch begrenzt. Fenster in Dachschrägen sind im Vergleich zu Fenstern in Normalgeschossen häufig schwierig zu erreichen und erschweren, auch im geöffneten Zustand (Schwingfenster, Klapp-Schwingfenster), die Zugänglichkeit für die Einsatzkräfte und die Rettungsmöglichkeiten für Bewohner.

Brandverlauf

Der Dachstuhl (insbesondere wenn dieser nicht als Wohnraum ausgebaut ist) oder der Spitzboden stellen auch bezüglich der Entwicklung und dem Verlauf eines Brandes eine Besonderheit dar. Der Dachraum bildet gewöhnlich das größte Raumvolumen, Trennwände (von Giebelwänden bei durchgehenden Dachstühlen von Doppelhaushälften abgesehen) sind nicht vorhanden. Giebelwände bei Doppelhaushälften dienen im Übrigen nicht der brandschutztechnischen Abtrennung. Hierdurch steht einem Feuer zunächst einmal ausreichend Sauerstoff zur Verfügung.

Ein nicht ausgebauter Dachstuhl als solcher ist, was die eigentliche Brandlast angeht, eher als moderat zu betrachten. Die größte Brandlast ergibt sich häufig dadurch, dass der Bodenraum als Abstellfläche für alles Mögliche genutzt wird.

Ein Feuer, das in unmittelbarer Nähe zur Dachkonstruktion ausbricht, wird diese schnell erfassen und sich über die Dachlattung nach oben und zu den Seiten hin ausbreiten. Flammen und heiße Rauchgase bewegen sich, durch die Thermik bedingt, entlang der Dachschräge in Richtung First nach oben, und breiten sich dann zu den Seiten, längs des Firsts, aus. Abzugsmöglichkeiten sind normalerweise im Bereich des Firstes nicht vorhanden. Somit sammelt sich die meiste Wärme unterhalb des Firstes, was zu einer schnellen thermischen Aufbereitung (Pyrolyse) der Dachkonstruktion im Firstbereich und zur Brandausbreitung führt.

Ein Außenangriff auf die geschlossene Dachhaut, wie man ihn leider immer wieder sieht, ist grundsätzlich sinnfrei. Der ureigenste Sinn der Dachhaut liegt schließlich genau darin: zu verhindern, dass Wasser ins Gebäude eindringen kann. Eine vermeintliche Kühlwirkung auf das unter der Dachhaut liegende Feuer bleibt ebenfalls aus.

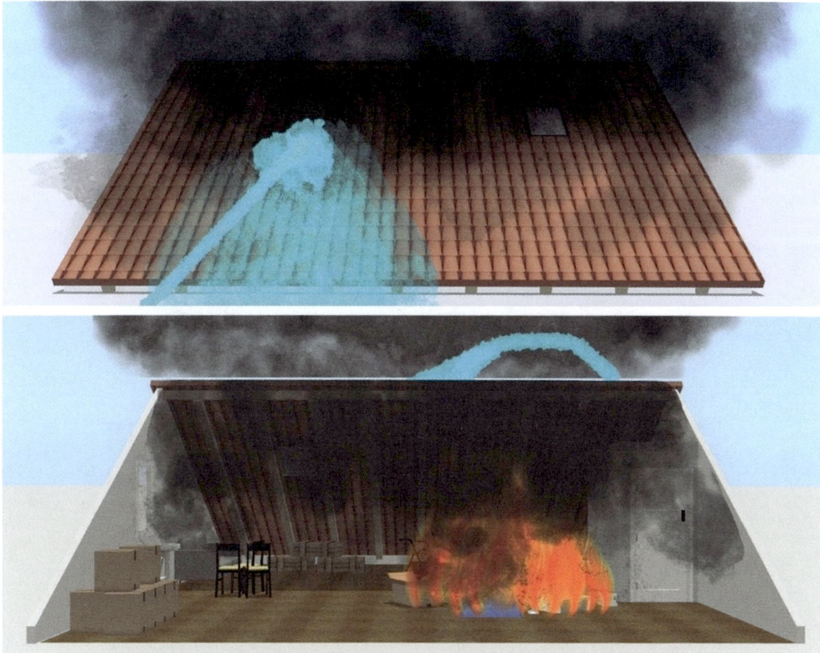

Bild 149: ***Fraglicher Außenangriff auf geschlossene Dachhaut***

Aufbrennen

Durch die hohe Energie im Bereich des Firstes sind es zunächst die Dachlatten, die ihre Tragfähigkeit einbüßen, wodurch die aufliegenden Dachpfannen ihren Halt verlieren und es zum »Absturz« der Dachpfannen, meistens ins Innere des Dachstuhls, kommt. Hier spricht man auch vom »Aufbrennen« des Daches. Spätestens nach dem Aufbrennen wird sich der Brand nochmal deutlich verstärken, da jetzt eine Abluftöffnung besteht und sich ein Strömungspfad ausbilden kann. Flammen, die aus einer Dachöffnung schlagen, verleiten häufig zu einem Außenangriff, insbesondere vom Boden aus – der i. d. R. aber auch nicht zielführend ist. Das eigentliche Feuer wird sich in den meisten Fällen nicht direkt unterhalb der Öffnung befinden. Die sichtbaren Flammen sind letztendlich nur eine Flammenlängung oder ein Hinweis darauf, dass es sich um einen ventilationsgesteuerten Brand handelt.

Bild 150: ***Dachstuhl aufgebrannt und entsprechender fraglicher Außenangriff***

Nach dem Aufbrennen bietet sich aber auch die Chance für einen Innenangriff, da sich die Verhältnisse im Dachraum, zumindest was die Sicht und auch die Wärmebelastung angeht, verbessern. Nicht außer Acht lassen darf man allerdings, dass die Brandintensität mit dem Aufbrennen zunehmen könnte. Hier wird deutlich, dass ein Innenangriff frühzeitig eingeleitet oder aber vorbereitet werden sollte, um diesen Moment zu nutzen. Hier ist wichtig, dass dieser aus einer möglichst gesicherten Position (Treppenabsatz, Einschubtreppe o. ä.) heraus und nur mit Wasser am Rohr geführt wird. Die Veränderung der Ventilationsbedingungen durch das Aufbrennen meistens am höchsten Punkt (Dachfirst) und die Schaffung einer Zuluftöffnung durch das Öffnen einer Zugangstüre oder Bodenluke deutlich unterhalb, kann es auch zu Brandphänomenen (Durchzündungen etc.) kommen.

8.4.2 Taktische Abwägungen

Eigene Lage, allgemeine Lage, kalte Lage

Ein entscheidender Faktor bei Dachstuhlbränden ist Zeit. In der bereits bestehenden Fachliteratur wird eine Brandeinwirkung auf das Gebäude von 20 min zu Grunde gelegt, in der nachhaltig wirksame Maßnahmen möglich sind (LFS-BW 2012). Um zielgerichtet und somit auch zeitlich effizient tätig werden zu können, ist die Zusammenstellung der ausrückenden taktischen Einheiten relevant. Im ersten Angriff kommt es vor allem auf AGT und Hubrettungsfahrzeuge an. Die Aufgabe der Führungskräfte (hauptsächlich im ehrenamtlichen Bereich) besteht darin, beim Abrücken dafür Sorge zu tragen, dementsprechende Kräfte priorisiert ausrücken zu lassen. In den Köpfen der gut aus- und fortgebildeten Führungskräfte kommen jetzt im Rahmen des Führungsvorgangs u. a. folgende Fragen auf:

- Wie viele AGT habe ich dabei? Steht mein Sicherheitskonzept?
- Habe ich genug Maschinisten für Hubrettungsfahrzeuge im Zulauf?
- Wie viel Zeit benötigt das zweite Hubrettungsfahrzeug, falls es überhaupt zur Verfügung steht?
- Verzögert die Wetterlage meine Anfahrt?
- Wie viele Geschosse hat das Brandobjekt?
- Geschlossene oder offene Bauweise?
- Mischbebauung?
- Kann ich vor Ort mit einer stabilen Wasserversorgung rechnen?

Aus diesen exemplarischen Fragen leiten sich Planungen und Befehle ab. Der erste kognitive Entscheidungsprozess läuft.

Anfahrt

Empirische Beobachtungen der Autoren zeigen, dass bestätigte Dachstuhlbrände in vielen Fällen den Weg zur Einsatzstelle weisen. Spätestens unter diesem Einfluss sollte eine Anpassung der Ausrückefolge angestrebt werden. So spektakulär Dachstuhlbrände im ersten Moment auf viele Einsatzkräfte wirken, umso komplizierter ist die Ordnung des Raumes an solch einer Einsatzstelle. Ein spätes Umparken oder Zurücksetzen ist häufig nicht mehr möglich. Dafür sorgen nicht nur Feuerwehreinheiten. Der noch ungeregelte Straßenverkehr erschwert die Anfahrt gleichermaßen wie anrückende Einheiten der Polizei, des Rettungsdienstes oder der Presse. Sie können sich sicher vorstellen, wie viel öffentliches Interesse ein Einsatz dieser Größenordnung hervorruft.

Hubrettungsfahrzeuge (DLAK und HAB) fahren priorisiert

Das Hubrettungsfahrzeug priorisiert fahren zu lassen ist eine Möglichkeit, um die Hilfsfristen gering zu halten und den Platz an der Einsatzstelle optimal auszunutzen. In Deutschland ist diese Ausrückefolge bei weitem noch kein Standard. An dieser Stelle hilft das Abwägen der Vor- und Nachteile.

Tabelle 19: ***Vor- und Nachteile einer Priorisierung von Hubrettungsfahrzeugen***

Vorteile	Nachteile
Ordnung des Raumes	Fehlender Meldekopf
Schnelles Abrücken	Bei Eintreffen keine FPN 10-2000 sicher verfügbar
Frühzeitiger Kontakt zum EL bzw. AL	
Prioritäre Auswahl AGT und DL-MA	

Der einsatztaktische Wert eines Hubrettungsfahrzeugs liegt sicherlich nicht in der Bereitstellung von viel Personal. Vielmehr ermöglicht dieses Rettungsgerät eine sichere Arbeitsatmosphäre in exponierten, hohen Bereichen. Moderne Rettungskörbe bieten ausreichend viel Platz um zu retten – aber auch andere einsatztaktische Maßnahmen in der Höhe auszuführen. Neben dem Platz wird durch angebrachte Halte- und Festpunkte ein sicheres Handeln ermöglicht.

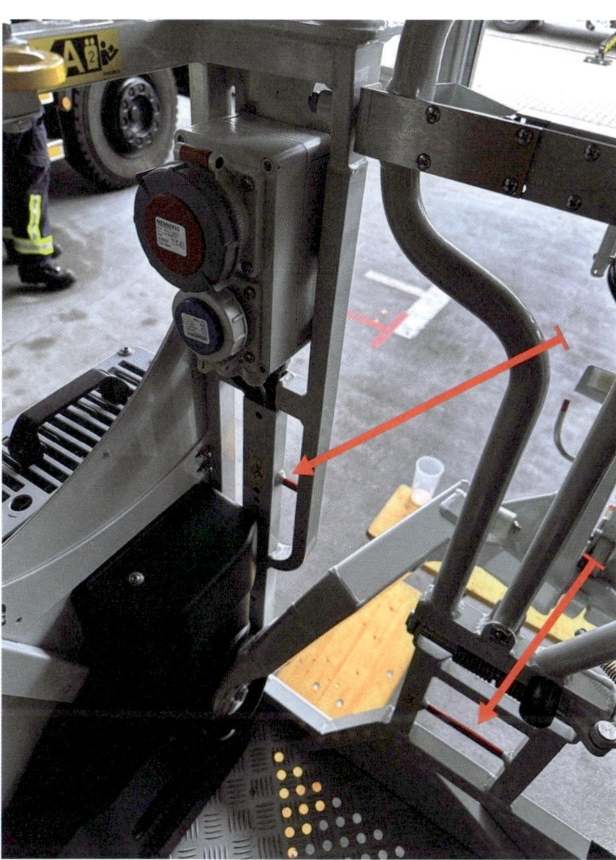

Bild 151: ***Haltepunkte mit min. 6 kN***

Mit der passenden Persönlichen Schutzausrüstung gegen Absturz (PSAgA) können aus dem Rettungskorb oder in Toprope Sicherung über dem Leitersatz die notwendigen Tätigkeiten aufgenommen werden.

Eine der wichtigsten Aufgaben für das Hubrettungsfahrzeug bei dem Szenario Dachstuhlbrand ist das Schaffen einer Abluftöffnung direkt am oder auf dem Dach. Aus diesem Grund muss für ein sicheres und zielgerichtetes Arbeiten eine hohe Zuladungsreserve eingeplant werden. Die Zuladung in diesem Einsatzgebiet ergibt sich aus der Wasserleitung im Hubrettungssatz und dem notwendigen Personal im Korb. Aus eigenen Erfahrungen ist die Besetzung des Rettungskorbes mit zwei FA

Bild 152: ***Anschlageinrichtung nach DIN EN 752 mit min. 10 kN***

unter PA sinnvoll. Daraus ergibt sich eine Korblast von ca. 200 kg. Je nach Bauart bzw. Hersteller müssen von Drehkranzmitte bis Korbvorderkante im Mittel eine Einsatzgrenze von 20 m (+/-) Ausladung eingeplant werden. Daraus folgt, dass es von erheblicher Wichtigkeit ist, einen Bereich zur Aufstellung des Hubrettungsfahrzeugs auf einer verdichteten Fläche freizuhalten. I. d. R. wird das eine Zufahrtstraße sein, auf der ersteintreffende Löschfahrzeuge bereits die endgültige Fahrzeugaufstellung gewählt haben. Der Platzbedarf eines Hubrettungsfahrzeugs ergibt sich aus der Fahrzeuglänge und Fahrzeugbreite plus Abstützbreite sowie der Fläche zur Ablage des Korbes auf Bodenniveau. Den Rettungskorb abzulegen ist bei der Brandbekämpfung sinnvoll, insbesondere wenn Schläuche angekuppelt, Armaturen aufgebaut und Geräte entnommen werden müssen.

Erkundung, Erkundung, Erkundung

Viel alarmierte Technik setzt einen ganzheitlichen Führungsansatz voraus. Blinder Aktionismus an einer Einsatzstelle kann die Gefahrenlage maßgeblich verschärfen. Ein unkoordiniertes »Löschen« durch Brandobjektöffnungen sei an dieser Stelle nur ein Beispiel. Das Brandereignis stellt sich im Außenbereich höchst unterschiedlich dar. Zur Einordnung und Antizipation des Einsatzverlaufs bieten sich kognitive Werkzeuge an. Z. B. steht den Einsatzkräften das RWLF-Schema zur Verfügung. Mit diesem Schema werden die Elemente Rauch, Wärme, Luftströmung und Flammen betrachtet bzw. beurteilt. Die Einsatzleitung verschafft sich einen Ersteindruck und kann eventuell notwendige Sofortmaßnahmen veranlassen.

Hinweis zu kognitiven Werkzeugen:
Speziell das RWLF-Schema, aber auch andere bekannte Akronyme setzen zum Teil hohe Erfahrungswerte voraus. Hinzu kommt, dass sich speziell der Rauch nicht immer eindeutig beurteilen oder gar »lesen« lässt. Gerade in der Dunkelheit kann man diese Regeln kaum anwenden – auf eine genauere Beschreibung oder Anwendung des RWLF-Schemas wurde daher bewusst verzichtet. Bei Dachstuhlbränden ist es sehr schwer, den Brandherd im ersten Moment klar zu lokalisieren. Umso wichtiger ist es, bei derartigen Brandereignissen strukturiert die Einsatzstelle zu erkunden (▶ Kapitel 6 »Operative Taktik«).

Vier Phasen der Erkundung:

- Frontalansicht
- **Befragen der ortskundigen Personen**
- Zugänge bis zur Rauchgrenze prüfen
- Rundumerkundung

Die jahrelangen Einsatzerfahrungen der Autoren heben ganz besonders die Phase der Befragung von ortskundigen Personen hervor. Die effizientesten Aussagen zu Zugängen, Brandlasten, baulichen Besonderheiten usw. wird die Feuerwehr von An- oder Bewohnern erhalten. An dieser Stelle sind das Zuhören und Notieren von besonderer Wichtigkeit. Die Darstellung der kalten Lage durch die ortskundige Person mit »Zettel und Stift« ist die beste Übersicht, die die Feuerwehr im ersten Moment kriegen kann. Das Betreten eines Gebäudes durch eine Führungskraft bis zur Rauchgrenze ist absolut notwendig. Die Erkundung des Brandereignisses im betroffenen Geschoss ist wichtig für die Planungsphase.

Angriff oder Verteidigung?
Gerade bei geschlossenen Bauweisen ist diese Frage absolut berechtigt. Die ersten 10 Minuten sind i. d. R. geprägt von massivem Personal- und Einsatzmittelmangel. Umso wichtiger ist es, unter Abwägung der begrenzten Ressourcen und bekannten Erkundungsergebnissen einen Plan zu schmieden. Die eingeholten Erkundungsergebnisse bilden das Fundament für die Planung. Wie die FwDV 100 schon einleitet:

»Die Feuerwehr hat bei ihren Einsätzen die Aufgabe, auf der Basis meist lückenhafter Informationen, eine oder gleichzeitig mehrere Gefahren zu bekämpfen.«

Zu Beginn gibt es einen erheblichen Informationsmangel. Es ist menschlich, dass eine Entscheidungsfindung auf Basis dieses Missverhältnisses sehr komplex ist. Wichtig ist aber, dass eine Entscheidung getroffen wird! Die Beurteilung kann unterstützt werden durch die Gefahrenmatrix. Sie ist im Feuerwehrwesen schon lange bekannt, wird aber selten praktisch strukturiert eingesetzt. Gerade aber beim ersten Einschätzen der Hauptgefahr und somit auch des Einsatzschwerpunkts ist sie von besonderer Bedeutung. Dachstuhlbrände stellen sich häufig als dynamische Lage dar. Der Ausbreitung muss hier große Aufmerksamkeit geschenkt werden.

Riegelstellung am Dachziegel

An vielen Einsatzstellen wird eine sogenannte Dachziegelwäsche durchgeführt. Die eine oder andere Feuerwehreinsatzkraft begründet das mit einer Kühlwirkung durch Stören der energetischen Voraussetzung. Das Problem ist dabei die Gebäudehülle um den Feuervorgang. Somit erreicht das so wichtige (und besonders in diesem Fall unzureichende) Löschwasser den Brandraum nicht. Der zielgerichtete Weg, einen Löscherfolg zu bewirken, ist also die Gebäudehülle zu umgehen oder zu durchbrechen. Die Umgehung der kapselnden Gebäudehülle setzt in den meisten Fällen einen Innenangriff voraus. Wie im ▶ Kapitel 7 »Vorgehen im Gebäude« beschrieben, ist der Begriff der dynamischen Strahlrohrführung im deutschen Feuerwehrwesen anerkannt und wird in den Feuerwehren ausgebildet. Daraus resultiert eine Kompetenz in der Erkennung von Raumdimensionen und Reaktion darauf in der Strahlrohrführung.

Einfach ausgedrückt muss der vorgehende Angriffstrupp nicht immer eine Rauchgaskühlung und Temperaturcheck (gemäß: »Das macht man doch so«) durchführen, nur weil an der Rauchgrenze in Nullsicht etwas orange schimmert. Stattdessen geht es vor allem um das zielgerichtete Vorgehen zum Brandherd (und somit das Anpassen des Sprühbilds an die aktuelle Lage), um die eigentliche Entstehungsquelle zu bekämpfen (z. B. Situationsbedingt Vollstrahl aus der Deckung heraus).

Das Umgehen der Gebäudehülle reicht nur bei der Ventilationstaktik Antiventilation aus. In den meisten Fällen ist es notwendig, der Thermo- und Strömungsdynamik Sorge zu tragen und am höchsten Punkt des Brandraums die Gebäudehülle zu durchbrechen.

Brandobjekt benötigt eine Öffnung zur Rauchableitung (RWA, Rauch- und Wärmeabzug)

Apropos Gebäudehülle – wie bereits im Kapitel Baukunde beschrieben, sind bei Gebäuden unterschiedlichste Bauformen von Dächern zu erwarten. Die größte Sicherheit bzw. Stabilität bieten Pfettendächer. Ein Kollabieren, auch unter längerer Brandeinwirkung, ist nicht zu erwarten. Neben den unterschiedlichen Dachformen sind diverse Aufbauten der Dachstruktur von innen nach außen zu erwarten. In älteren Häusern beispielsweise sind Dächer mitunter nicht gedämmt, Dachziegel allerhöchstens verstrichen

Die Dacheindeckung (häufig Dachziegel) ist je nach Baujahr bzw. Modernisierungsstatus des Gebäudes mehr oder weniger stark thermisch aufbereitet. Das Öffnen der Dachhaut gestaltet sich bei älteren Bauweisen deutlich einfacher, da zwischen Brandherd und Dacheindeckung weniger Dämmmaterial vorhanden ist. Die Erfahrungen zeigen, dass sich diese einschlagen lassen; die Eindeckung fällt dann ins Innere der Gebäudehülle.

Bild 153: ***Verstrichene Dachziegel (links) und eingefallene Eindeckung (rechts)***

Selbstverständlich haben sich in dieser Phase des Einsatzes keine Trupps im Dachgeschoss zu befinden. Ganz entscheidend dabei ist eine vorhandene Führungsstruktur mit getrennten Rufgruppen bzw. Kanälen. Die Dachhaut zu öffnen ist i. d. R. die suffizienteste Möglichkeit, um zielgerichtet wirken zu können.

Welche limitierenden Gründe gibt es (neben den baulichen), eine Dachöffnung nicht durchzuführen?

- Dachstuhl schon aufgebrannt oder kurz vor Aufbrand
- Keine Erreichbarkeit der Dachfläche mit dem Rettungskorb des Hubrettungsfahrzeugs
- Übermäßige Gefährdung der Trupps zu erwarten

In den anderen Fällen sollte das Hubrettungsfahrzeug so eingesetzt werden, dass ein Rauch- und Wärmeabzug am höchsten Punkt der Dachkonstruktion geschaffen werden kann. Es empfiehlt sich, einen Trupp unter PA im Korb einzusetzen. Ein FA schafft mit geeignetem Werkzeug (wie z. B. dem Einreißhaken) eine Öffnung, der andere FA »sichert« mit dem Hohlstrahlrohr die Maßnahme ab.

Die Öffnung in der Dachhaut sollte so groß sein, dass die Strömungsgeschwindigkeit der ausströmenden Rauchgase reduziert wird. Der physikalische Grundsatz: »Je kleiner der Strömungsquerschnitt (Öffnung) desto größer die Strömungsgeschwindigkeit«, gilt auch in diesem Kontext.

Eine Entscheidung ist getroffen – der Entschluss zu einem qualifiziertem Innenangriff und einer Dachhautöffnung steht fest. Wirksame Maßnahmen werden jetzt von der Besatzung des Hubrettungsfahrzeugs eingeleitet:

- Wasserversorgung bis zum handgeführten Rohr wird hergestellt,
- ein Trupp unter PA (mit Dachöffnungsmitteln und WBK) besteigt den Rettungskorb,
- Korb des Hubrettungsfahrzeugs wird anschließend unter Berücksichtigung der Rauchausbreitung an den höchsten Punkt des Dachstuhls bewegt.

Bild 154: ***Frühe Phase Dachstuhlbrand***

In dieser Phase wird von der Korbbesatzung ein hohes Situationsbewusstsein verlangt.

- Wie entwickelt sich das Brandereignis?
- Steht der Dachstuhl kurz vor dem Vollbrand?
- Befinde ich mich im unmittelbaren Gefahrenbereich?
- Kann ich von dieser Position aus eine wirksame Abluftöffnung schaffen?

- Ist das Hohlstrahlrohr zum Schutz des FA bei Schaffen einer Öffnung vorbereitet?

Bild 155: ***Spätere Phase Dachstuhlbrand (links) und Aufbrand (rechts)***

Frühestens jetzt werden die AGT, die in den unteren Geschossen auf den Einsatz warten, eine beträchtliche Luftströmung spüren. Der Rauch- und Wärmeabzug kann nun beginnen. Damit einhergehend ist i. d. R. die Verbesserung der Sichtverhältnisse. Somit kann der eigentliche Brandherd im Dachstuhl lokalisiert werden und zielgerichtet das eigentliche Feuer bekämpft werden.

Hinweis:

Dachstuhlbrände werden grundsätzlich von unten nach oben abgearbeitet – kein Wasser unkoordiniert abgeben!

Besondere Einsatzlagen

Gebäude verfügen über unterschiedlichste Dachformen und Dachelemente (▶ Kapitel 2 »Baukunde«). Damit können im Fall eines Feuers verschiedene Gefahren und taktische Aufgaben einhergehen. Im Rahmen der Gebäudebeurteilung werden diese konstruktiven Besonderheiten im besten Fall erkannt, um daraus ableiten zu können, wie sich das Feuer weiterentwickelt. In manchen Fällen entwickelt sich ein Dachstuhlbrand sehr außergewöhnlich, wie dieser Fall im Mühlheim (HE) zeigt:

Hier ein Auszug aus dem Einsatzbericht der Feuerwehr (Quelle: ffm112.de)

Am Freitagmittag wurde die Feuerwehr Mühlheim zu einer gemeldeten Rauchentwicklung aus einem Dachflächenfenster alarmiert. Bereits auf Anfahrt konnte

eine deutlich sichtbare Rauchentwicklung festgestellt werden, sodass umgehend Vollalarm für alle Wehren der Stadt Mühlheim ausgelöst wurde. Bei Eintreffen der ersten Kräfte hatte sich das Feuer bereits komplett durch die Dachhaut gefressen. Zunächst musste ein Übergreifen der Flammen auf Nachbargebäude durch eine Riegelstellung verhindert werden. Die Löscharbeiten des Brandobjektes gestalteten sich trotz mehrerer Rohre und dem Einsatz der Drehleiter schwierig, so kam es auf Grund der Fertigbauweise immer wieder zu Durchzündungen und erneutem Aufflammen. Zusätzlich bereitete die unzureichende Löschwasserversorgung den Einsatzkräften Probleme, sodass eine Wasserförderung über lange Wegstrecke vom Main aus aufgebaut werden musste.

Die Art der Bauweise (siehe A der GAUBE-Regel im ▶ Kapitel 6.1 »Taktik«) bezieht sich nicht nur auf die grundsätzliche Bauweise des gesamten Gebäudes, sondern auch auf die Dachkonstruktion. Die Fertigbauweise des o. g. Beispiels erschwerte die Löscharbeiten und verlängerte das Einsatzgeschehen deutlich. Im Folgenden werden aus taktischer Sicht einige Elemente des Dachstuhls genauer beschrieben:

Nagelbinderplatten

Wie bereits im Kapitel Baukunde beschrieben, sind Nagelbinder bzw. Nagelplattenbinder zur Verbindung und Sicherung der Knotenpunkte in der Dachkonstruktion verbaut. Das erste Mal sind diese Elemente taktisch für Feuerwehren in den Fokus geraten, nachdem es zwischen 2000 und 2009 zu 28 dokumentierten Einstürzen, vor allem bei Supermärkten, gekommen ist (Helm 2010). In der o. g. Publikation wurden auch Beispiele aus dem Wohnungsbau gezeigt und ein Vorschlag zur Kennzeichnung nach DIN 4066 – D1 veröffentlicht. Die einsatztaktische Problematik hinter diesen Verbindungselementen liegt auf der Hand:

- Die verringerte Feuerwiderstandsdauer lässt kein zielgerichtetes und sicheres Vorgehen an der Rauchgrenze von tieferliegenden Geschossen in Richtung höherer Geschosse zu!
- Es kann von einer erhöhten Gefahr von Einsturz/Absturz ausgegangen werden!

Flachere Dächer

Mit einer flacheren Dachneigung kann das Dachgeschoss nicht mehr als Wohnraum genutzt werden. Um diesen Raum in einer Wohnbebauung optimal nutzen zu können wird dieser als Nutzfläche verwendet. Teilweise als Lagerfläche oder zur Installation einer Lüftungs- oder Heizungsanlage. Einsatztaktisch resultiert daraus eine sehr genaue Erkundung mit den vier Phasen (▶ Kapitel 6.1 »Taktik«). Im besten

Fall kann eine kleine Öffnung von außen an der richtigen Stelle schnell zum Erfolg führen, indem thermisch aufbereitete Rauchgase, die sich am höchsten Punkt sammeln, schnell abgeführt werden. Auch der Einsatz von Schneid- oder Nebellöschgeräten (▶ Kapitel 9 »Handwerkszeug«) kann in diesem Fall entscheidend sein.

Dacheindeckung

Bild 156: ***Dachziegel mit integrierter PV (Quelle: Solarenergie.de)***

Die größte Neuerung im Bereich der Dacheindeckung sind Dachziegel mit integrierten PV-Elementen. Die Einsatzgrundsätze sind analog zu PV-Anlagen (▶ Kapitel 2 »Baukunde«). Bisher trifft man eher selten auf sogenannte Solardachziegel. Die Einbaukosten, die geringe Auswahl und die hohe Störanfälligkeit sind laut Fachpresse die größten Nachteile dieser Anlagen. Die Störanfälligkeit basiert auf der immensen Zahl an Steckverbindungen. So kam es beispielsweise am 27.07.2021 zu einem Feuer auf einem derartigen Dach in Paderborn. Der Einsatz dauerte sieben Stunden.

9 Handwerkszeug

Wie zu Beginn des Buches angekündigt, folgt hier eine Übersicht einiger Werkzeuge und Hilfsmittel, die bei einer Gebäudebrandbekämpfung nützen können. Wir verweisen grundsätzlich auf die jeweiligen Handbücher und weisen darauf hin, dass eine umfassende Schulung mit diesen Werkzeugen zwingend erforderlich ist.

9.1 Wärmebildkamera

Anwendung

Die Wärmebildkamera (WBK) gehört heute zur Standardausrüstung eines Angriffstrupps im Innenangriff. Bedingt ist eine WBK auch für die technische Hilfeleistung, z. B. für das Aufspüren von Leckagen (Erdgas, Wasserstoff, allg. Kraftstoffaustritt), der Personensuche im Freien, oder im Rahmen von C-Einsatzlagen im Gefahrguteinsatz geeignet. Auch Drehleitern werden heute mit Wärmebildkameras als Zusatzausrüstung ausgestattet. Wärmebildkameras gibt es von unterschiedlichen Herstellern in den verschiedensten Größen. Moderne WBKs können eine Fülle von technischen Funktionen erfüllen, hierzu zählen eine Bildzoom-Option, Freeze-Funktion (Bildspeicherfunktion), Laser für bessere Temperaturmessung, Stromsparmodus sowie Bild- und Videospeicherung mit einer dazugehörigen Software zum Abrufen auf dem PC.

Funktion

Das menschliche Auge kann das Licht in einem Spektrum von 380 bis 780 Nanometern wahrnehmen. Unterhalb und oberhalb dieser Spektren kann es dies nicht (hier spricht man von der Ultraviolett- und Infrarotstrahlung). Durch den Einsatz einer Wärmebildkamera wird die Infrarotstrahlung, die jeder Körper in Form von Wärmestrahlung abgibt, eingefangen und mit Hilfe elektrischer Impulse in ein Bild umgewandelt. Die elektronische Bilddarstellung der WBK kann mit Hilfe der Infrarotstrahlung auch in einem verdunkelten Raum oder bei einer massiven Rauchentwickelung problemlos stattfinden, da diese Strahlung eine größere Wellenlänge besitzt als das für den Menschen sichtbare Licht.

Hinweis:

Auch die Infrarot-Strahlung kann an ihre Grenzen kommen, z. B. durch Reflexion (Spiegel oder andere glatte Oberflächen). Auch können verschiedene Emissionsgrade zu Bild- oder Messfehlern führen. Eine Wärmebildkamera darf daher nicht als Thermometer zweckentfremdet werden. Entscheidend ist die Interpretation der Wärmebilder durch den Anwender.

Aufbau

Tabelle 20: *Aufbau WBK*

Gehäuse
Objektivlinse
Detektor mit Signalverarbeitung
Display
Bedienelemente
Akku
WBK-Halterung (mit integrierter Ladestation)
USB/Netzanschluss sowie SD-Speicherkarte

Einsatzgrundsätze

Tabelle 21: *Einsatzgrundsätze einer WBK*

Einsätze	Farbmodus	Einsatzgrundsätze
Personensuche	Vollfarbmodus	▪ Würfelblick anwenden, ▪ auf Hindernisse achten, ▪ besonderes Augenmerk auf Türen, Betten, Schränke oder Bettkästen, ▪ niemals in der Fortbewegung benutzen, ▪ kommunizieren. Achtung: spiegelnde Oberflächen berücksichtigen!

Tabelle 21: ***Einsatzgrundsätze einer WBK – Fortsetzung***

Einsätze	Farbmodus	Einsatzgrundsätze
Technische Hilfeleistung	Vollfarbmodus ggf. Weiß	▪ Vorder- Rücksitze absuchen, ▪ Anwendung der AUTO-Regel, ▪ bei alternativen Antrieben auf Leckagen achten bzw. nach diesen erkunden, ▪ Eigenschutz beachten, ▪ (EX-Schutz beachten.)
Brandeinsatz	Weiß mit rot/gelb bei hohen Temperaturen (Hotspot)	▪ Würfelblick anwenden, ▪ bei der Türöffnungsprozedur anwenden, ▪ Temperatur im Rauch prüfen.
Gefahrgut-Einsatz	i. d. R. Vollfarbmodus	▪ EX-Schutz beachten, ▪ Sicherheitsabstand einhalten, ▪ Würfelblick anwenden.

Exkurs zum Würfelblick

Für die Anwendung des Würfelblicks ist es entscheidend, die WBK nur für max. zwei Sekunden auf einen bestimmten Bereich zu fixieren. Wichtig ist, dass sich der Anwender der WBK nicht selbst festsetzt und damit den weiteren Einsatzverlauf (z. B. die Menschenrettung) unnötig hinauszögert.

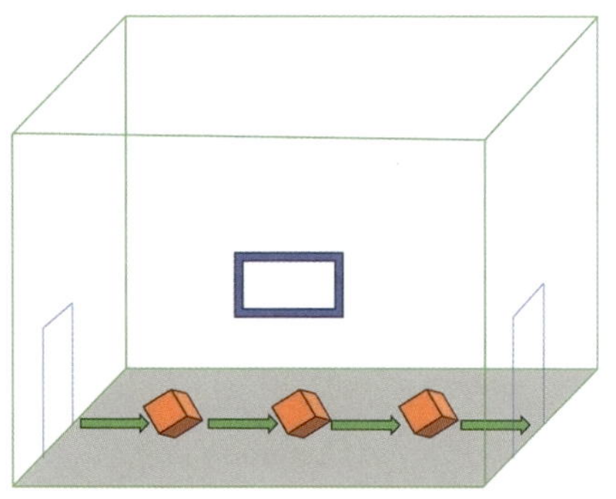

Bild 157: ***Mehrfaches Durchführen des Würfelblicks in einem Raum***

1) Vorne: Öffnungen (Fenster, Türen, Hindernisse, Personen oder Brandherd).
2) Decke: Thermisch aufbereitete Gase, Beschädigungen an der Decke sowie herabfallende Gegenstände (Kabel etc.).
3) Boden: Personen oder diverse Hindernisse, Flammenschein, Vertiefungen oder Schäden.
4) Links: Öffnungen (Fenster, Türen, Hindernisse, Personen oder Brandherd).
5) Rechts: Öffnungen (Fenster, Türen, Hindernisse, Personen oder Brandherd).
6) Hinten: Rückzugsweg kontrollieren

Hinweis:

Grundsätzlich ist die WBK bei der Übernahme des Fahrzeugs auf ihre Funktion zu überprüfen. Entscheidend ist der Akkustand.

9.2 Hohlstrahlrohr

Anwendung

Das in den USA entwickelte Hohlstrahlrohr (Armatur zur Wasserabgabe) wird seit vielen Jahren bei der Feuerwehr in Deutschland eingesetzt. Der Vorteil eines Hohlstrahlrohres liegt darin, dass die Wassertropfen im abgebenden Löschstrahl feiner sind und somit für eine bessere Wasserverteilung sorgen (ideal für eine Rauchgaskühlung). Zudem ermöglicht das Hohlstrahlrohr verschiedene Wasserstrahl-Einstellungen (Vollstrahl, Sprühstrahle in verschiedenen Winkeln), sowie verschiedene Durchflussmengen (z. B. in 60, 130, 235 Liter). Hohlstrahlrohre werden in Deutschland sowohl im Innen- als auch Außenangriff eingesetzt.

Hinweis:

Ein Hohlstrahlrohr nach DIN EN 15182-2 ist ein absperrbares Strahlrohr zur Abgabe von Löschwasser in Form von Vollstrahl und winkelveränderlichem Sprühstrahl.

Funktion

Bei einem Hohlstrahlrohr wird mit Hilfe des Zahnkranzes und des einstellbaren Strahlformkegels der Sprühstrahl mit einer gleichförmigen Strömungsgeschwindigkeit abgegeben. Der Strahlwinkel verändert sich durch den Abstand zwischen

Strahlformkegel und Zahnkranz. Hierdurch sind unterschiedliche Sprühbilder möglich. Mit Hilfe des Bügelgriffs lässt sich die Wasserabgabe vom Anwender steuern bzw. kontrolliert abgeben.

Aufbau

Tabelle 22: ***Aufbau Hohlstrahlrohr***

Absperrorgan	Zu/Auf
Strahlformsteller/-regler	stufenlos Vollstrahl, Sprühstrahl, Spülen
Zahnkranz	beweglich
Haltegriff	(für den Innenangriff eher ungeeignet)
Kupplung	D/C/B – Größen
Durchflussmenge bei 6 bar Eingangsdruck	Modell-Abhängig Beispiel: 60-130-235-400 l/min
Wurfweite (Modellabhängig)	i. d. R. bei (C) 22 m Vollstrahl 5 m Sprühstrahl (110°)
Strahlwinkel	bis 110°
Bügelgriff	Öffnen und Schließen des Hohlstrahlrohrs

Einsatzgrundsätze

- Der Strahlrohrführer hat zu seinem Hohlstrahlrohr immer Kontakt.
- Das Strahlrohr wird immer mit beiden Händen geführt und bedient.
- Vor dem Einsatz (Innen- oder Außenangriff) muss die richtige Literzahl eingestellt werden, bei unbekannter Brandintensität immer die max. Durchflussmenge wählen (bei einem Zimmer- oder Wohnungsbrand je nach Energiefreisetzung etwa 200 bis 400 l/min).
- Das Hohlstrahlrohr muss vor der Löschwasserabgabe entlüftet werden.
- Das Hohlstrahlrohr kann im Einsatz wie in ▶Tabelle 23 gezeigt zur Anwendung kommen.
- Das Hohlstrahlrohr muss dynamisch geführt werden.
- Eine ausreichende Schlauchreserve (im Innen- und Außenangriff) muss vorhanden sein.
- Der Truppführer unterstützt bei der Schlauchführung.
- Das Löschwasser muss zielführend abgegeben werden.

- Ein Fenster- oder Türimpuls wird immer im Vollstrahlmodus durchgeführt (höchste Durchflussmenge wählen/wenige Sekunden).
- Das Hohlstrahlrohr dient nicht nur dem »Löschen«, sondern kann durch »Kühlung der thermisch aufbereiteten Rauchschicht« auch Brandphänomene verhindern.

Tabelle 23: ***Löschtechniken – verschiedene Einsatzzwecke eines Hohlstrahlrohres***

Bezeichnung	Ziel	Zweck	Zeit und Anwendung
Rauchkühlung (pulsing)	Brandrauch (Standardräume)	Kühlung des Brandrauchs zur Eigensicherung	60° Strahlwinkel (1 bis 2 Sek.) im 45° Anwendungswinkel Abhängig von Raumgröße, impulsartige Löschwasserabgabe
Rauchkühlung (bursts)	Brandrauch (größere Räume)	Kühlung des Brandrauchs zur Eigensicherung	60° Strahlwinkel (2 bis 4 Sek.) im 45° Anwendungswinkel Abhängig von Raumgröße, impulsartige Löschwasserabgabe
Rauchkühlung (Vollstrahl)	Brandrauch unterhalb der Decke	Kühlung der Rauchschicht durch Sprinklereffekt, dadurch Energieentzug aus der Rauchschicht	Vollstrahl in kontinuierlicher, langsamer Bewegung z. B. im Bogenverfahren auf Decken und Wände für wenige Sekunden abgeben
Brandbekämpfung	Brandgut	Kühlung des brennenden Stoffes	Strahlrohr nur so weit öffnen, wie es für effektive Brandbekämpfung nötig ist Bei gezieltem Ablöschen von Glutnestern ist z. B. nur wenig Wasser abzugeben
Raumkühlung	Wände/Decke	Kühlung brennender und massiv thermisch aufbereiteter Oberflächen in - einem Raum	Dynamische Strahlrohrführung Vollstrahl oder schmaler Sprühstrahl sind zu wählen

Tabelle 23: *Löschtechniken – verschiedene Einsatzzwecke eines Hohlstrahlrohres – Fortsetzung*

Bezeichnung	Ziel	Zweck	Zeit und Anwendung
Türprozedur (Türimpuls)	Tür (dahinter liegende thermisch aufbereitete Atmosphäre)	Kühlung der Atmosphäre hinter der Tür	Vollstrahl durch Türspalt unter der Decke (wie beim Fensterimpuls) (WBK einsetzen)

9.3 Schneidlöschsystem »Cold Cut Cobra«

Anwendung

Mit Hilfe des von der schwedischen Firma »Cold Cut« entwickeltem »Cobra« Systems, lassen sich Brandphänomene gezielt verhindern bzw. bekämpfen. Da das Löschsystem von außen nach innen arbeitet und dabei Materialien wie Steine, Beton, Holz oder Stahl durchdringen kann, gehört es zu einer der wohl sichersten und effektivsten Gerätschaften der modernen Brandbekämpfung. Ideal kann das »Cobra-System« bei hochriskanten oder schwer zugänglichen Bränden (Dachstuhlbrand,

Bild 158: ***Das Cobra-System im Einsatz. Interessant ist die vorherrschende Temperatur im Übungscontainer vor der aktiven Anwendung des Löschsystems. (Quelle: Cold Cut Academy/Trewe, A.)***

Kellerbrand), sowie auch im Gewerbe- und Industriebereich (Abzugsanlagen, Silo- oder Containerbrände) eingesetzt werden.

Bild 159: ***Schon während der Anwendung des Löschsystems reduziert sich die Temperatur im Übungscontainer schlagartig. (Quelle: Cold Cut Academy/Trewe, A.)***

Funktion

Das »Cobra-Löschsystem« arbeitet mit einem Druck von 300 bar und einer Durchflussmenge von ca. 60 l/min. Dem Löschwasser wird bei der Anwendung ein so genanntes Abrasiv (Eisenoxid) beigemischt, wodurch der Löschstrahl die Fähigkeit bekommt, durch diverse Materialien zu schneiden. Nach dem Durchdringen zerfällt der stark gebündelte Löschstrahl zu einer feinen Wassertropfenwolke mit einer massiven Kühl- und Löschwirkung.

Aufbau

Tabelle 24: *Aufbau Cobra*

Handlanze (Standard) mit Schnellkupplung	bedienbar durch eine Einsatzkraft (1 320 mm lang/6 kg schwer)
Formstabiler Hochdruckschlauch	80 m (über Schlauchhaspel)
Wasserpumpe	Arbeitsdruck von 250 bis 300 bar an der Pumpe
Ölhydraulik	Bestandteile: Behälter, Kühler, Pumpe, Ventilblock
Abrasivbehälter (Volumen 10 Liter)	Arbeitsdruck von 300 bar
Abrasiv-Substanz (Lagerung in 5 Liter Kanister)	Eisenoxid
Kontrollsystem	Funk-Handbetätigungs-Steuersystem/ Not-Aus

Hinweis:

Für detailliertere Informationen zum Cobra-Schneidlöschsystem verweisen wir auf die Herstellerfirma Cold Cut Systems Svenska AB.

Einsatzgrundsätze

- WBK (Wärmebildkamera) einsetzen und genau erkunden.
- Sicherheitsabstände zum Anwender (mind. 5 m) sind einzuhalten.
- Neben der persönlichen Schutzausrüstung sind Helm mit Visier oder eine Schutzbrille vom Anwender zu tragen.
- Bei Gebäudebränden ist der Innenangriff parallel vorzubereiten (Trupp muss einsatzfähig sein).
- Bei Gebäudebränden Belüftungsmaßnahmen parallel vorbereiten.
- Löschangriff mit Cobra-System so lange durchführen, bis die Temperatur im dahinterliegenden Raum sichtbar reduziert wird (WBK einsetzen) (i. d. R. sind 60 bis 90 Sekunden Anwendungsdauer ausreichend).

Hinweis:

Erkunden – Schneiden und Löschen – Ventilieren und Erkunden (Trupp im Innenangriff einsetzen)

Bild 160: ***Links: Handlanze des Cobra-Löschsystems; rechts: das Cobra-System des 10 HLF 20-01 der Feuerwehr Gladbeck (NRW). Die FPN kann beim gleichzeitigen Betrieb des Cobra-Schneidlöschsystems einen Ausgangsdruck von 7 bar zum Betrieb eines Hohlstrahlrohres mit einer Leistung von 400 l/min abgeben. Hierfür werden zwei Nebenantriebe zeitgleich aktiviert (FPN/Cobra).***

9.4 Angriffstrupp-Tasche

Anwendung

Bei der Angriffstrupp-Tasche handelt es sich um eine rucksackähnliche Tragetasche, die der Angriffstrupp zur Vorbereitung für den Innenangriff im Gebäude mitführen kann. Die Angriffstrupp-Tasche ist geeignet für das Verlegen von Schläuchen im Gebäude (Treppenraum, notwendiger Flur, diverse Gänge im Kellerbereich). Verwendet wird die Tasche nur bis zur Rauchgrenze. Danach wird der Loop mit dem Hohlstrahlrohr angeschlossen und »Wasser-Marsch« gegeben.

Aufbau

In der Tasche nach dem Modell »Essen« befinden sich zwei C-Leitungen (2 × 15 m), Keile aus Holz, sowie ein handlicher »Mini-Kupplungsschlüssel« zum Öffnen von Wandhydranten oder Löschwasserleitungen (nass/trocken), ein Übergangsstück B/C, eine Bandschlinge, sowie eine Feuerwehraxt.

Bild 161: ***Angriffstrupp-Tasche nach dem Modell Essen (ersetzt einen Schlauchtragekorb im Innenangriff). Das Verlegen der Angriffsleitung ist einfacher und schneller. Der Trupp kann die Tasche auch ideal beim Erkunden im BMA-Einsatz mitführen.***

9.5 Schlauchpaket (Loop)

Anwendung

Auch das Schlauchpaket wird ausschließlich im Innenangriff eingesetzt und vereinfacht das »Verlegen« einer Angriffsleitung z. B. am Treppenabsatz. Mit Hilfe des »Loops« kann die Schlauchleitung »reifenartig« aufgerichtet und im Brandraum mitgeführt werden.

Aufbau

I. d. R. 30 m langer C-Schlauch oder 2 × 15 m lange C-Schläuche mit bereits angeschlossenem Hohlstrahlrohr. Das Schlauchpaket wird über Klettverschlüsse oder alternativ über Kabelbinder zusammengehalten und im Einsatzfahrzeug (Gerätefach) verlastet.

Achtung:

Speziell der Einsatz eines »Loops« oder eines Schlauchpakets muss geübt werden. Ein Schlauchpaket wird ausschließlich für den Innenangriff eingesetzt.

Bild 162: ***Schlauchpaket (siehe auch ► Kapitel 7.8 Schlauchmanagement)***

9.6 Lüfter

Anwendung

Im Rahmen der Brandbekämpfung stellt der Rauch die größte Gefahr für Betroffene in einem Wohnungsbrand dar. Weiterhin behindert er auch eingesetzte Kräfte bei der Menschenrettung und der Brandbekämpfung. Ein Weg, um diesem Problem Herr zu werden, ist die auf Löschfahrzeugen heutzutage standardmäßig mitgeführte Lüftertechnik.

Ziel der taktischen Ventilation mittels Lüfter ist es also, Rauchgase möglichst schnell aus dem Brandobjekt abzuleiten. Hierdurch soll auch gleichzeitig die Raumtemperatur gesenkt werden, da die Rauchgase thermisch aufbereitet sind und somit diese Temperatur abgeführt wird. Problematisch hierbei kann das Zuführen von Sauerstoff zum Brandherd angesehen werden. Durch die Ventilation wird nämlich zusätzlicher Sauerstoff in das Brandobjekt geführt, was bei einer falschen taktischen Anwendung zu einer Brandausbreitung führen kann.

Funktion

Bei einem Lüfter wird ein Lüfterrad über eine Welle angetrieben. Dieses Lüfterrad erzeugt einen gerichteten Luftstrom ins Brandobjekt. Für die Welle am Lüfterrad gibt es verschiedene Antriebsarten. Auf dem Markt sind folgende Arten verfügbar:

- Verbrennungsmotor,
- Elektromotor mit oder ohne Akku,
- Wasserantrieb.

Aufbau

Bei Lüftern gibt es unterschiedliche Größen und Leistungsklassen. Auf Löschfahrzeugen sind meistens sogenannte tragbare Lüfter verlastet, welche entnommen und flexibel eingesetzt werden können. Grundsätzlich besteht jeder tragbare Lüfter aus folgenden Komponenten:

- Lüfterrad,
- Antriebswelle,
- Motor,
- Bedieneinheit,
- Gestell mit Rollen.

Einsatzgrundsätze

- Damit die Ventilation erfolgreich ist, bedarf es in dem Brandobjekt einer Zuluft- und einer Abluftöffnung, sowie eines vorgegeben Strömungskanals.
- Stehen Personen in der Abluftöffnung (z. B. Fenster) darf nicht ventiliert werden.
- Die Brandbekämpfung muss parallel zur Ventilation erfolgen, da ansonsten die Gefahr der Brandausbreitung besteht.
- Die Unfallverhütungsvorschriften müssen beachtet werden.

Weitere taktische Grundsätze und Vorgehensweisen können dem ▶ Kapitel 4 »Strömungspfade« und ▶ Kapitel 5 »Taktische Ventilation« entnommen werden.

9.7 Mobiler Rauchverschluss

Anwendung

Der mobile Rauchverschluss wurde auf der Interschutz 2005 erstmals vorgestellt. Seitdem ist er zu einem Standardwerkzeug in der Brandbekämpfung geworden und heutzutage fast flächendeckend auf deutschen Löschfahrzeugen vorhanden.

Mittels Rauchverschluss wird versucht, die entstehenden Brandgase bei einem Wohnungsbrand gezielt zurückzuhalten und dadurch eine Ausbreitung in nicht verrauchte Bereiche zu unterbinden. Es wird also aktiv versucht, eine Strömung zu stoppen. Hierdurch können z. B. Flucht- und Rettungswege geschützt werden. Bekannt ist diese Taktik auch unter dem Begriff »Antiventilation«. Oftmals werden mobile Rauchverschlüsse in Kombination mit Lüftern eingesetzt. Hierbei wird der Rauchverschluss vor den Brandraum in den Strömungskanal gesetzt. Somit soll sichergestellt werden, dass der gerichtete Luftstrom zum Brandraum führen und gleichzeitig kein Rauch aus dem Brandraum in den gesicherten Bereich dringen kann. Die Strömungsverhältnisse können weiterhin durch das Hängen des Rauchverschlusstuches über die Spreizstange beeinflusst werden. Somit ist er ein vielseitiges Einsatzmittel und sollte nach Meinung der Autoren zum Standard bei jedem Gebäudebrand gehören.

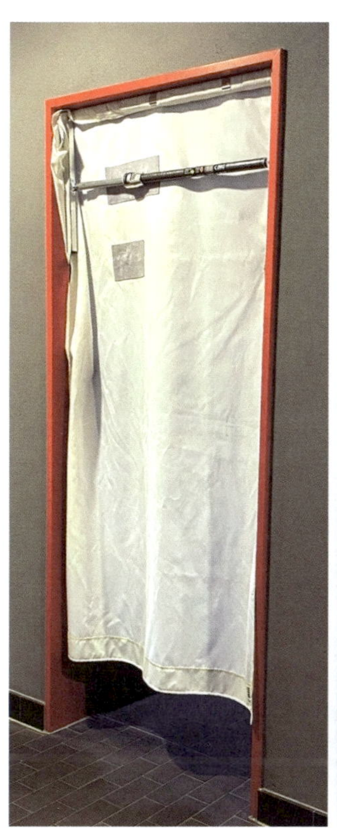

Bild 163: ***Rauchverschluss im Einsatz (links) und hochgehangen (rechts) (Quelle: FF Arnum)***

Funktion

Die Rauchausbreitung innerhalb von Wohnungsbränden passiert vorwiegend über offene Türen. Diese sind entweder schon offen, haben aufgrund des Brandes keine raumabschließende Funktion mehr oder müssen durch Einsatzkräfte zwangsläufig geöffnet werden, um eine Brandbekämpfung durchzuführen. In diesen Fällen kann sich der Rauch in Nachbarbereiche ausbreiten. Um dies zu verhindern, wird der Mobile Rauchverschluss in den Türrahmen geklemmt. Das an dem Rauchverschluss angebrachte Tuch verhindert dann zum größten Teil den Rauchdurchtritt. Trotzdem ist der Durchgang für Einsatzkräfte weiterhin gewährleistet.

Aufbau

Der Aufbau ist einfach und effektiv. Der Rauchverschluss besteht aus folgenden Komponenten:

- Metallrahmen mit Spreizstange und Rastfunktion,
- nichtbrennbares Tuch (beständig bis mind. 500 °C),
- zwei Federklammern zur zusätzlichen Sicherung des Tuches am Metallrahmen.

Da es im Wohnungsbau unterschiedliche Türbreiten und somit auch unterschiedliche Türzargenbreiten gibt, gibt es auch unterschiedliche Größen des mobilen Rauchverschlusses.

Tabelle 25: ***Varianten des mobilen Rauchverschlusses***

Variante	Türbreiten	Bemerkung
1	70 bis 115 cm	Nahezu für alle Türen in Wohnhäusern geeignet
2	80 bis 140 cm	Zwischenlösung für Wohnungsbau und Sonderbauten
3	90 bis 150 cm	Eher geeignet für Türen im Bereich von Alten- und Pflegeheimen

Einsatzgrundsätze

- Wenn möglich sollte immer ein Rauchverschluss eingesetzt werden. Dabei ist es egal, ob die Taktik der Ventilation oder Antiventilation beabsichtigt ist.
- Der Rauchverschluss muss möglichst vor der Türöffnung angebracht werden.
- Idealerweise sollte der Rauchverschluss direkt am Brandraum eingesetzt werden.
- Nach Gebrauch kann das Tuch in Seifenlauge gereinigt werden. Sollte dies nicht ausreichen, muss es ersetzt werden. Eine Kontaminationsverschleppung ist zu vermeiden.

Weitere Infos zum Einsatz vom mobilen Rauchverschluss sind dem ▶ Kapitel 4 »Strömungspfade« und ▶ Kapitel 5 »Taktische Ventilation« zu entnehmen.

10 Einsatzstellenhygiene

10.1 Einleitung

Was ist Einsatzstellenhygiene? Der Begriff der Einsatzstellenhygiene und das Bewusstsein dafür ist ein relativ neues Themengebiet im Feuerwehrwesen. Noch vor wenigen Jahren war die Feuerwehreinsatzkraft mit dem dreckigsten Helm und der schmutzigsten Einsatzkleidung der oder die »Coolste«. Erst langsam sickerte in der breiten Masse der Feuerwehr die Erkenntnis durch, dass diese sichtbaren »Schmutzpartikel« an der Ausrüstung eine schädigende Wirkung auf den Menschen haben können, welche aber teilweise erst nach Jahren ersichtlich wird – wir sprechen hier hauptsächlich vom Krebsrisiko. Während man bis vor wenigen Jahren noch davon ausging, dass die Atemschutztechnik allein einen ausreichenden Schutz bietet, ist sich die Wissenschaft inzwischen sicher, dass auch ein Großteil von Schadstoffen über unser größtes Organ (die Haut) aufgenommen wird. Zudem wird das Atemschutzgerät nur direkt im Einsatz getragen. Bei späteren Aufräumarbeiten, der Fahrt zurück

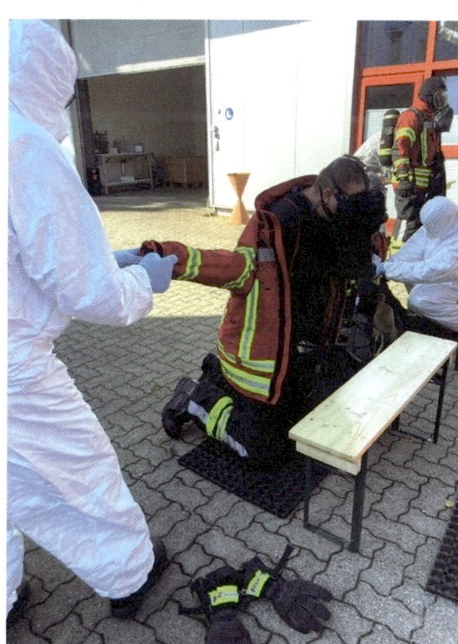

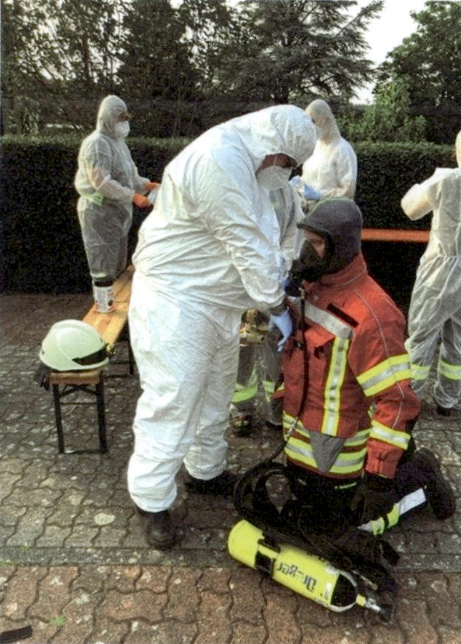

Bild 164: ***Maßnahmen der Einsatzstellenhygiene (Quelle: Gemeindefeuerwehr Emmerthal/C. Schünemann)***

zum Standort und auch dort wirken die in die Ausrüstung aufgenommenen Schadstoffe weiter.

Wir wollen natürlich auch nicht verheimlichen, dass eine Brandbekämpfung immer mit Verschmutzung zu tun hat. Das lässt sich nicht vermeiden. Deshalb gilt es, durch geeignete Maßnahmen das Risiko von Erkrankungen zu minimieren. Um diese Ziele zu erreichen, müssen Ausrüstung, Technik, Taktik und Verhalten der Einsatzkräfte miteinander abgestimmt werden. All diese Maßnahmen fallen unter den Begriff »Einsatzstellenhygiene« und müssen, wenn sie es nicht schon sind, ein entscheidender Teil der Gebäudebrandbekämpfung werden. Eine Kontamination der Ausrüstung ist bei der Brandbekämpfung unvermeidlich. Aufgabe der Einsatzstellenhygiene ist es, diese Gefahr zu erkennen und durch geeignete Maßnahmen zu minimieren.

10.2 Warum Einsatzstellenhygiene?

10.2.1 Gefahren durch Brände

Bei Gebäudebränden jeglicher Art entsteht neben der Wärmeentwicklung auch immer Brandrauch. Dieser Brandrauch ist für den Großteil der in einem Gebäudebrand zu beklagenden Opfer verantwortlich. Die Personen sterben nicht durch die thermische Beaufschlagung der Flamme, sondern durch das Einatmen des teils hochgradig giftigen Brandrauchs. Dieser Brandrauch stellt aber nicht nur eine Gefahr für die Betroffenen dar, sondern natürlich auch für die Einsatzkräfte. Hierbei geht es nicht nur

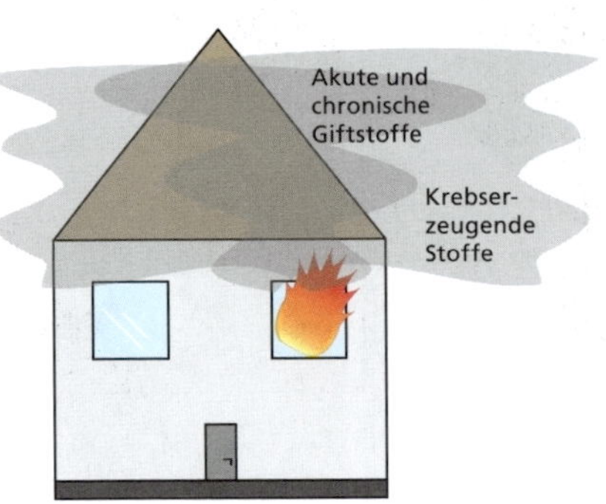

Bild 165: ***Gefahren durch Brandrauch***

um Akutschäden durch das Einatmen von Rauch. Diese Gefahr ist während der Brandbekämpfung durch den Einsatz von Atemschutztechnik abgewendet. Es geht weiterhin um die krebserregenden Eigenschaften der Rauchpartikel. Dabei ist Brandrauch nicht gleich Brandrauch. Dieser setzt sich je nach Art des brennbaren Stoffes und der Sauerstoffzufuhr aus vielen unterschiedlichen Komponenten zusammen.

10.2.2 Brandrauchzusammensetzung

Grundsätzlich unterscheidet man bei einer Verbrennung zwischen einer »sauerstoffkontrollierten Verbrennung« und einer »brennstoffkontrollierten Verbrennung«. Der Unterschied zwischen den zwei Arten ist die zur Verfügung stehende Menge an Sauerstoff für den Verbrennungsprozess. Bei einer »brennstoffkontrollierten Verbrennung« ist der limitierende Faktor der brennbare Stoff. Bei dieser Art der Verbrennung entsteht weniger Brandrauch. Im Idealfall spricht mal sogar von einer vollständigen Verbrennung, bei der gar kein sichtbarer Rauch entsteht. Als Beispiel hierfür kann man die Flamme eines Gasherdes oder eines Campingkochers nehmen. Dies entspricht allerdings nicht den Verhältnissen, die wir bei einem Gebäudebrand vorfinden.

Bei einem Gebäudeband wird mit zunehmender Brandintensität das Verhältnis von brennbarem Stoff zu Sauerstoff immer ungünstiger. Über die Phase der brennstoffkontrollierten Verbrennung gelangt man hierbei schnell zur sauerstoffkontrollierten und unvollständigen Verbrennung. Hierbei ist der Sauerstoff der limitierende Faktor. Neben der vielen anderen problematischen Randbedingung bei der unvollständigen Verbrennung ändert sich auch die Zusammensetzung des Brandrauches. Dies ist auch optisch schon durch die Zunahme des Rauchvolumens und der Rauchfarbe erkennbar. Neben der optischen Sichtbarkeit ist auch immer mit Bildung einer Vielzahl von Gefahrstoffen zu rechnen. Im Speziellen kann man hier den Ruß erwähnen, der gerade bei unterventilierten Feststoffbränden verstärkt auftritt und stark krebserregend ist. Je nach Beschaffenheit des brennenden Objektes ist neben den Brandgasen auch mit Freisetzung von Asbeststäuben oder anderen Fasern (wie z. B. Dämmfasern) aus der Gebäudedämmung zu rechnen. Weitere Infos zum den Verbrennungsarten sind dem ▶ Kapitel 3 »Grundlagen Raumbrand« zu entnehmen.

Die Brandgase bei einer Verbrennung bestehen aus einer Vielzahl an giftigen und für den menschlichen Körper schädlichen Substanzen. Hierzu gehören:

- Anorganische Brandgase
- Organische Brandzersetzungsprozesse
- Ruß

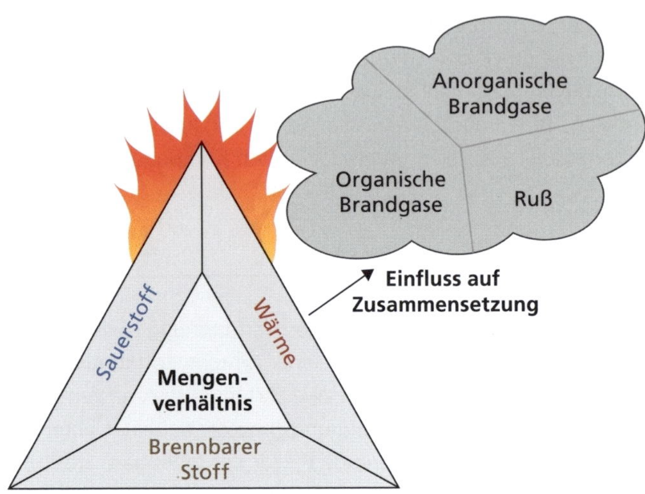

Bild 166: ***Verbrennungsdreieck***

Da gerade die Einsatzkräfte im vom Brandrauch exponierten Bereich arbeiten müssen, um eine eventuelle Menschenrettung und effektive Brandbekämpfung durchzuführen, gilt es diese durch geeignete Maßnahmen der Einsatzstellenhygiene zu schützen.

10.2.3 Schadstoffaufnahme

Wie schon erwähnt, setzen sich Einsatzkräfte während der Brandbekämpfung bewusst dem Brandrauch aus. Hierbei wirken die im Brandrauch enthaltenen Schadstoffe direkt auf die Einsatzkraft ein und können diese über mehrere Wege schädigen. In der FwDV500 wird über die Aufnahme von ABC-Gefahrstoffen durch Inkorporation und Kontamination ausführlich informiert. Dies trifft auf die Gefahren durch Brandrauch ebenfalls zu. Auch bei Brandeinsätzen ist eine Inkorporation auszuschließen und eine Kontamination zu vermeiden oder zumindest zu begrenzen. Es gilt also, alle Einsatzkräfte durch geeignete Maßnahmen vor der Aufnahme von Brandrauch in den Körper zu schützen.

Bild 167: ***Aufnahmewege von Schadstoffen (Quelle: FF Arnum)***

10.3 Voraussetzungen

Um die Sicherheit vor Akut- und Langzeitschäden bei Einsatzkräften zu erhöhen, ist die konsequente Anwendung einer möglichst umfassenden Einsatzstellenhygiene unumgänglich. Hierbei muss es nicht gleich immer der neuste und modernste »AB-Hygiene« sein. Schon mit einfachen Mitteln lässt sich eine zielführende Einsatzstellenhygiene realisieren. Hierbei müssen immer mehrere Säulen beachtet werden:

- Material und Ausstattung,
- Aus- und Fortbildung,
- Taktische Überlegungen,
- Dokumentation.

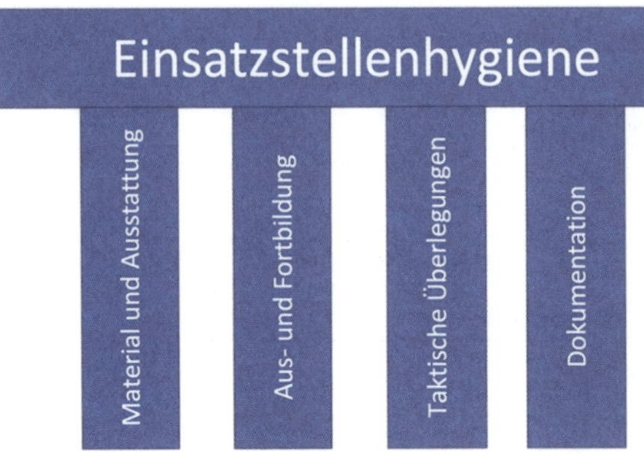

Bild 168: ***Vier Säulen der Einsatzstellenhygiene***

10.3.1 Material und Ausstattung

Um die Einsatzkräfte vor den schädlichen Substanzen im Brandrauch zu schützen, dient als Grundlage immer die persönliche Schutzausrüstung. Hierbei ist darauf zu achten, dass diese unbeschädigt und sauber auf der Wache gelagert wird und schon vor dem Verlassen des Fahrzeuges an der Einsatzstelle vollständig angelegt ist. Es ist schon bei der Beschaffung von PSA darauf zu achten, dass diese den Mindestanforderungen der DIN EN 469 entspricht. Nur dann ist die Kleidung auch für die Brandbekämpfung geeignet. Zusätzlich geben die DGUV Information 205-014 »Auswahl von persönlicher Schutzausrüstung für Einsätze bei der Feuerwehr« und die DGUV Information 205-020 »Feuerwehrschutzkleidung – Tipps für Be-

Bild 169: ***Spezielle Handschuhe für den TH-Einsatz sind nicht für den Brandeinsatz geeignet!***

schaffer und Benutzer« einen Leitfaden für die Beschaffung und den Einsatz von PSA an die Hand.

Tabelle 26: ***Leistungsstufen nach DIN EN 469***

Leistungsstufen DIN EN 469	**Stufe 1** | Technische Hilfeleistung, Brandbekämpfung (Innenangriff)
	Stufe 2 | Brandbekämpfung mit Flash-over Gefahr (Innenangriff)

Nach dem Einsatz muss die verschmutzte PSA möglichst so vorgereinigt, abgelegt und transportiert werden, dass die Einsatzkräfte keiner weiteren Kontaminations- oder sogar Inkorporationsgefahr ausgesetzt werden.

Bild 170: ***Verpackte PSA (Quelle: FF Arnum)***

Da das Thema der Einsatzstellenhygiene natürlich auch schon lange in der Industrie und bei den Feuerwehrausstattern angekommen ist, gibt es hier inzwischen eine Fülle von unterschiedlichen Angeboten. Die vermutlich am einfachsten in ein bestehendes Fahrzeugbeladungskonzept umzusetzende und gleichzeitig wahrscheinlich auch die günstigste Lösung, ist eine »Hygienebox«. Für den Inhalt dieser Box bietet die DIN 14800-18:2011-11 »Feuerwehrtechnische Ausrüstung für Feuerwehrfahrzeuge – Teil 18: Zusatzbeladungssätze für Löschfahrzeuge, Beiblatt 12 – Beladungsmodule L – Grobreinigung und Dekontamination« gute Anhaltspunkte. Hiermit ist eine grobe Reinigung von Ausrüstungsgegenständen sowie PSA möglich. Weiterhin können auch potenziell kontaminierte Körperstellen (wie z. B. Hände) grob gereinigt werden.

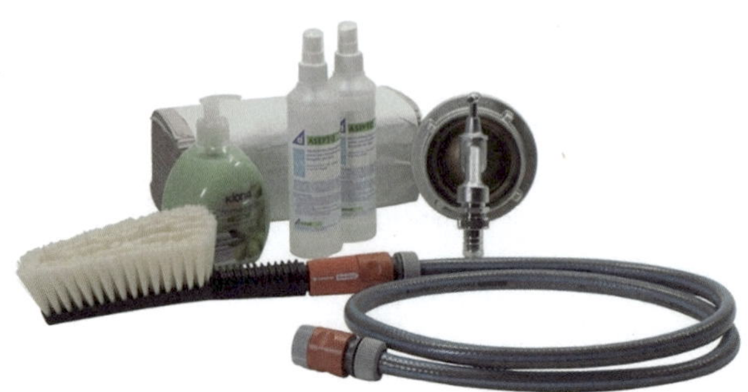

Bild 171: ***Hygienematerial laut DIN 14800-18***

Um eine Kontamination/Inkorporation für die eingesetzten oder unterstützenden Kräfte auch nach der Grobreinigung auszuschließen und eine Kontaminationsverschleppung zu vermeiden, sollte die Hygienebox um folgendes Material ergänzt werden:

- Wechselwäsche/Trainingsanzüge,
- Reinigungstücher/Einmalwaschlappen,
- FFP3 Masken,
- Einmalhandschuhe,
- Transportsäcke für kontaminierte Kleidung und Ausrüstungsgegenstände (z. B. Müllbeutel),
- Kabelbinder,
- Müllbeutel,
- Stifte zum Beschriften der Müllbeutel.

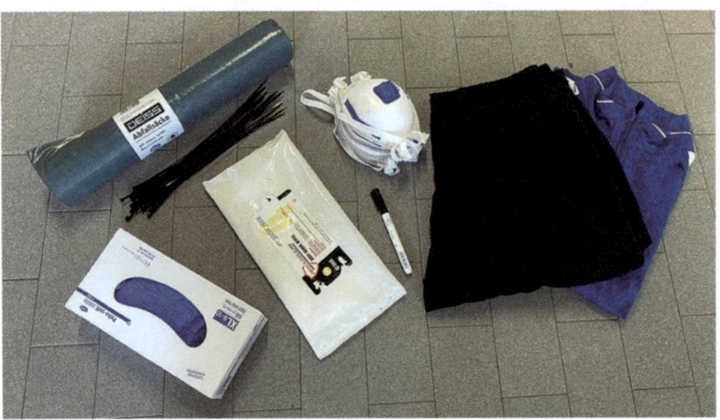

Bild 172: ***Zusatzmaterial Hygienebox (Quelle: FF Arnum)***

Bei einer Fahrzeugbeschaffung sollte von vornherein das Thema Einsatzstellenhygiene mit in die Planung einbezogen werden. Hier bietet sich nach aktuellem Stand eine Investition in ein eingebautes Hygieneboard an. Aktuell gibt es noch keine einheitliche Norm. Trotzdem bieten es viele Fahrzeughersteller standardmäßig mit an.

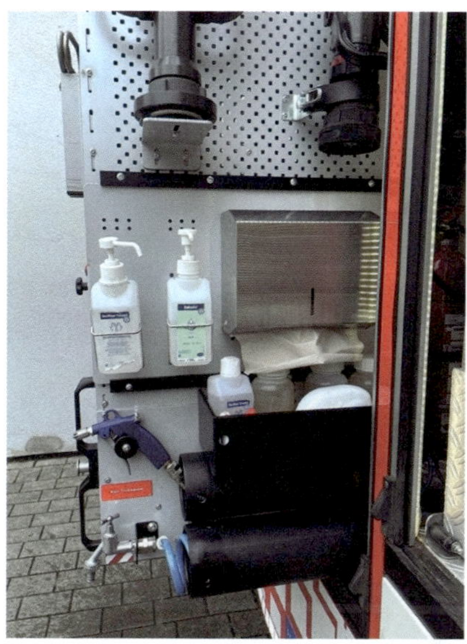

Bild 173: ***Hygieneboard (Quelle: Feuerwehr Essen)***

Als letzte und umfangreichste Lösung gibt es bei vielen Feuerwehren bereits separate Rollcontainer oder Anhänger bzw. komplette Sonderfahrzeuge für die Einsatzstellenhygiene. Eine genauere Erklärung würde aber den Rahmen dieses Buches überschreiten, daher wird auf weiterführende Literatur wie z. B. »Die Roten Hefte 105 – Einsatzstellenhygiene« verwiesen (siehe nachfolgender Literaturtipp).

Bild 174: ***Inzwischen gibt es auf dem Markt auch Nachrüstungssysteme für Bestandsfahrzeuge, die auch gleichzeitig für den mobilen Einsatz geeignet sind. (Quelle: Feuerwehr Braunschweig/ C. Illigens)***

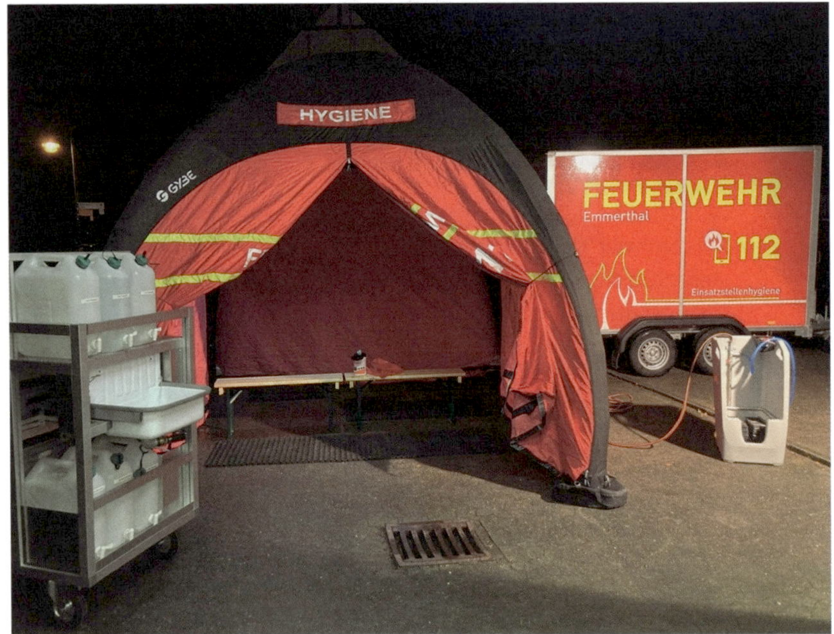

Bild 175: ***Anhänger »Hygien« (Quelle: Gemeindefeuerwehr Emmerthal/C. Schünemann)***

10.3.2 Aus- und Fortbildung

Als nächste Säule ist hier die Aus- und Fortbildung zu nennen. Wie die in den letzten Jahren gemachten Erfahrungen mit dem Thema Einsatzstellenhygiene deutlich gezeigt haben, muss neben dem zur Verfügung gestellten Material auch eine adäquate Ausbildung erfolgen. Zusätzlich zum Erlernen der nötigen Handgriffe kann hierdurch auch die Akzeptanz für Hygienemaßnahmen an der Einsatzstelle gefördert werden. Um hier ein möglichst einfaches und praxisorientiertes Verfahren an der Einsatzstelle umsetzen zu können, bietet sich für die Ausbildung die Nutzung des Akronyms SAUBER an. Hierdurch können alle relevanten Arbeitsschritte bei der Einsatzstellenhygiene direkt an der Einsatzstelle abgedeckt werden.

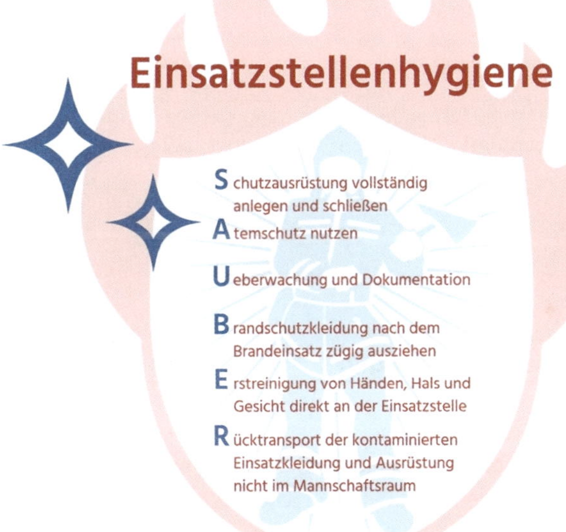

Bild 176: ***Merkwort SAUBER (Quelle: D. Starke)***

Hinweis:

Das Akronym SAUBER steht für Grundtätigkeiten der ESH bei Brandeinsätzen jeglicher Art. Es soll dazu dienen den Einsatzkräften eine einfach zu merkende Handlungsanweisung aufzuzeigen. Dabei beziehen sich die einzelnen Buchstaben jeweils auf die zu treffenden Maßnahmen vor, während und nach dem Brandeinsatz.

Die zu treffenden Maßnahmen sind:

- **S**chutzausrüstung vollständig anlegen und schließen
- **A**temschutz nutzen
- **U**eberwachung und Dokumentation
- **B**randschutzkleidung nach dem Brandeinsatz zügig ausziehen
- **E**rstreinigung von Händen, Hals und Gesicht direkt an der Einsatzstelle
- **R**ücktransport der kontaminierten Einsatzkleidung und Ausrüstung nicht im Mannschaftsraum

Info:

Eine weiterführende Beschreibung des Akronyms befindet sich im »Roten Heft 105 Einsatzstellenhygiene«, von Denis Starke (Kohlhammer Verlag, 1. Auflage 2020).

10.3.3 Taktische Überlegungen

Jegliche Aus- und Fortbildung und alles zur Verfügung stehende Material helfen nichts, wenn es nicht taktisch richtig in den Einsatz eingebunden wird. Hier kommt dem Einsatzleiter eine zentrale Rolle zu. Schon beim ERSTEN Durchlaufen des in diesem Buch an anderer Stelle beschriebenen »Führungskreislaufs« muss an die Einsatzstellenhygiene gedacht werden. Im ersten Schritt geht es hierbei insbesondere um die Aufstellung der Fahrzeuge und um die allgemeine Ordnung des Raumes.

Bei der allgemeinen Ordnung des Raumes kann man auf die Grundlagen der FwDV 500 zurückgreifen. Hierbei wird die Einsatzstelle in Zonen eingeteilt. Allerdings handelt es sich bei einem Gebäudebrand in den meisten Fällen nicht um einen Gefahrguteinsatz. Daher wurde ein Zonenmodel entwickelt, dass die Einsatzstelle in vier Zonen unterteilt. Hierdurch wird nicht nur ein klassischer Schwarz/Weiß-Bereich definiert, sondern es gibt mehrere Unterkategorien, wo auch bei längeren Einsätzen ein »Regenerationsbereich« vorgesehen ist.

Bild 177: ***Bestimmen unterschiedlicher Bereiche für die Einsatzstellenhygiene (Quelle: C. Illigens)***

Es ist bei der Fahrzeugaufstellung darauf zu achten, dass diese möglichst außerhalb des Brandrauches erfolgen sollte. Somit muss verstärkt auf die Entfernung zum Brandobjekt und die Windrichtung geachtet werden. Ist dies nicht möglich, wie z. B. beim Aufstellort von Hubrettungsfahrzeugen, müssen die an den Fahrzeugen arbeitenden Einsatzkräfte geschützt werden. Der Maschinist auf dem Hauptbedienstand muss sich lageabhängig neben der persönlichen Schutzausrüstung zusätzlich durch die Erweiterung der Ausrüstung z. B. durch FFP3-Maske, Filtergerät oder umluftunabhängigen Atemschutz schützen. Der Korbbediener sollte ohnehin bei Brandeinsätzen immer mind. ein Atemschutzgerät dabeihaben.

Bei der ersten Erkundung vor Ort müssen dann folgende Punkte erkundet werden, um möglichst umfassende und zielorientierte Hygienemaßnahmen planen zu können:

- Sind besondere Gefahrstoffe vorhanden (z. B. Gefahrstofflagerung, sichtbare Asbestplatten, ...)?
- Welche Auswirkungen haben Maßnahmen der Feuerwehr auf die Schadstoffentstehung und -ausbreitung (z. B. Auswirkungen der taktischen Ventilation)?

Bild 178: ***Einsatzfahrzeug im Rauch (Quelle: RÜGA)***

- Durch welche Maßnahmen kann die Schadstoffexposition minimiert werden (z. B. Erkundung alternativer Angriffswege und Lüftungsöffnungen)?

Hinweis:

- Überall dort, wo umluftunabhängiger Atemschutz getragen werden muss, ist auch von einer Kontamination der PSA und der Ausrüstung auszugehen.
- Rußniederschlag ist immer Indikator für die Kontamination der betroffenen Fläche (wie z. B. PSA und Ausrüstungsgegenstände).
- Immer wenn Brandrauch an Ausrüstung oder PSA zu riechen ist, könnte eine Kontamination vorliegen.

In der Einsatzplanungsphase müssen dann die Erkundungsergebnisse, neben dem Erreichen der Einsatzziele, auch im Hinblick auf die Gefährdung der Einsatzkräfte berücksichtigt werden. Im Führungskreislauf wird dies oftmals unter dem Gesichtspunkt »Sicherheit« bei der Einsatzplanung berücksichtigt. Unter diesen Punkt fallen nicht nur die akuten Gefahren der Einsatzstelle, sondern auch der Schutz der Einsatzkräfte vor Langzeitschäden (wie z. B. krebserregende Stoffe) im Brandrauch. Hierbei ist die Aufgabe jeder Führungskraft, den Balanceakt zwischen diesen teilweise sehr konträren Zielen zu finden.

Fakt ist, dass Einsatzkräfte bei Brandereignissen immer mit Brandrauch in Berührung kommen und somit immer einer Kontamination ausgesetzt sind. Anders wären das Ziel der Menschenrettung und Brandbekämpfung nicht erreichbar. Trotzdem kann durch einsatztaktische alternative Vorgehensweisen und den Einsatz von zusätzlichen technischen Mitteln ein Gewinn für den Einsatzerfolg und die

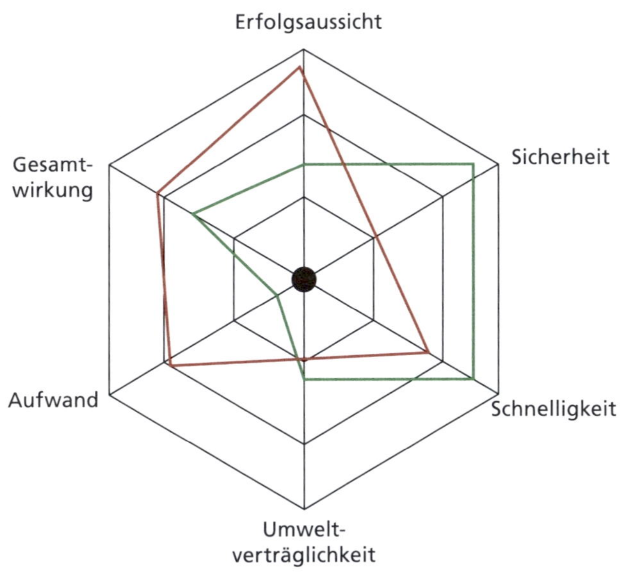

Aufgabe der Führungskraft ist die Abwägung verschiedener Maßnahmen. In den Bereich Sicherheit fällt auch die Einsatzstellenhygiene.

Bild 179: ***Netzdiagramm zur Abwägung verschiedener Maßnahmen***

Einsatzstellenhygiene erzielt werden. Um den Grundsätzen der Einsatzstellenhygiene gerecht zu werden, spielen zwei Faktoren eine entscheidende Rolle:

- Konzentration des einwirkenden Schadstoffes sowie
- Länge der Einwirkzeit des Schadstoffes.

Es gibt zwar weitere Faktoren (wie z. B. Zusammensetzung des Schadstoffes), aber auf diese haben wir direkt keinen Einfluss. Die Konzentration des einwirkenden Schadstoffes auf die Einsatzkräfte kann durch die Qualität der Schutzkleidung beeinflusst werden. Die hierbei wichtigen Eckpunkte wurden schon weiter oben im Kapitel angesprochen. Weiterhin spielt die Schadstoffkonzentration der Atmosphäre bei der direkten Innenbrandbekämpfung eine große Rolle. Um dies zu vereinfachen, kann man ein Brandobjekt in mehrere Rauchzonen unterteilen:

Zone 1: Direkter Bereich außerhalb vom Brandobjekt
Es handelt sich um einen Bereich, in dem eine geringe bis keine Schadstoffkonzentration vorhanden ist. In diesem Bereich kann mit PSA (gegebenenfalls Atemschutz) und einer im Nachgang durchgeführten Einsatzstellenhygiene problemlos gearbeitet werden.

Zone 2: Im Gebäude ohne ersichtliche Rauchschicht
Dieser Bereich darf nur mit kompletter PSA (gegebenenfalls Atemschutz) und einer im Nachgang durchgeführten Einsatzstellenhygiene betreten werden. Da nicht alle schädlichen Stoffe sichtbar sind, sollte bei einem Vorgehen ohne Atemschutz mind. ein Gasmessgerät für CO, O_2 und ExOx mitgeführt werden. Bei einer Wahrnehmung von Brandgasen ist entweder unverzüglich umluftunabhängiger Atemschutz anzulegen oder der Rückzug anzutreten. In diesem Moment wechselt die Zone 2 in die Zone 3.

Zone 3: Im Gebäude mit eingeschränkter Sicht oder wahrnehmbaren Brandgeruch.
Sollte die Sicht für den vorgehenden Trupp eingeschränkt sein, ist Brandrauch wahrnehmbar oder schlägt das Gasmessgerät an, dann ist neben der PSA zwingend umluftunabhängiger Atemschutz zu tragen. Die hier aufgezeigte Grenze wird auch als »Rauchgrenze« bezeichnet. Neben der im Nachgang zu erfolgenden Einsatzstellenhygiene sollte versucht werden, die Aufenthaltsdauer in diesem Bereich zu minimieren.

Zone 4: Im Gebäude mit Nullsicht
In diesem Bereich bewegt sich der Trupp unter »Nullsichtbedingungen« voran. Hier ist die Gefährdungslage sowie die Schadstoffkonzentration am größten. Der Aufenthalt sollte auf ein absolutes Minimum begrenzt werden. Wie in Zone 3 sind auch hier möglichst zeitnah Maßnahmen zur Einsatzstellenhygiene vorzunehmen.

Ziel der Einsatzleitung bei der Einsatzplanung muss es nun sein, durch taktische und technische Maßnahmen dafür zu sorgen, dass die eingesetzten Trupps sich möglichst lange in den Zonen 1 und 2, weniger lange in Zone 3 und nur sehr kurz in Zone 4 aufhalten.

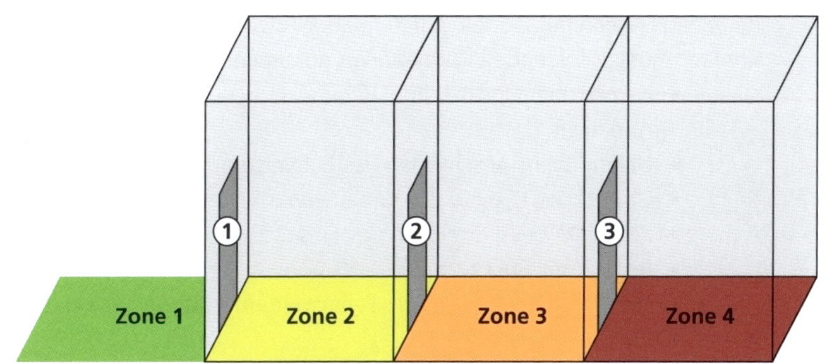

1 Hauseingang
2 Rauchgrenze
3 Grenze zum Brandraum

Angelehnt an das Zonenmodell der Einsatzstelle

Bild 180: ***Zonenmodel im Gebäude***

Als mögliche taktische Maßnahmen kommen hier folgende Überlegungen in Betracht:

- Qualifizierter Außenangriff
- Taktische Ventilation
- Alternative Angriffswege
- …

Als technische Mittel können beispielhaft folgende Möglichkeiten zum Einsatz kommen:

- Mobiler Rauchverschluss
- Lüfter
- Nebellöschsysteme
- …

Weiterführende Informationen hierzu finden Sie in ▶ Kapitel 5 »Taktische Ventilation«, ▶ Kapitel 7 »Vorgehen im Gebäude« und ▶ Kapitel 9 »Handwerkzeug.«

10.3.4 Dokumentation

Laut FwDV 7 ist jeder Einsatz mit Isoliergerät zu überwachen. Diese Überwachung dient zur Steigerung der Sicherheit der eingesetzten Trupps. Durch die regelmäßige Abfrage und Erfassung des Behälterdrucks sowie des Aufenthaltsortes soll die Gefahr für einen Atemschutznotfall durch mangelnden Luftvorrat vermindert werden. Konkret müssen folgende Informationen dokumentiert werden:

- Namen der Einsatzkräfte unter Atemschutz gegebenenfalls mit Funkrufnamen,
- Uhrzeit beim Anschließen des Luftversorgungssystems,
- Uhrzeit bei 1/3 und 2/3 der zu erwartenden Einsatzzeit,
- Zeitpunkt beim Erreichen des Einsatzzieles,
- Beginn des Rückzugs.

Hierfür bedienen sich die meisten Feuerwehren spezieller Hilfsmittel (wie z. B. Atemschutzüberwachungstafeln).

Bild 181: ***Atemschutzüberwachungstafel hinten am Auto (Quelle: FF Arnum)***

Diese Datenerfassung dient auch gleichzeitig der Dokumentation des Einsatzes. Hierzu müssen laut FwDV 7 noch folgende weitere Daten erfasst werden.

- Einsatzdatum
- Einsatzort
- Art des Gerätes
- Atemschutzeinsatzzeit

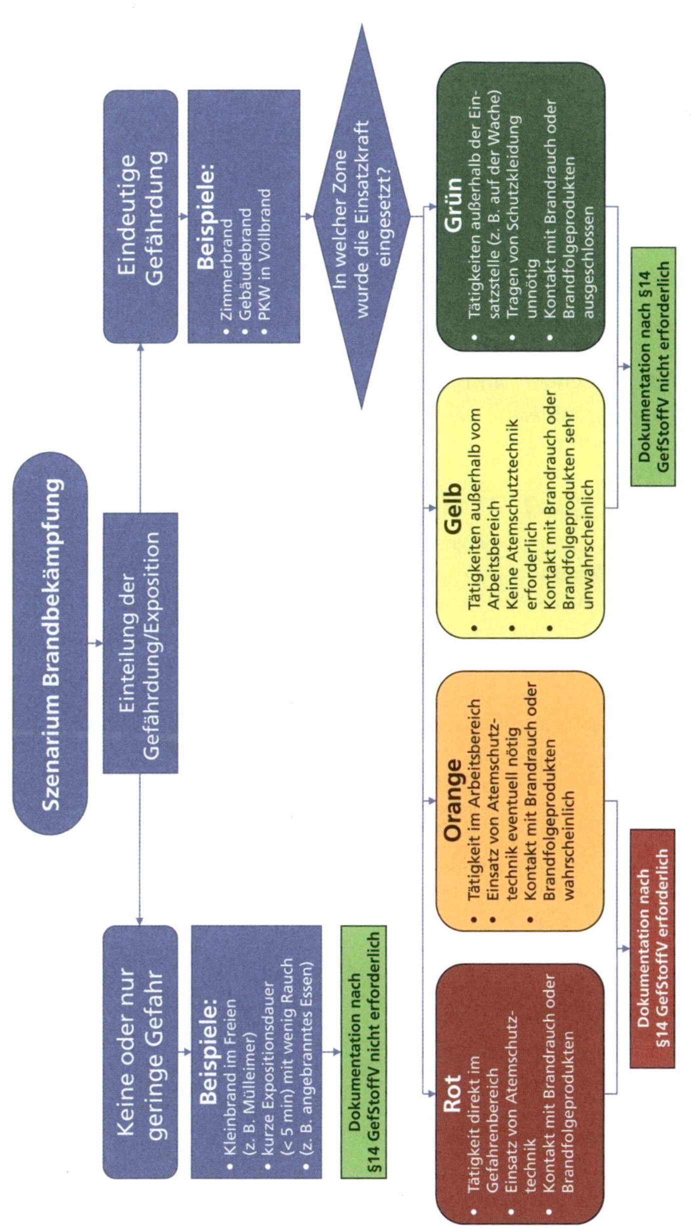

Bild 182: ***Entscheidungshilfe für die Dokumentation nach § 14 GefStoffV***

10

Hinweis:

Die grundsätzliche Pflicht zur Atemschutzüberwachung wurde mit der FwDV 7 im Jahre 2002 eingeführt. Grundlage hierfür war ein tödlicher Atemschutzunfall in Köln 1996. Die Überwachung dient dazu, die Sicherheit in Atemschutzeinsatz zu erhöhen.

Wie zuvor bereits erwähnt, handelt es sich beim Brandrauch um ein Gemisch aus mehreren gefährlichen Stoffen. Auch wenn wir bei einem Wohnungsbrand nicht von einem Gefahrstoffeinsatz sprechen, kommen die Einsatzkräfte somit oftmals doch mit gefährlichen Stoffen in Kontakt. Dies betrifft nicht nur die eigentliche Brandbekämpfung, sondern auch eventuelle Nachlöscharbeiten oder Aufräumarbeiten in noch »warmen« Einsatzstellen. Um Expositionen nachhaltig zu erfassen, gibt es seit 2005 laut § 14 Gefahrstoffverordnung (GefStoffV) die Pflicht zur Dokumentation.

Ein Brandobjekt ist je nach Brandintensität mind. ein bis zwei Stunden nach den Löschmaßnahmen noch als »warme Einsatzstelle« zu betrachten und sollte nicht ohne angepasste Schutzkleidung betreten werden.

Ob diese weiterführende Dokumentation erforderlich ist, liegt an der Einsatzstelle im Kompetenzbereich des Einsatzleiters. Um diese Entscheidung etwas zu erleichtern, kann anhand des Ablaufdiagramms die Entscheidungsfindung unterstützt werden (▶ Bild 182).

Literatur-Tipp:

Eine weitere Entscheidungshilfe zur Einsatzstellenhygiene wurde von der vfdb entwickelt und im Merkblatt »Empfehlung für den Feuerwehreinsatz zur Einsatzhygiene bei Bränden« (MB 10-13) veröffentlicht.

Sollte eine Dokumentation nach § 14 GefStoffV notwendig sein, reichen die Daten aus der Atemschutzüberwachung nicht aus. Zusätzlich zu den schon erhobenen Daten muss noch die Art, Höhe und Dauer der Exposition erfasst werden. Diese Daten müssen 40 Jahre archiviert werden. Da diese Dokumentation entsprechend aufwendig ist, bieten die Unfallversicherungsträger inzwischen eine kostenfreie Datenbank an. In der sogenannten Zentralen Expositionsdatenbank (ZED) der Deutschen Gesetzlichen Unfallversicherung (DGUV) können Arbeitgeber und Gemeinden alle relevanten Daten einfach erfassen und zentral speichern. Im Nachgang kann dann jede Einsatzkraft seine Expositionshistorie bis zu 40 Jahre rückwirkend anfordern.

Auch wenn die Dokumentation nur ein kleiner Schritt im Bereich der Einsatzstellenhygiene ist, wird sie aus Sicht der Autoren noch zu wenig beachtet. Gerade Krebserkrankungen treten erst lange Zeit nach der Exposition auf. Daher gilt, durch diese Maßnahmen den Betroffenen die Möglichkeit zu geben, eine Verbindung zu vergangenen Einsätzen auch rechtssicher herleiten zu können. Dies kann in der Zukunft eine entscheidende Rolle spielen. Die Datenerfassung nach § 14 GefStoffV ist bei Brandeinsätzen verpflichtend, wird aber leider oftmals noch nicht durchgeführt. Die ZED bietet hier eine einfache und pragmatische Lösung. Zusätzlich stellt die ZED auch sicher, dass die Daten laut der Datenschutz-Grundverordnung (DSGVO) verarbeitet und gespeichert werden.

10.4 An der Einsatzstelle

Grundsätzlich müssen bei der Einsatzstellenhygiene die Bereiche

- vor dem Einsatz,
- während eines Einsatzes und
- nach dem Einsatz

berücksichtigt werden.

Da dieses Buch sich in allen Bereichen um die eigentliche Einsatzstelle dreht, wird auch an dieser Stelle nur auf die nötigen Maßnahmen an der Einsatzstelle eingegangen. Neben den schon weiter oben erwähnten taktischen Maßnahmen wie Fahrzeugaufstellung, Reduzierung der Aufenthaltsdauer, alternative Angriffswege usw. ist auch jede einzelne Einsatzkraft für die Hygiene mitverantwortlich. Durch sicheres und geschultes Handeln wird nicht nur die Gefahr für sich selbst, sondern für alle am Einsatz beteiligten Kräfte sowie für nachfolgende Werkstätten (Atemschutzwerkstatt, Schlauchwerkstatt usw.) minimiert.

Allgemein lässt sich auch an dieser Stelle abermals das Akronym SAUBER für jede Einsatzkraft anwenden. Um darüber hinaus einen sicheren Einsatzverlauf zu gewährleisten und parallel auch die Gefahr der Brandgase für die Einsatzkräfte zu minimieren, muss sich an die allgemeinen Vorgaben der DGUV gehalten werden.

Hinweis:

Die Maßnahmen der Einsatzstellenhygiene sind ein grundlegender Baustein zur Einhaltung der Unfallverhütungsvorschriften der DGUV (FUK).

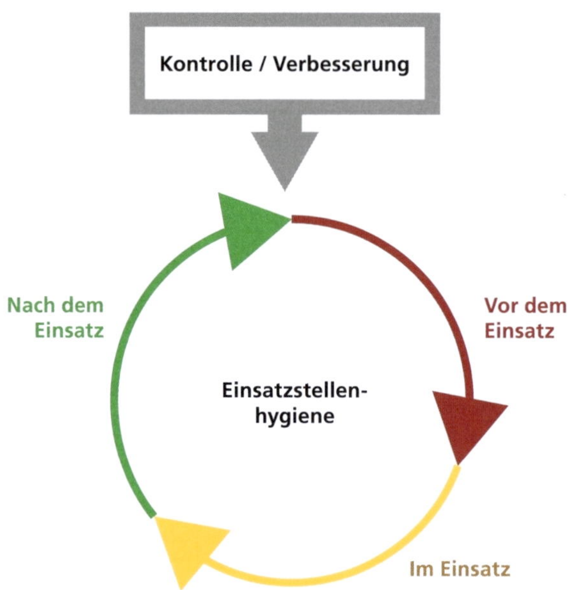

Bild 183: ***Einsatzstellenhygiene im Gesamteinsatz***

10.4.1 Die Schutzkleidung

Im Falle der Einsatzstellenhygiene kommt der persönlichen Schutzkleidung (PSA) eine besondere Bedeutung zu. Hier gilt es nicht nur, wie oben erwähnt, auf eine geeignete Schutzausrüstung zu achten, sondern auch auf das richtige Anlegen und vollständige Schließen dieser Ausrüstung vor dem Betreten der Einsatzstelle. In der folgenden Abbildung sind einige Punkte aufgeführt, die vor Einsatzbeginn überprüft werden müssen.

Weiterhin haben einige Hersteller von Brandschutzhandschuhen freigegeben, dass unter den Handschuhen entweder Einweghandschuhe gemäß DIN EN ISO 374-5:2027-03 oder Baumwollhandschuhe getragen werden dürfen. Dadurch kann eine Kontamination im Brandeinsatz weiter minimiert werden. Zusätzlich ergeben sich Vorteile beim Ablegen der PSA, da auch hier die Hände weniger Verschmutzungsrisiken ausgesetzt sind.

Bild 184: ***Richtiger Sitz der PSA***

Bild 185: ***Baumwollhandschuhe unter Einsatzhandschuhen minimieren die Kontamination der Hautoberfläche***

10.4.2 Maßnahmen am Einsatzfahrzeug

Die Fahrzeuge müssen, wenn möglich, nicht nur außerhalb des Wirkbereiches vom Brandrauch aufgestellt werden, sondern es sollten zusätzlich immer folgende Maßnahmen getroffen werden:

- Fenster und Türen geschlossen halten
- Lüftung und Klimaanlagen ausschalten
- Der Mannschaftsraum ist nicht mit kontaminierter Kleidung zu betreten
- Schließen von Geräteräumen nach der Geräteentnahme

Durch diese Maßnahmen wird eine Kontamination der Einsatzfahrzeuge verringert und außerdem die Gefahr der Kontaminationsverschleppung minimiert.

10.4.3 Ablegen der persönlichen Schutzausrüstung und Grobreinigung

Da sich die eingesetzten Kräfte, insbesondere die Atemschutzgeräteträger, bei einem Gebäudebrand zwangsläufig kontaminieren, kommt der Hygiene nach dem Einsatz an der Einsatzstelle eine sehr große Bedeutung zu. Hier entscheidet sich, ob die gefährlichen Stoffe auf der Hautoberfläche nicht nur beseitigt, sondern auch die kontaminierte Schutzausrüstung sowie alle eingesetzten Materialien entweder an der Einsatzstelle gereinigt oder für den Transport und die nachbereitenden Stellen sicher verpackt werden.

Für ein sicheres Ablegen der Atemschutztechnik und der PSA ist an der Einsatzstelle ein geeigneter Platz zu wählen. Dieser muss außerhalb des roten und nicht in dem grünen Bereich liegen. Idealerweise wird der Platz an der Grenze zwischen dem orangenen und gelben Bereich eingerichtet. Zudem sind Innenräume von Einsatzfahrzeugen vor dem Ablegen der Kleidung und der Großreinigung nicht zu betreten.

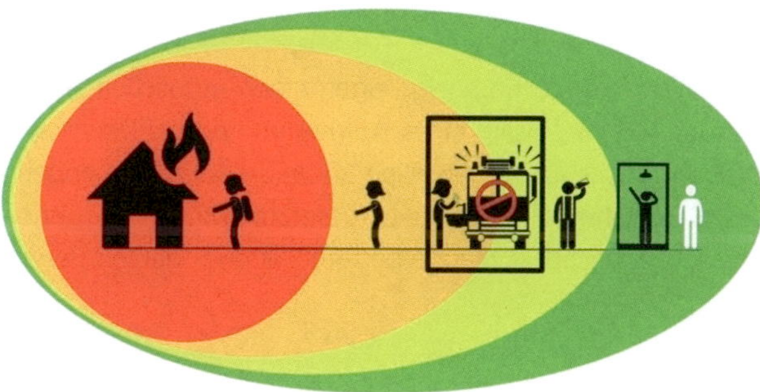

Bild 186: ***Bereichsmodell mit Kennzeichnung Ablageplatz (Quelle: C. Illigens)***

Bild 187: ***Eingerichteter Ablageplatz für die ESH (Quelle: FF Arnum)***

Die folgende bildliche Darstellung zeigt eigen einen möglichen Ablauf der Hygienemaßnahmen nach dem Einsatz eines Atemschutztrupps. Dies soll nur als Hilfestellung dienen und muss für die jeweilige Situation oder Lage angepasst werden. Erst nach diesen Maßnahmen dürfen die eingesetzten Kräfte den grünen und gelben Bereich begehen, die Einsatzfahrzeuge betreten und im gelben Bereich essen und trinken.

Bild 188a: *Ablegen von abnehmbaren Ausrüstungsgegenständen (Quelle: FF Arnum)*

Bild 188b: *PA im angeschlossenen Zustand absetzen (Quelle: FF Arnum)*

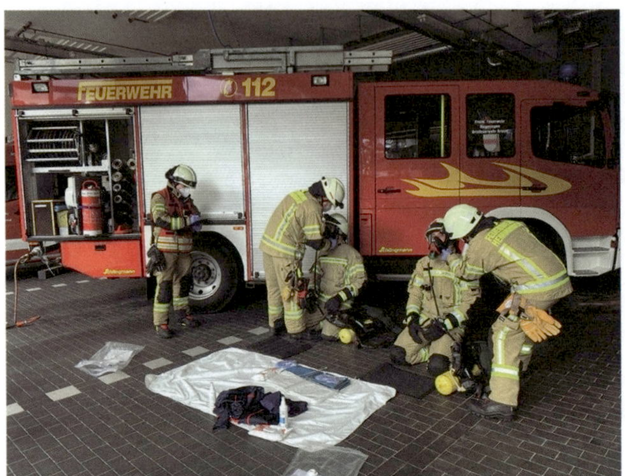

Bild 188c: *Helm absetzen (Quelle: FF Arnum)*

Bild 188d: *Wechsel auf Einmalhandschuhe (Quelle: FF Arnum)*

Bild 188e: *Ablegen Brandschutzjacke (Quelle: FF Arnum)*

Bild 188f: *Atemanschluss abnehmen und auf FFP 3 Maske wechseln (Quelle: FF Arnum)*

Bild 188g: *Überhose und Stiefel ausziehen (Quelle: FF Arnum)*

Bild 188h: *Stiefelreinigung durch Helfer (Quelle: FF Arnum)*

Bild 188i: ***Ersatzkleidung anziehen und Reinigung mit Einmaltüchern (Quelle: FF Arnum)***

Bild 188j: ***Luftdichtes Verpacken der Schutzausrüstung durch Helfer (Quelle: FF Arnum)***

Bild 188k: ***Einsatzstellenhygiene abgeschlossen (Quelle: FF Arnum)***

Hinweis:

Das sichere Ablegen der Schutzkleidung ist essenziell für eine Minimierung der Kontaminationsgefahr und sollte auch regelmäßig geübt werden.

10.4.4 Nassdekontamination bei lungengängigen Faserstoffen

Bei Einsätzen mit Biopersistenten, lungengängigen Fasern ist es nötig, die Schutzkleidung vor dem Ablegen mit Wasser zu benetzten. Der bekannteste Vertreter ist Asbest. Durch das Benetzen sollen die Fasern auf der PSA gebunden werden, und somit eine Inkorporation vermieden werden.

Informationen zu Asbest:

Gefährdung:

- Freisetzung von lungengängigen Fasern
- Die Fasern sind krebserregend

Erkennungszeichen beim Einsatz:

- Verbau ab 1960er- bis in die 90er-Jahre
- Zerplatzende Dacheindeckungen und Verkleidungen beim Brand (Platzgeräusche ähnlich wie Feuerwerk!)

- Informationen der Eigentümer oder von sachkundigen Personen.

Anwendungsgebiete: Dachplatten, Fassadenelemente, Abdichtungen, Wand- und Deckenoberflächen, Wasser- und Abwasserleitungen, Wände und Decken aus Stahlbeton, Lüftungsschächte, Bodenbeläge etc.
Bei Brandereignissen ohne die Beteiligung von Asbest und anderen lungengängigen Faserstoffen ist eine sogenannte Nassdekontamination nicht erforderlich. Es sollte dann auch auf diese verzichtet werden. Bei dieser Art der Dekontamination besteht nämlich die Gefahr, die PSA durch aktive Benetzung zu durchfeuchten und somit hautresorptive Stoffe auf die Hautoberfläche zu transportieren.

10.4.5 Grobreinigung und Verpacken von Material und Gerät

Neben dem sicheren Ablegen der Schutzkleidung müssen auch alle Gegenstände (wie z. B. eingesetzte Schläuche, wasserführende Armaturen, Handwerksgeräte, Funkgeräte, Wärmebildkamera, mobiler Rauchverschluss usw.) entweder vor Ort gereinigt und wieder verlastet werden, oder sicher verpackt und möglichst in einem separaten Transportmittel (aber NICHT im Mannschaftsraum) transportiert werden.

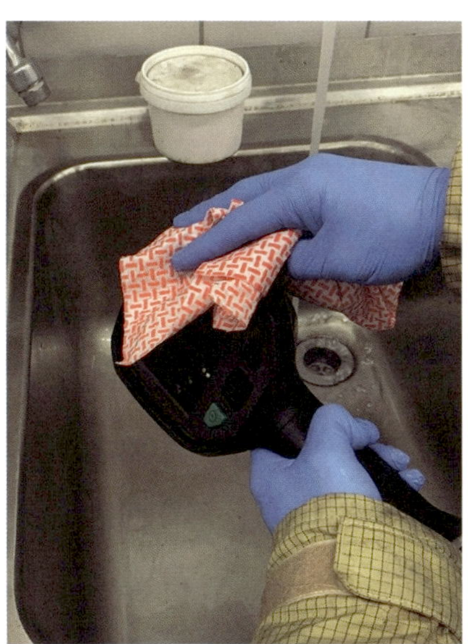

Bild 189: ***Reinigung einer WBK nach dem Einsatz***

10.5 Nach dem Brand

Im Anschluss an eine Brandbekämpfung ergeben sich noch viele weitere Arbeiten an der Einsatzstelle:

- Die eingesetzten Materialien müssen zurückgebaut, eventuell grob gereinigt und ggf. wieder auf den Fahrzeugen verlastet werden.
- Die Trupps müssen ihre Hygienemaßnahmen durchführen.
- Die Einsatzstelle muss bei Bedarf mit einer Wärmebildkamera überprüft werden.
- …

Auch bei diesen Maßnahmen ist verstärkt auf die Einsatzstellenhygiene zu achten. Es ist durchaus nachvollziehbar, dass alle Einsatzkräfte möglichst schnell einrücken wollen. Aber gerade bei diesen nicht zeitkritischen Arbeiten sollte die Sicherheit an höchster Stelle stehen.

Die Einsatzstelle ist mind. ca. ein bis zwei Stunden nach dem Brandgeschehen als »warm« zu betrachten. Das bedeutet, dass das Brandereignis als noch nicht abgeschlossen gilt und weiterhin noch gesundheitsgefährdende Stoffe entstehen können. Auch in dieser Phase sollte die Brandstelle nur mit vollständiger PSA und unter Einsatz von Atemschutztechnik betreten werden. Weiterhin sollte die Brandstelle kontinuierlich durch eine natürliche oder mechanische Ventilation belüftet werden. Alle Einsatzkräfte, welche die »warme« Brandstelle betreten, müssen danach die gleichen Hygienemaßnahmen durchlaufen, wie die im Brandeinsatz eingesetzten Trupps.

Hinweis:

Auch wenn man nach der Brandbekämpfung die Einsatzstelle möglichst schnell verlassen möchte, müssen auch hier die vorgeschriebenen Hygienemaßnahmen eingehalten werden!

10.5.1 Übergabe der Einsatzstelle

Mit der Beendigung aller Maßnahmen muss noch eine Übergabe an einen neuen Verantwortlichen für die Einsatzstelle erfolgen. Dieses ist im Normalfall nach einem Brandeinsatz die Polizei, kann aber in Sonderfällen auch eine andere Person sein (wie z. B. der Eigentümer oder der Mieter). Zum Zeitpunkt der Übergabe dürfen von der Einsatzstelle keine akuten Gefahren mehr ausgehen. Dieses beinhaltet, dass der Brand gelöscht sein muss. Im Zweifelsfall muss eine sogenannte Brandnachschau vereinbart werden. Weiterhin muss möglichst ausgeschlossen werden, dass durch das gelöschte Brandgut weitere Atemgifte entstehen oder die Konzentration in dem Brandgebäude noch so hoch ist, dass es ohne Atemschutztechnik nicht betreten werden kann. Auch nach dem Erkalten der Brandstelle können weiterhin durch aufgewirbelten Ruß gefährliche Schadstoffkonzentrationen in der Umluft erzeugt werden. Somit ist selbst bei »kalten« Brandstellen mind. eine FFP2 Maske ratsam.

Es ist nicht die Aufgabe der Feuerwehr, die Einsatzstelle »Freizumessen« und somit die Garantie dafür zu übernehmen, dass keine Gefährdung mehr von der Brandstelle ausgeht. Daher ist es Aufgabe des Einsatzleiters, bei der Übergabe an den neuen Verantwortlichen, auf diese Gefahren aufmerksam zu machen. Gerade bei einer Übergabe an Mieter oder Eigentümer muss auf diese Gefahren explizit hingewiesen werden. Erst danach kann mit dem Einrücken zum Gerätehaus/Feuerwache und der Nachbereitung des Einsatzes begonnen werden.

Hinweis:

Um die möglichen Gefahren und auch Verhaltensweisen für Betroffene greifbar zu machen, bietet sich die Anfertigung eines Infoschreibens über den Umgang mit kalten Brandstellen an. Hierfür gibt es im Internet bereits geeignete Vorlagen (z. B. von der vfdb).

11 Schlusswort

Taktiken und Techniken, besonders in der Gebäudebrandbekämpfung, ändern sich mit der Zeit. Manche werden sogar ganz aus den Lehrwerken der Feuerwehr gestrichen oder feiern ihr großes »Comeback«, wie es beispielsweise bei dem »Fensterimpuls« oder gar bei dem »Vollstrahleinsatz« im Innenangriff der Fall ist.

Als Autoren dieses Fachbuches war es uns wichtig, den Lesenden eine Art »Werkzeugkasten an verschiedenen Möglichkeiten im Brandeinsatz« an die Hand zu geben. Ob sich diese Taktiken und Techniken immer bewähren, bleibt abzuwarten. Fakt ist aber, dass es im Zuge immer modernerer Gebäude auch eine moderne, sich weiterentwickelnde Brandbekämpfung geben wird. Passende Beispiele hierfür bilden die Taktik »Brandbekämpfung zur Menschenrettung« oder aber auch der Einfluss von Strömungspfaden sowie die steigende Gefahr der ventilationskontrollierten Brandphänomene in modernen Gebäuden. Das heißt nicht, dass vorangegangene Lehrmeinungen komplett falsch waren oder nichtig sind. Vielmehr muss man die in diesem Lehrbuch vermittelte Taktik und Technik als eine Art »Anpassung« betrachten, die nur ein Ziel verfolgt: effektiv und vor allem sicher einer Gebäudebrandbekämpfung gegenüberzustehen. Ein »Allheilmittel« kann es und wird es niemals im Brandeinsatz geben. Auch wird man in ferner Zukunft bei den in diesem Buch erläuterten Taktiken und Techniken vielleicht wieder nachbessern, oder gar bestimmte Lehrmeinungen hinterfragen müssen. Genau das ist aber gut und auch wichtig, denn nur so kann sich die Feuerwehr mit seinen vielen ehrenamtlichen und beruflichen Einsatzkräften weiterentwickeln. Bewusst haben wir in unserem Fachbuch keine speziellen Vorgehensweisen mit innovativen und hochmodernen Löschgerätschaften, wie z. B. dem Schneidlöschsystem (Cobra-Cold-Cut) näher beschrieben, da diese spezielle Technik derzeit nur wenig in Deutschland verbreitet ist. Auch war es unser Ziel, den Lesenden ein erweitertes Basiswissen zu vermitteln, welches im Einsatz direkt angewendet werden kann. Fakt ist nämlich: Nur wenn wir Gebäudebrände sicher und effektiv mit den uns zur Verfügung stehenden Einsatzmitteln bekämpfen, wird unser Primärziel »sicher vom Einsatz zurückzukehren« auch gewährleistet.

Wir hoffen sehr darauf, Ihnen ein solides Werk an die Hand gegeben zu haben, welches gerade das oben genannte Primärziel vollumfänglich erfüllt.

Unser Dank gilt den Kollegen und Kolleginnen, die uns bei diesem Fachbuch unterstützt haben. Auch dem Institut der Feuerwehr NRW, dem Safetycenter Boxmeer, den Feuerwehren Bielefeld, Essen, Hannover, und Kleve. Den vielen Forschungseinrichtungen rund um das Thema »Brandbekämpfung« gilt unser tiefster Dank.

Sofern Ihnen etwas aufgefallen ist, welches wir in Zukunft verbessern können, freuen wir uns sehr über konstruktives Feedback.

Februar 2026
Autoren-Team »Gebäudebrandbekämpfung«

12 Die Autoren

Philipp Beyer arbeitet im Vorbeugenden Brandschutz bei der Berufsfeuerwehr Essen und ist Mitglied der AG Realbrand (AGBF NRW). Er ist aktiver Realbrandausbilder, Fachbuchautor sowie Dozent am VdF NRW mit dem Schwerpunkt »Brandverläufe in modernen Gebäuden«. Ehrenamtlich ist er im Löschzug Obrighoven Lackhausen der Freiwilligen Feuerwehr Wesel tätig.

Stephanie Vöge arbeitet beim Institut der Feuerwehr (IDF NRW) und bildet dort Führungskräfte des Haupt- und Ehrenamtes aus. Sie wirkte 2014 an der Erstellung und Verbreitung der »Fachempfehlung Brandbekämpfung zur Menschenrettung« der AG Realbrand (AGBF NRW) mit. Im Rahmen ihrer Dozententätigkeit (Praxisabordnung) ist sie zudem im Einsatzdienst der Berufsfeuerwehr Iserlohn tätig.

Mario Franz arbeitet im Führungsdienst der Berufsfeuerwehr Hannover im Bereich ABC-Gefahrenabwehr und engagiert sich als Realbrandausbilder sowie in der Freiwilligen Feuerwehr Arnum.

Jürgen Buil ist Vorsitzender der AG Realbrand (AGBF NRW), Mitglied im Fachausschuss »Ausbildung und Einsatz« des Verbandes der Feuerwehren in NRW (VdF NRW) sowie Leiter des Fachbereichs Aus- und Fortbildung der Feuerwehr Kleve. Er ist zudem als Dozent für Feuerwehren, Fachverbände und Institutionen bundesweit tätig. Seine Schwerpunkte liegen auf Strömungspfaden bei Bränden, der Realbrandausbildung sowie der Vermittlung von Brandphänomenen im Einsatz- und Ausbildungskontext.

Jörg Thöne ist stellv. Wachabteilungsleiter bei der Berufsfeuerwehr Norderstedt, sowie Gründer und Geschäftsführer der Marke EINSATZ:MENSCH.

Literaturverzeichnis

1 Vorwort

Die Welt, Ciriacy, K.: Wohnen in der Zukunft: Das sind die Megatrends, 2021, online abrufbar unter: https://www.welt.de/kmpkt/plus226868361/Wohnen-in-der-Zukunft-Das-sind-die-Megatrends.html, letzter Zugriff: 07.08.2025.

Umweltbundesamt: Augen auf beim Möbelkauf, 2015, online abrufbar unter: https://www.umweltbundesamt.de/themen/augen-auf-beim-moebelkauf, letzter Zugriff: 07.08.2025.

2 Baukunde

Besch, Cimolino, Weber, Wolf: Einsatz bei Photovoltaik, Windenergie- und Biogasanlagen, ecomed Verlag, Landsberg, 2013.

BMWI BSW-Solar: BDEW-Kongress, Fraunhofer Institut für Solare Energiesysteme ISE, 2023.

Bundesnetzagentur, Statistiken erneuerbarer Energieträger, online abrufbar unter: https://www.bundesnetzagentur.de/DE/Fachthemen/ElektrizitaetundGas/ErneuerbareEnergien/EE-Statistik/artikel.html, letzter Zugriff: 07.08.2025.

Cornelissen, C., Risse, C., Beyer, P., Terwellen, M.: Essen: Großbrand in Wohnkomplex, in: BRANDSchutz/Deutsche Feuerwehr-Zeitung 12/2022, S. 1030 – 1037.

DIBt, Deutsches Institut für Bautechnik: Muster-Richtlinie über brandschutztechnische Anforderungen an Lüftungsanlagen, 2020, online abrufbar unter: https://www.dibt.de/fileadmin/dibt-website/Dokumente/Amtliche_Mitteilungen/2021_02.pdf, letzter Zugriff: 07.08.2025.

DIN 14095:2025-07, Feuerwehrpläne für bauliche Anlagen, DIN Media GmbH, Berlin, 2025.

DIN 4102-1:1998-05, Brandverhalten von Baustoffen und Bauteilen – Teil 1: Baustoffe; Begriffe, Anforderungen und Prüfungen, DIN Media GmbH, Berlin, 1998.

DIN 4102-2:1977-09, Brandverhalten von Baustoffen und Bauteilen; Bauteile, Begriffe, Anforderungen und Prüfungen, DIN Media GmbH, Berlin, 1977.

DIN 4102-3:1977-09, Brandverhalten von Baustoffen und Bauteilen; Brandwände und nichttragende Außenwände, Begriffe, Anforderungen und Prüfungen, DIN Media GmbH, Berlin, 1977.

DIN EN 13501-1:2019-05, Klassifizierung von Bauprodukten und Bauarten zu ihrem Brandverhalten – Teil 1: Klassifizierung mit den Ergebnissen aus den Prüfungen zum Brandverhalten von Bauprodukten; Deutsche Fassung EN 13501-1:2018, DIN Media GmbH, Berlin, 2019.

DIN EN 13501-2:2023-12, Klassifizierung von Bauprodukten und Bauteilen zu ihrem Brandverhalten – Teil 2: Klassifizierung mit den Ergebnissen aus den Feuerwiderstandsprüfungen und/oder Rauchschutzprüfungen, mit Ausnahme von Lüftungsanlagen; Deutsche Fassung EN 13501-2:2023, DIN Media GmbH, Berlin, 2023.

DIN VDE 0123:1985-05, Stromführung im Bereich von Radsatz-Wälzlagern in Schienenfahrzeugen, DIN Media GmbH, Berlin, 1985.

Fachkommission Bauaufsicht, Projektgruppe MHHR: Muster-Richtlinie über den Bau und Betrieb von Hochhäusern (Muster-Hochhaus-Richtlinie – MHHR), online abrufbar unter: https://www.is-argebau.de/Dokumente/42310702.pdf, letzter Zugriff: 07.08.2025.

FeuerTRUTZ Network GmbH, Battran, L., Linhardt, A.: Brandschutz Kompakt 2017/2018 Adressen – Bautabellen – Vorschriften, RM Rudolf Müller Medien GmbH & Co. KG, Köln, 2017.

FV WDVS, Fachverband für WDVS: Praxismerkblatt »Brandschutzmaßnahmen bei WDVS mit EPS-Dämmstoffen des BAF, FGB, FV WDVS, IWM, Baustoffwissen-Dämmstoffe«, Grimm, R., 29. März 2016.

FwDV 100: Feuerwehr-Dienstvorschrift 100: Führung und Leitung im Einsatz – Führungssystem. Ausgabe März 1999.

KFW Kreditanstalt für Wiederaufbau: Info Niedrigenergiehaus, online abrufbar unter: https://www.kfw.de/inlandsfoerderung/Privatpersonen/Neubau/Das-Effizienzhaus/, letzter Zugriff: 07.08.2025.

Klingsohr, K., Messerer, J., Bachmeier, P.: Vorbeugender baulicher Brandschutz, 8., überarbeitete und erweiterte Auflage, Verlag W. Kohlhammer, Stuttgart, 2012.

Musterbauordnung (MBO 2002 zuletzt geändert durch Bauministerkonferenz 26/27.09.2024).

Statista: Smart Home – Deutschland, 2024, online abrufbar unter: https://de.statista.com/outlook/cmo/smart-home/deutschland#umsatz, letzter Zugriff 07.08.2025.

Tekloth Solar GmbH (Aufbau einer Solaranlage).

Thönißen, W: Baukunde für die Einsatzpraxis, Verlag W. Kohlhammer, Stuttgart, 2020.

VdF NRW, IDF NRW, Universität Paderborn, BBK, Vomatec, Symcon, Initiative Smarthome Deutschland: IRIS-Forschungsarbeit.

vfdb Merkblatt 10-17, Empfehlung für den Feuerwehreinsatz bei Gefahr der Lithiumzellen, Batterien und Akkumulatoren, online abrufbar unter: https://www.vfdb.de/media/doc/merkblaetter/MB10_17_Lithium-Batterien_Referat10_2020_09_NEUDES_BLO.pdf, letzter Zugriff: 07.08.2025.

vfdb Merkblatt MB 05-02, Einsätze an Photovoltaik-Anlagen (Solaranlagen zur Stromgewinnung), online abrufbar unter: https://www.vfdb.de/media/doc/merkblaetter/MB_05_photovoltaikanlagen_feb2012.pdf, letzter Zugriff: 07.08.2025.

5 Taktische Ventilation

Antonio, A. C. P., Castro, P. S., Freire, L. O.: Smoke inhalation injury during enclosed-space fires: An update. Jornal Brasileiro de Pneumologia, 39(3), 373-381, 2013.

Bodensiek, T.: Taktische Ventilation, ecomed Verlag, Landsberg, 2019.

DIN 14963:2024-08: Feuerwehrwesen – Tragbare Belüftungsgeräte, DIN Media GmbH, Berlin, 2024.

DIN 14530-27:2019-11, Löschfahrzeuge – Teil 27: Hilfeleistungs-Löschgruppenfahrzeug HLF 20 DIN 14963:2021-09, Feuerwehrwesen – Tragbare Belüftungsgeräte, DIN Media GmbH, Berlin, 2019.

DIN VDE 0661-10/A2:2011-01: Elektrisches Installationsmaterial – Ortsveränderliche Fehlerstrom-Schutzeinrichtungen ohne eingebauten Überstromschutz für Hausinstallationen und für ähnliche Anwendungen (PRCDs); Deutsche Fassung HD 639 S1:2002/A2:2010, DIN Media GmbH, Berlin, 2011.

Emrich, C., Cimolino, U., Svensson, S.: Taktische Ventilation, ecomed Verlag, Landsberg, 2012.

Taylor, M., Francis, H., Fielding, J.: An analysis of domestic fire smoke/toxic fumes inhalation injuries. Fire Technology, 59(1), 2023.

6 Operative Taktik

FwDV 100: Feuerwehr-Dienstvorschrift 100: Führung und Leitung im Einsatz – Führungssystem. Ausgabe März 1999 mit Änderungen 2005.

Hagemann: Trainingsentwicklung für High Responsibility Teams, Pabst Science Publishers, Lengerich, 2011.

Knorr, K. H.: Gefahren der Einsatzstelle, Verlag W. Kohlhammer, Stuttgart, 2018.

Rall, M., Gaba, D. M.: Patient Simulation. In: Miller's Anesthesia 7th Ed., edited by Miller RD. Philadelphia, PA: Elsevier, Churchhill Livingstone; 2009: 151-192.

Rall, M., Glavin, R., Flin, R.: The ›10-seconds-for-10-minutes principle‹ – Why things go wrong and stopping them getting worse. In: Bulletin of The Royal College of Anaesthetists – Special human factors issue 2008(51): 2614-2616.

Ridder, A.: Der Sicherheitsassistent als Baustein eines umfassenden Sicherheitsmanagements bei der Feuerwehr, Verlag VdS Schadensverhütung, Köln, 2014.

Wilhelm, Eysenck, Meili: Lexikon der Psychologie, 13. Auflage, Herder, Freiburg im Breisgau, 1995.

7 Vorgehen im Gebäude

BRANDSchutz/Deutsche Feuerwehr-Zeitung (Hrsg.): Das Feuerwehr-Lehrbuch, Grundlagen – Technik – Einsatz, 9. erweiterte und überarbeitete Auflage, Verlag W. Kohlhammer, Stuttgart, 2025.

Cimolino, U., Fuchs, M., Ridder, A., Südmersen, J.: Innenangriff, ecomed Verlag, Landsberg, 2018.

DIN 14011:2018-01, Feuerwehrwesen – Begriffe, DIN Media GmbH, Berlin, 2018.

VdF NRW, Verband der Feuerwehren Nordrhein-Westfalen: Fachempfehlung für die Brandbekämpfung zur Menschenrettung, November 2019, online abrufbar unter: https://www.idf.nrw.de/service/downloads/pdf/2019/fachempfehlung_brandbekaempfung_zur_menschenrettung.pdf, letzter Zugriff: 13.08.2025.

8 Brandszenarien

Barth, U. (Hrsg.): TIBRO-Information 100: Anforderungsprofil an Methoden zur Feuerwehrbedarfsplanung, Bergische Universität Wuppertal, 2015.

Dietz H.-L., Rauser, M., Stahl, H.-W.: O. R. B. I. T. Entwicklung eines Systems zur Optimierten Rettung und Brandbekämpfung mit Integrierter Technischer Hilfeleistung, Weissach: Dr.-Ing. h. c. F. Porsche Aktiengesellschaft, Entwicklungszentrum Weissach, 1978.

DIN EN 752:2017-07: Entwässerungssysteme außerhalb von Gebäuden – Kanalmanagement; Deutsche Fassung EN 752:2017, DIN Media GmbH, Berlin, 2017.

Fischer, R.: Rechtsfragen beim Feuerwehreinsatz, 4., erweiterte und überarbeitete Auflage, Verlag W. Kohlhammer, 2017.

IDF NRW, Schwachpunkt Nagelplatten-Dachkonstruktion, OBR Dipl.-Ing. Jan Helm, 2010, online abrufbar unter: https://www.idf.nrw.de/service/downloads/pdf/nagelplattenbinder_11_05_12.pdf, letzter Zugriff: 07.08.2025.

Krause, U.: TIBRO – Schlussbericht zum Teilvorhaben – Ermittlung kritischer Brandszenarien im Hinblick auf die Personengefährdung, Otto-von-Guericke-Universität, Magdeburg, 2015.

LFS-BW, Landesfeuerwehrschule Baden-Württemberg, Slaby, C; Wibel, A: Einsatztaktik für die Feuerwehr, Hinweise zu Dachstuhlbränden, Bruchsal, 2012, online abrufbar unter: https://www.lfs-bw.de/fileadmin/LFS-BW/themen/einsatzlehre/brand/dokumente/Hinweise_Dachstuhlbraende.pdf, letzter Zugriff: 07.08.2025.

Luttermann, R: TIBRO-Studie im System Feuerwehr, Institut der Feuerwehr Nordrhein-Westfalen, 2020, online abrufbar unter: https://lernkompass.idf.nrw/ilias.php?baseClass=ilrepositorygui&cmd=sendfile&ref_id=24358, letzter Zugriff 07.08.2025.

o. A.: Kurzschlüsse und Lichtbögen bei Dachstuhlbrand in der Stadtheide, radiohochstift.de, Paderborn, 27.07.2021.

Stuttgarter Nachrichten, jor, »Akku von E-Bike fängt in Wohnung Feuer – Ein Verletzter«, 23.10.2022, online abrufbar unter: https://www.stuttgarter-nachrichten.de/inhalt.brand-in-stuttgart-akku-von-e-bike-faengt-in-wohnung-feuer-ein-verletzter.b1df807a-f111-4466-a0f1-60644c50ed4a.html, letzter Zugriff: 06.08.2025.

9 Handwerkszeug

Keller, P., Maass, T., Reichard, T., Witte, D.: WBK Ausbilderbuch Feuerwehr, 2012, online abrufbar unter: https://feuerwehr-rothenburg.de/images/Intern/Ausbildung/WBK/WBK.pdf, letzter Zugriff: 07.08.2025.

10 Einsatzstellenhygiene

Bundesministerium für Arbeit und Soziales: Leitlinie für die Asbesterkundung zur Vorbereitung von Arbeiten in und an älteren Gebäuden, Herausgeber Bundesanstalt für Arbeitsschutz und Arbeitsmedizin (BAuA), Dortmund, 2020.

DIN EN 469:2020-12: Schutzkleidung für die Feuerwehr – Leistungsanforderungen für Schutzkleidung für Tätigkeiten der Feuerwehr; Deutsche Fassung EN 469:2020, DIN Media GmbH, Berlin, 2020.

DIN 14800-18:2011-11: Feuerwehrtechnische Ausrüstung für Feuerwehrfahrzeuge – Teil 18: Zusatzbeladungssätze für Löschfahrzeuge, DIN Media GmbH, Berlin, 2011.

DGUV Information 205-035: Hygiene und Kontaminationsvermeidung bei der Feuerwehr, DGUV Deutsche Gesetzliche Unfallversicherung, 2020.

DGUV: Kombinierte Atemschutz- und Expositionsdokumentation (KoAtEx-Dok), 2022, online abrufbar unter: https://publikationen.dguv.de/media/pdf/a0/66/83/KoAtEx-Dok_Arbeitshilfe_20220126.pdf, letzter Zugriff: 07.08.2025.

FwDV 500: Feuerwehr-Dienstvorschrift 500: Einheiten im ABC-Einsatz. Hessische Landesfeuerwehrschule (Hrsg.), Stand Januar 2022.

FwDV 7, Feuerwehr-Dienstvorschrift 7: Atemschutz. Hessische Landesfeuerwehrschule (Hrsg.), Ausgabe 2002 mit Änderungen 2005.

Keller, P., Maass, T., Reichard, T., Witte, D.: WBK Ausbilderbuch Feuerwehr, 2012, online abrufbar unter: https://feuerwehr-rothenburg.de/images/Intern/Ausbildung/WBK/WBK.pdf, letzter Zugriff: 07.08.2025.

Nolte, C., Wienecke, T., Lux, A., Burkhardt, S.: Leitfaden – Umgang mit Asbest-Verdachtsfällen an Einsatzstellen der Feuerwehr, Verband der Feuerwehren in Nordrhein-Westfalen e. V. (Hrsg.), Wuppertal, 2021.

Pietrowski, L., Bussmann T.: Ablaufschema zur Dokumentation bei Gefahrstoffexpositionen im Einsatz, In: BRANDSchutz/Deutsche Feuerwehr-Zeitung 7/2022, S. 564 – 568.

Starke, D.: Einsatzstellenhygiene, Verlag W. Kohlhammer, Stuttgart, 2020.

vfdb: Merkblatt Empfehlung für den Feuerwehreinsatz zur Einsatzhygiene bei Bränden, MB 10-13 Einsatzhygiene, September 2020.

vfdb: Merkblatt Umgang mit kalten Brandstellen, MB 10-15 Kalte Brandstellen, November 2017.